PLC 控制技术
（三菱机型）

第三版

李方园　周庆红　主　编
张燕珂　钟晓强　副主编
　　　　徐咏梅　编　写
　　　　张青波　主　审

中国电力出版社
CHINA ELECTRIC POWER PRESS

内 容 提 要

本书入选电力行业"十四五"规划教材，并被评为中国电力教育协会职业院校精品教材。

全书以三菱 FX 系列 PLC 为载体，采用模块化项目式教学体系，构建了"基础理论→虚拟仿真→编程进阶→运动控制→工程集成"五级递进的知识架构。具体涵盖 PLC 硬件结构原理、标准指令系统、SFC 顺序功能图编程、步进/伺服运动控制、工业通信网络及人机界面开发等关键技术。教材创新性地整合 40 个典型工程案例，配套 FX-TRN 虚拟仿真平台资源，可辅助实现"案例驱动、虚实结合"的教学模式。

本书特色鲜明，理论阐述系统完整，配套资源丰富实用，案例设计源于工程实践且均经实训设备验证，既可作为高等职业院校自动化类本专科专业的课程教材，也可供工程技术人员职业培训及工业自动化爱好者自学使用。

图书在版编目（CIP）数据

PLC 控制技术：三菱机型/李方园，周庆红主编.

3 版. -- 北京：中国电力出版社，2025.7. -- ISBN 978-7-5198-9832-8

Ⅰ. TM571.61

中国国家版本馆 CIP 数据核字第 202517J1D2 号

出版发行：中国电力出版社

地　　址：北京市东城区北京站西街 19 号（邮政编码 100005）

网　　址：http://www.cepp.sgcc.com.cn

责任编辑：乔　莉（010-63412535）

责任校对：黄　蓓　常燕昆

装帧设计：郝晓燕

责任印制：吴　迪

印　　刷：三河市航远印刷有限公司

版　　次：2016 年 8 月第一版　2021 年 9 月第二版　2025 年 7 月第三版

印　　次：2025 年 7 月北京第一次印刷

开　　本：787 毫米×1092 毫米　16 开本

印　　张：14.25

字　　数：301 千字

定　　价：46.00 元

前　言

可编程控制器（PLC）作为工业自动化领域的核心控制设备，集逻辑运算、顺序控制、过程监控、运动定位及工业通信等多元功能于一体，其兼具传统继电器控制系统可靠性与现代计算机技术先进性，已成为智能制造系统的重要基础装备。随着"工业 4.0"与智能制造的深入推进，掌握 PLC 技术已成为自动化领域技术人员的必备技能。

本教材立足职业教育"岗课赛证"融通理念，以三菱 FX3U 系列 PLC 为教学载体，构建了"基础认知-虚拟仿真-工程应用"三位一体的教学体系。教材编写突出以下特色：

（1）采用"项目导向、任务驱动"模式，设置机械手控制、智能仓储系统等典型工程案例；

（2）创新融入 FX-TRN 虚拟仿真平台，实现硬件实操与虚拟仿真的有机结合；

（3）配套微课视频等数字化资源，构建立体化教学支持体系；

（4）对接工业机器人系统运维等"1＋X"职业技能标准，强化工程实践能力培养。

全书共设 5 个项目：项目 1 解析 PLC 基础逻辑应用，涵盖定时器、计数器等核心器件的工程应用；项目 2 通过 FX-TRN 平台开展虚拟仿真教学，构建交通信号控制等典型实训项目；项目 3 深入讲解 SFC 编程方法，详解单流程与多流程结构的程序设计；项目 4 聚焦运动控制技术，系统阐述步进/伺服系统的参数整定与定位控制；项目 5 实现技术集成应用，通过 HMI 组态、工业通信等综合项目提升系统集成能力。

本书由浙江工商职业技术学院李方园、周庆红主编，张燕珂、钟晓强任副主编，徐咏梅参与编写。本书由浙江工商职业技术学院张青波教授主审。在编写过程中，三菱电机自动化公司、浙江力创科技有限公司、宁波市自动化学会的相关技术人员帮助并提供了相当多的典型案例，同时在本书的编写过程中参考和引用了国内外许多专家、学者的相关资料，作者在此一并致谢。

编　者

2025 年 5 月

目　　录

三菱PLC基本逻辑应用

【导读】

PLC 是一种工业控制计算机，包括中央处理单元（CPU）、输入单元、输出单元、存储器、电源单元、底板或机架，可以执行逻辑运算、顺序控制、定时、计数与算术操作等面向用户的指令。本项目介绍了三菱 FX 系列 PLC 的基本逻辑应用，包括采用"与""或""非"等逻辑运算功能，实现逻辑控制、定时控制和计数控制，既可用于单台设备的控制，也可用于自动化生产线。

知识目标

了解 PLC 的定义、基本构成和编程软元件。

熟悉 FX 系列 PLC 系统的扫描工作方式与外部连接方式。

掌握 FX 系列 PLC 计数器和定时器的指令。

掌握自锁、互锁、定时器和计数器梯形图编程方法。

能力目标

能绘制 PLC 外部控制线路图。

能根据图纸进行 FX 系列 PLC 的控制系统安装接线。

能使用编程软件进行 PLC 的梯形图编辑。

能使用编程软件进行程序下载、监控与调试。

素养目标

具有成为制造业高技能人才的紧迫感和责任心。

对从事智能制造相关技术技能岗位充满热情。

保持对新知识、新技术的好奇心，勇攀高峰。

1.1 三菱 PLC 的引入

1.1.1 PLC 定义

国际电工委员会（IEC）为规范相关控制器产品，颁布了 IEC 61131-3 标准，可编程控制器（PLC）的规定：可编程控制器是一种专为工业环境下应用而设计的数字运算操作的电子系统；它采用可编程序的存储器，用来在其内部存储并执行逻辑运算、顺序控制、定时、计数和算术运算等操作的指令，并通过数字或模拟的输入和输出，控制各种类型的机械或生产过程；可编程控制器及其有关设备都应按易于与工业控制系统形成一个整体，且易于扩充其功能的原则进行设计。

从定义来看，PLC 是为工业环境开发的电子控制设备，也是一台专门用于高级顺序控制的计算机，它包含中央处理单元（CPU）、输入单元、输出单元、存储器、电源单元、底板或机架。PLC 的基本结构框图如图 1-1 所示，其中，输入单元和输出单元合称为 I/O 单元（即 Input/Output Unit），一般可按用户需要进行扩展与组合。

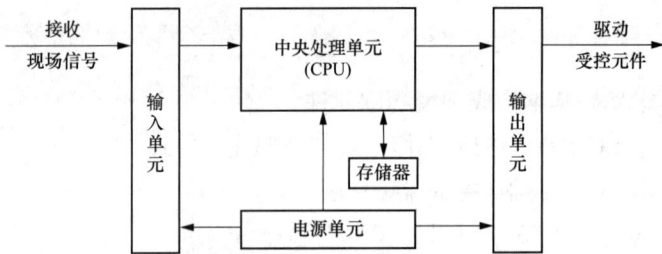

图 1-1 PLC 的基本结构框图

由图 1-1 中可以看出，PLC 具有与普通计算机相同的基本结构，其中 CPU 是执行 PLC 控制、计算、信息传递等基本操作的中心部分。根据应用程序，CPU 读取和计算信号，例如通过输入部分连接到外部的输入开关，并通过输出部分将结果输出到外部的负载。除了数值计算外，CPU 还可以进行更广泛的运算，例如"与"和"或"等逻辑运算以及条件判断，处理后的结果将根据需要发送到存储器中。

输入单元是一种将来自外部设备（如开关和传感器）的信号捕获到 PLC 中的设备。这些信号来自输入端子，每个输入端子都被分配有一个唯一的输入继电器编号，即数字量输入。PLC 的输入单元还能对输入信号进行 A/D 转换（模数转换），在模拟量输入的情况下，除了一般输入信号（0~10V、4~20mA 等）外，还执行温度传感器（如热电偶、热电阻）的直接输入等处理，并将其信号传递给 A/D 转换器。A/D 转换器将从输入单元接收的信号（模拟值）转换为数字信号，并将其写入存储器的输入部分。

输出单元是将 PLC 内部处理的信号转换为可以驱动外部继电器、电磁阀、指示灯等信号的设备。根据 CPU 部分计算的输出指令，每个输出端子都被分配有一个唯一的输出继电器编号，即数字量输出。此外，根据 PLC 型号的不同，输出单元还具有放大输出设备的功能，使其可以驱动需要高电压和大电流的电动机和线圈，同时还有转换电平的功能，以便 PLC 的内部信号可以连接到外部设备。

在 PLC 中，有 XX 点输入和 XX 点输出等指示，即表示 PLC 可以单独读取最大点数的输入设备信号，并控制输出设备的最大点数。另外，还有一些 PLC 可以增加输入和输出的数量，并具有扩展功能。

电源单元是一种为 PLC 工作提供必要电源的设备，它将进线电源转换为 PLC 的内部电源（5、10V 或 24V 等），提供给 CPU 部分和其他集成电路使用。

图 1-2 所示为三菱公司两款不同类型的 PLC，即 FX 系列 PLC 和 iQ-R 系列 PLC，分别应用在小型工程和中大型系统中。

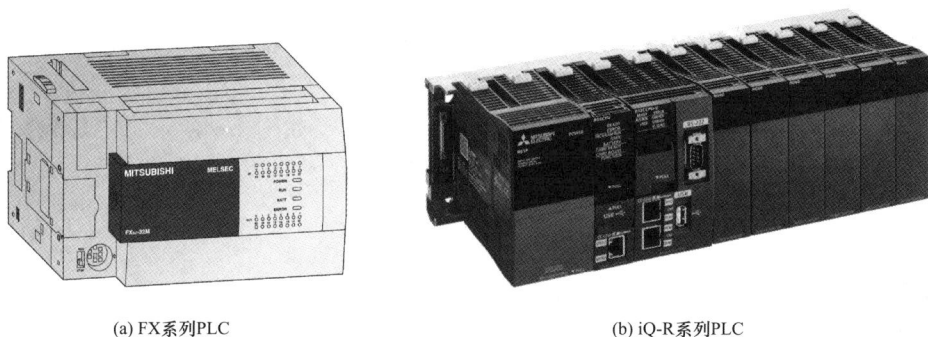

(a) FX系列PLC   (b) iQ-R系列PLC

图 1-2 三菱公司两款不同类型的 PLC

1.1.2 PLC 的编程软元件与扫描工作方式

1. 编程软元件

PLC 为了更好地表达控制逻辑关系，将存储单元划分成几个大类的编程软元件。PLC 内部的编程软元件是用户进行编程操作的对象，不同的编程软元件在程序工作过程中完成不同的功能。

为了便于理解，特别是便于熟悉低压电器控制系统的工程人员理解，这些元件被通俗地称为输入/输出继电器、辅助继电器、定时器、计数器等，但它们与真实的电器元件有很大的差别，因此被称为"软继电器"。软继电器是指系统软件用二进制位的"开"和"关"的状态来模拟继电器的"通"和"断"的状态。因此，这些软继电器的工作线圈没有工作电压等级、功耗大小和电磁惯性等问题；其触点也没有数量限制，且不存在机械磨损和电蚀等问题。

编程软元件实质上是存储器中的位（或字），因此其数量庞大，为了区分它们，每类编程软元件用字母进行标识，并在其后附上编号。在三菱 PLC 中，X 代表输入继电器，Y 代表输出继电器，M 代表辅助继电器，T 代表定时器，C 代表计数器，S 代表状态继电器，D 代表数据寄存器等。

（1）输入继电器 X。PLC 的输入端子是从外部开关接收信号的窗口，PLC 内部与输入端子连接的输入继电器 X 是用光电隔离的继电器，其编号与接线端子编号一致（按八进制或十六进制进行编号）。输入继电器线圈的吸合或释放只取决于与之相连的外部触点的状态，因此其线圈不能由程序来驱动，即在程序中不会出现输入继电器的线圈指令。在程序中，使用的是输入继电器动合（NO）/动断（NC）两种触点，且使用次数不限。FX3U 等小型 PLC 单元输入继电器线圈都是采用八进制编号的地址，输入为 X0～X7、X10～X17、X20～X27 等，这些又称为输入软元件（X），即 Input 输入，如图 1-3 所示。输入端 X 的"OFF"或"ON"信号在 PLC 输入映像区被存储为"0"或"1"。

（2）输出继电器 Y。PLC 的输出端子是向外部负载输出信号的窗口。输出继电器的线圈由程序控制，其外部输出主触点接到 PLC 的输出端子上供外部负载使用，内部动合/动断触点供内部程序使用。输出继电器的动合/动断触点使用次数不限。输出电路的时间常数是固定的。FX3U 小型 PLC 是八进制输出，输出为 Y0～Y7、Y10～Y17、Y20～Y27 等，这些又称为输出软元件（Y），即 Output 输出，如图 1-4 所示。PLC 输出映像区的"0"或"1"信号到输出端的"OFF"或"ON"状态。

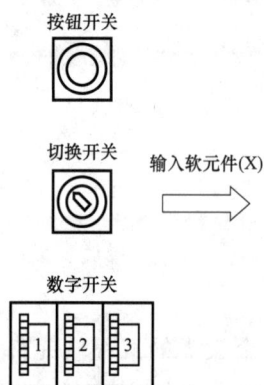

图 1-3　输入信号到输入端 X 的映像区　　　　图 1-4　输出端 Y 的映像区到输出信号

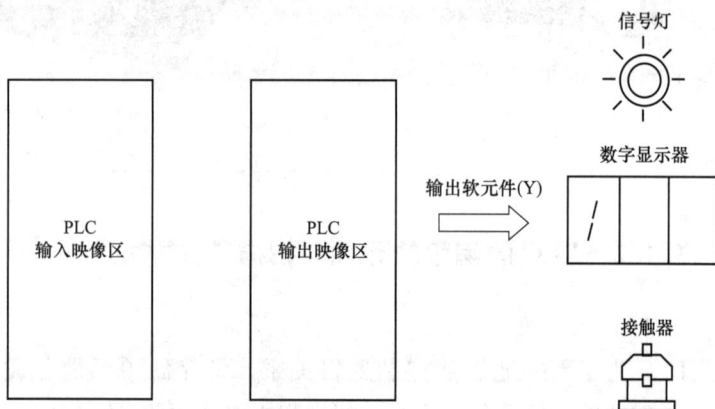

输入继电器 X 和输出继电器 Y 在很多工程应用中，通常又被称为"I/O 元件"，即"输入/输出元件"。一个工程项目中，I/O 元件表必须清晰表达，这样才方便进行 PLC 系统配置、硬件接线和软件编程。

（3）辅助继电器 M。可编程控制器中有多个辅助继电器，软元件符号为"M"。与输入/输出继电器不同，辅助继电器 M 既不能读取外部输入，也不能直接驱动外部负载的程序。在 FX3U 型 PLC 中，可以设置 M0～M7679 共 7680 个辅助继电器。其中，M0～M1023 可以被设置为"锁存继电器"，即"停电保持用辅助继电器"。顾名思义，这种继电器的数据在 PLC 彻底断电后仍会保存至下次开机时（具体保存时间依据不同型号的 PLC 而定），它的用途很广泛，比如设定好的数据可以一直保留，避免了每次开机后都要重新手动操作的麻烦。

除了以上软元件外，可编程控制器中还有以下元件：

（1）状态继电器 S，主要用于步进顺控的编程。

（2）数据寄存器 D，用来存放 16 位数据或参数，同时可以通过两个数据寄存器合并来存放 32 位数据。

（3）定时器 T，即按照指定的周期（如以毫秒为单位）进行调用或计算。

（4）计数器 C，主要是对脉冲的个数进行计数，以实现测量、计数和控制的功能。

这些数值被用作定时器、计数器等软元件的设定值、当前值或其他应用指令的操作数，采用的各种常数数值，一般前缀 K 表示十进制数，H 表示十六进制数，E 表示实数（浮点数）。

图 1-5 所示为某输送带控制系统，它由一个输送带、一个按钮盒、一个指示灯盒、一个限位开关和一台电动机等组成。该系统具有如下功能：当按下启动按钮时，物品被输送带带动从右边向左边运行；当物品被限位开关检测到后，系统会进行计数，同时输送带停止并向另外一个方向运行。其相应的软元件变量定义见表 1-1。

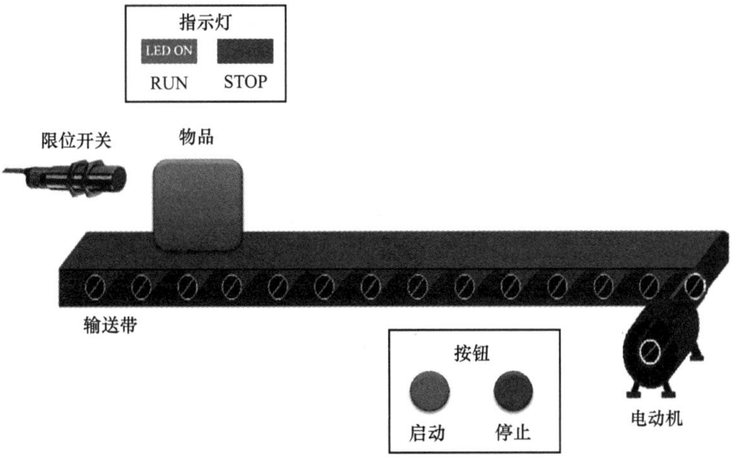

图 1-5 输送带控制系统

表 1-1   软 元 件 变 量 定 义

序号	I/O 元件	定义
1	X0	启动按钮
2	X1	停止按钮
3	X2	限位开关
4	Y0	电动机正转
5	Y1	电动机反转
6	Y2	指示灯（RUN）

续表

序号	I/O 元件	定义
7	Y3	指示灯（STOP）
8	C0	计数器

2. PLC 扫描的工作方式

如图 1-6 所示，PLC 扫描的工作方式主要分为三个阶段，即输入采样阶段（I/O 映像区刷新）、用户程序执行阶段（梯形图）和输出刷新阶段（I/O 映像区刷新）。在输入采样阶段，PLC 以扫描方式依次读取所有输入状态和数据，并将它们存入 I/O 映像区的相应单元内。在用户程序执行阶段，PLC 按由上而下的顺序依次扫描用户程序，主要是梯形图形式。当用户程序扫描结束后，PLC 就进入输出刷新阶段。

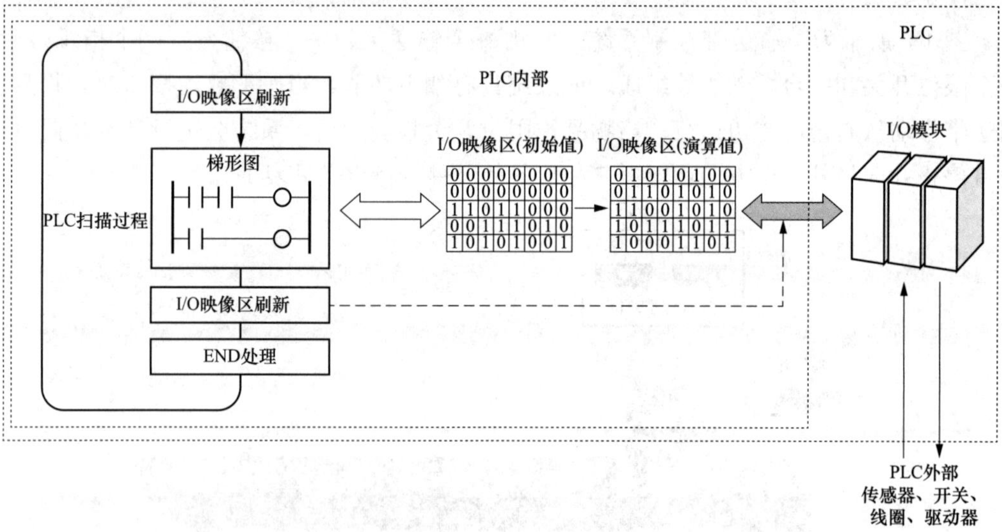

图 1-6　PLC 扫描的工作方式

1.1.3　PLC 的梯形图编程

梯形图编程方式就是使用顺序符号和软元件编号在图示的画面上绘制梯形图，因为顺控回路是通过触点符号和线圈符号来表现的，所以程序的内容更加容易理解。在梯形图编程中，用 ┤├ 表示动合触点，┤/├ 表示动断触点，( )表示输出线圈。

在 PLC 的梯形图编程之前，需要先了解三菱 PLC 的输入/输出定义的情况。在硬件接线中，输入端子为 X0，但在梯形图编程中则自动调整为 X000（序号为三位数）；输出端子为 Y0，但在梯形图编程中则自动调整为 Y000（序号为三位数）。本书为了更加符合工程实际，在硬件接线和 I/O 表中，均采用 X0 等编号，而在梯形图编程中则都采用 X000 等编号。

　　梯形图中最常见的是按照一定的控制要求进行逻辑组合，可构成基本的逻辑控制包含"与""或""异或"及其组合。位逻辑指令使用"0""1"两个布尔操作数，对逻辑信号状态进行逻辑操作，逻辑操作的结果送入存储器状态字的逻辑操作结果位。

　　图 1-7 所示为逻辑"与"梯形图，是用串联的触点表示的。表 1-2 所列为对应的逻辑"与"真值表。

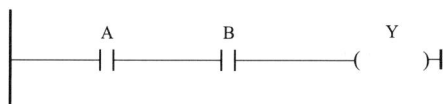

表 1-2　逻辑"与"真值表

A	B	Y
0	**0**	0
0	**1**	0
1	**0**	0
1	**1**	1

图 1-7　逻辑"与"梯形图

　　图 1-8 所示为逻辑"或"梯形图，是用并联的触点表示的。表 1-3 所列为对应的逻辑"或"真值表。

表 1-3　逻辑"或"真值表

A	B	Y
0	**0**	0
0	**1**	1
1	**0**	1
1	**1**	1

图 1-8　逻辑"或"梯形图

图 1-9 所示为逻辑"非"梯形图，表 1-4 所列为对应的逻辑"非"真值表。

表 1-4　逻辑"非"真值表

A	Y
0	1
1	0

图 1-9　逻辑"非"梯形图

　　图 1-10 所示的梯形图通过一个输入继电器 X000 的动合触点的通断来控制输出继电器 Y000 的得电和失电。梯形图最左边的竖线称为左母线，最右边的竖线称为右母线，两根母线可看作具有交流 220V 或直流 24V 电压。当 X000 的动合触点闭合时，Y000 的线圈两端被加上电压，线圈得电。

　　除了直接用输出线圈的方式对输出继电器进行编程外，用户还可以调用应用指令（比如置位 SET 和复位 RST 指令等）来操作输出继电器。当 SET 指令前面的条件满足时（线路被接通），输出继电器被置位，即处于得电状态，这与直接输出线圈的区别在于，即使前面的条件不再满足（线路被断开），输出继电器仍然保持得电状态。直到执行 RST 指令，输出继电器才被复位。因此，SET 指令必须与 RST 指令配合使用，如图 1-11 所示。置位、复位信号同时存在时，复位信号优先。

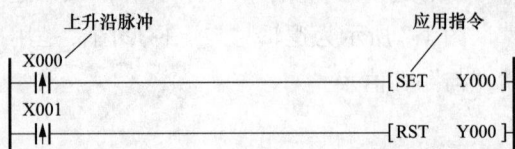

图 1-10　输入、输出继电器使用　　　　　图 1-11　用置位、复位指令控制输出继电器

由图 1-11 观察到，在这个梯形图中，X000 和 X001 的动合触点里多了一个向上的箭头。这表示上升沿触点，即该触点在 X000 得电的上升沿闭合一个扫描周期，下个扫描周期又复位。

如图 1-12 所示，当边沿状态信号变化时就会产生跳变沿，如果从"0"变到"1"，则产生一个上升沿（即正跳沿）；如果从"1"变到"0"，则产生一个下降沿（即负跳沿）。PLC 在每个扫描周期内将当前信号状态和前一个扫描周期的状态进行比较，若两者不同，则表明有一个跳变沿。因此，PLC 必须存储前一个周期里的信号状态，以便能和新的信号状态进行比较。如果用普通的触点，哪怕用户仅按下按钮 1s，在此期间，由于 PLC 的扫描周期低至纳秒级，PLC 就会反复执行这条指令无数次。因此，置位和复位指令前面的执行条件一般采用上升沿或下降沿脉冲。

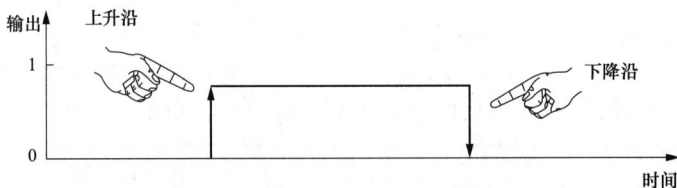

图 1-12　跳变沿

1.2　编程软件 GX Works2 的安装与使用

1.2.1　GX Works2 的安装

三菱 PLC 的编程软件主要包括 GX Developer、GX Works2 和 GX Works3。其中，GX Developer 是三菱公司早期为其 PLC 配套开发的编程软件，于 2005 年发布。2011 年后，三菱公司推出了综合编程软件 GX Works2，该软件有简单工程和结构工程两种编程方式，支持梯形图、顺序功能图（SFC）、结构化文本（ST）、结构化梯形图等编程语言，并集成了程序仿真软件 GX Simulator2。与 GX Developer 相比，GX Works2 可实现

PLC 与 HMI、运动控制器的数据共享，同时具备程序编辑、参数设定、网络设定、监控、仿真调试、在线更改、智能功能模块设置等功能，适用于三菱 Q、FX 等全系列 PLC。最近，三菱公司又推出了 GX Works2 的更新版 GX Works3，该软件向下兼容，并支持 FX5U、iQ-R 等新一代 PLC 的强大功能。

下面介绍一下目前市场上主流的 GX Works2 软件的安装步骤。首先在三菱公司网站上（具体网址为 http://cn. mitsubishielectric.com）获得安装包和序列号，然后双击"setup"执行安装操作，如图 1-13 所示，依次经过安装向导、选择安装目标、安装状态和安装完成四个步骤。

(a) 安装向导

(b) 选择安装目标

(c) 安装状态

(d) 安装完成

图 1-13　安装界面

在安装过程中，尽量关闭所有杀毒软件、防火墙、IE 浏览器及办公软件等可能干扰安装的程序，否则可能会导致软件安装失败。安装结束后，桌面将出现 🔲 图标，单击该图标即可进入如图 1-14 所示的编辑界面。

1.2.2　GX Works2 的软件界面

GX Works2 的软件界面如图 1-15 所示，它打开的是一个案例程序，共分为标题栏、菜单栏、工具栏、状态栏、程序编辑窗口和导航窗口。

标题栏显示了该程序的文件名与主程序步数。

菜单栏包括工程、编辑、搜索/替换、转换/编译、视图、在线、调试、诊断、工具、窗口、帮助等主菜单及相应的子菜单。

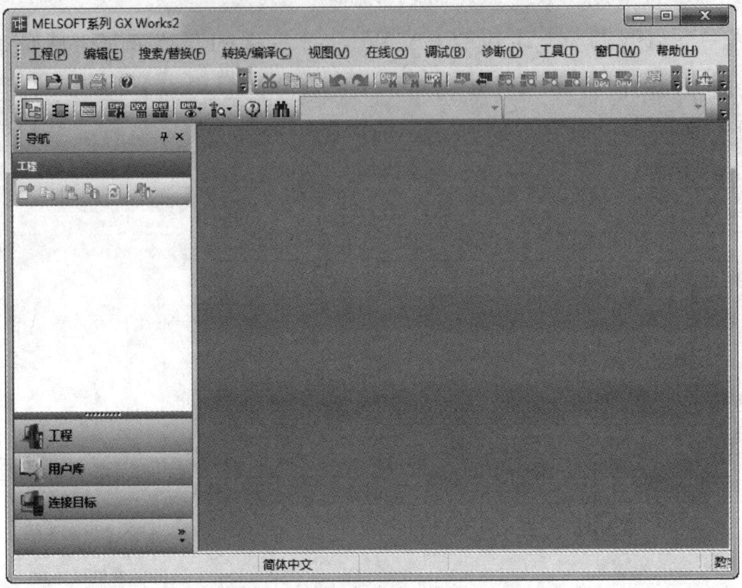

图 1-14　GX Works2 编辑界面

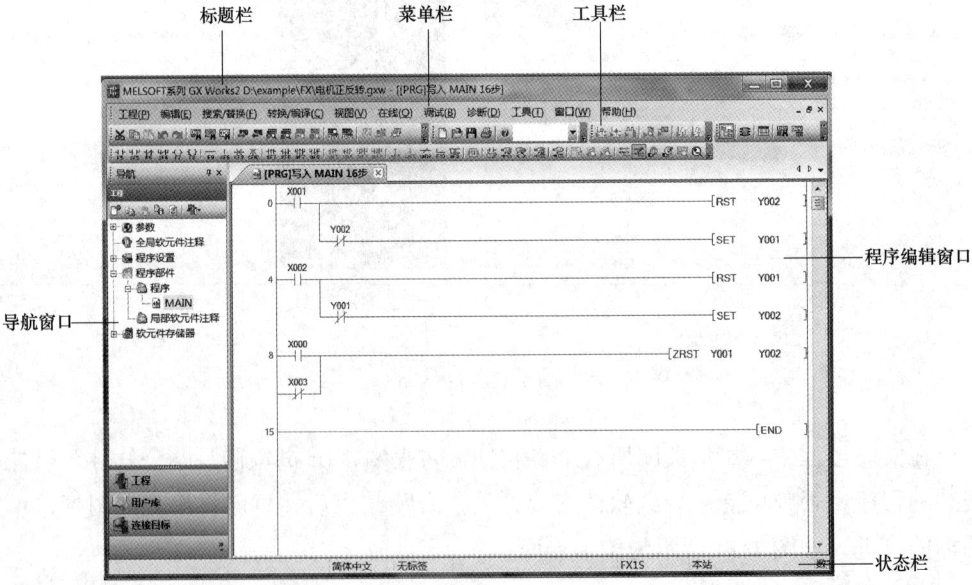

图 1-15　GX Works2 的软件界面

工具栏主要包括如下模块：

（1）程序通用工具栏 ▨▨▨▨▨▨▨▨▨▨▨▨▨▨▨。用于梯形图的剪

切、复制、粘贴、撤消、搜索及 PLC 程序的读写、运行监视等操作。

（2）窗口操作工具栏 [图标]。用于导航、部件选择、输出、软元件使用列表、监视等窗口的打开/关闭操作。

（3）梯形图工具栏 [图标]。用于梯形图编辑的动合/动断触点、线圈、功能指令、画线、删除线、边沿触发触点等按钮，也用于软元件注释编辑、声明编辑、注解编辑、梯形图放大/缩小等操作按钮。

（4）标准工具栏 [图标]。用于工程的创建、打开和关闭等操作。

（5）智能模块工具栏 [图标]。用于特殊功能模块的操作。

程序编辑窗口是整个 PLC 程序，包括梯形图、SFC 等多种方式。

状态栏反映了当前连接 PLC 的情况。

导航窗口包括工程、用户库和连接目标。

1.2.3　用 FX3U 改造传统电动机启停控制

【例 1-1】　用 GX Works2 编写电动机控制的 FX3U 程序并进行监控。

任务要求：传统电动机启停控制电路如图 1-16 所示。启动时，合上电源开关 QS，引入三相电源。按下启动按钮 SB2，交流接触器 KM 的吸引线圈通电动作，KM 的主触点闭合，电动机接通电源启动运转。同时，与启动按钮 SB2 并联的接触器 KM 的动合辅助触点闭合，使接触器吸引线圈经两条路径通电。当按钮松开，即 SB2 自动复位时，接触器 KM 的线圈仍通过其动合辅助触点保持通电，从而保证电动机的连续运行。现要求用三菱 FX3U-64MR 对该电路进行改造。具体如下：

（1）按钮 SB1 和 SB2 的触点类型不变，即 SB1 仍旧用动断触点，SB2 仍旧用动合触点。

（2）接触器 KM 的线圈电压不变，仍旧为 AC 220V。

实施步骤：

步骤 1：系统输入/输出分配

步骤 2：PLC 控制系统接线。

（1）PLC 电源接线。FX3U 系列 PLC 可使用 AC 或 DC 电源，本案例采用 FX3U-64MR 的电源接线，如图 1-17 所示，为 AC 电源输入。该机型自带 DC 24V 内部电源，为输入器件及扩展模块供电，其端子是 24V 端子，注意不能外接电源。

（2）PLC 输入端子接线。PLC 输入端子可以连接现场按钮、传感器等信号。一般输入信号都有一个输入点和一个输入公共端。对应 PLC 的输入公共端（S/S）需要跟 PLC 类型匹配。在 AC 电源型 PLC 中，公共端既可以是 0V，也可以是 24V，按漏型输入或源型输入分别接线；在 DC 电源型 PLC 中，公共端为进线端的（＋）或（－），而不是 0、24V 端子。AC 电源型 PLC 的输入接线如图 1-18 所示，DC 电源型 PLC 的输入接线

微课2

用 FX3U 改造
传统电动机启
停控制

如图 1-19 所示。需要注意的是，当采用外部电源对输入信号接线时，S/S 接入到对应的 0V 或 24V 电源中。

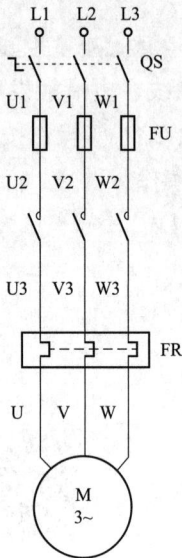

图 1-16　传统电动机启停控制电路　　　　图 1-17　FX3U-64MR 的电源接线

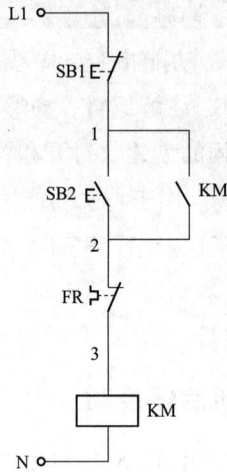

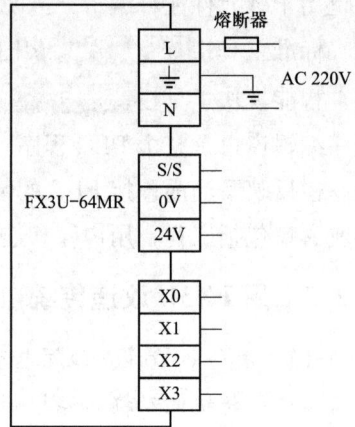

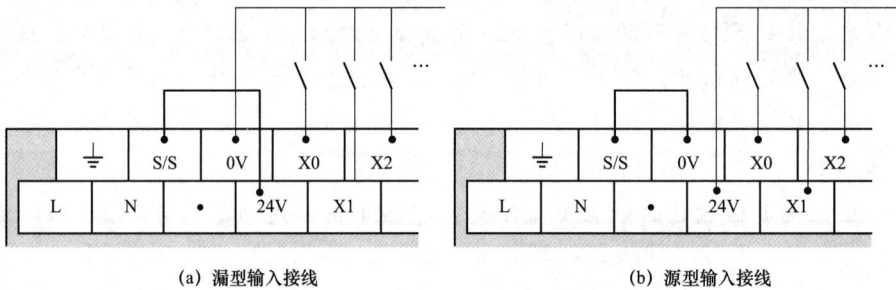

（a）漏型输入接线　　　　　　　　　　（b）源型输入接线

图 1-18　AC 电源型 PLC 的输入接线

（a）漏型输入接线　　　　　　　　　　（b）源型输入接线

图 1-19　DC 电源型 PLC 的输入接线

（3）PLC 输出端子接线。PLC 的输出端子用于驱动外部设备，以常见的继电器输出为例，与 PLC 输出端子相连的器件主要有继电器、接触器、电磁阀线圈等。PLC 输出端子内部是一组开关触点，输出器件受外部电源驱动，所需的电源电压各异，每组开关触点有自己的公共端，且各组之间相互隔离。根据驱动负载的电源类型，可分为直流和交流两种，其输出形式相对应的接线方法如图 1-20 所示，公共端子为 COM1、COM2 等。

本案例的接线如图 1-21 所示，输入 X0 连接停止按钮 SB1（接动断触点），X1 连接启动按钮 SB2（接动合触点），X2 连接热继电器 FR（接动断触点）；Y0 连接 220V 交流接触器 KM。原电动机控制系统的主电路不变。

图 1-20 两种 PLC 输出端子接线方法　　图 1-21 PLC 输入/输出接线图

步骤 3：列出 PLC 输入/输出表（见表 1-5）。表中，NC 表示动断触点，NO 表示动合触点。

表 1-5　　　　　　　　　　　　例 1-1 输入/输出表

输入	功能	输出	功能
X0	停止按钮 SB1（NC）	Y0	电动机接触器 KM
X1	启动按钮 SB2（NO）		
X2	热继电器 FR（NO）		

步骤 4：设计 PLC 控制程序。

图 1-22 为梯形图程序。在 X001 的动合触点下面并联一个 Y000 的动合触点。当 Y000 线圈得电后，Y000 的动合触点会由断开转为闭合，这个环节叫作"自锁"。当 X000 所连的开关动作时，X000 的动断按钮断开，从而切断了电路，Y000 线圈失电，Y000 动合触点也随之断开。而串联的 X002 热继电器 FR 的功能跟 X000 类似。

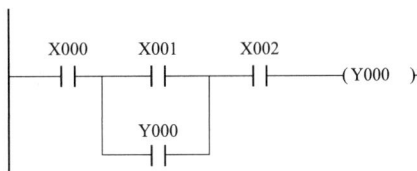

图 1-22 梯形图程序

正常情况下，即电动机没有过载时，热继电器的动断触点处于闭合状态，动合触点处于断开状态。本案例与实际保持一致，接线选择动断触点，为确保过载时该接触器线

13

圈动作，需要在实际梯形图中采用动合触点接入。停止按钮 SB1 接线时同样采用动断触点，正常情况下，PLC 的输入点 X000 始终接通，需要在实际梯形图中采用动合触点接入。

步骤 5：在 GX Works2 中进行 PLC 梯形图程序输入。

（1）当开始一个程序的编写或输入时，首先要创建一个新工程。双击打开 GX Works2 软件，在菜单栏中单击"工程"，然后单击"新建"，出现了"新建"窗口（见图 1-23）。依次选择本案例所需要的"工程类型"为"简单工程"，"系列"为"FXCPU"，"机型"为"FX3U/FX3UC"，"程序语言"为"梯形图"。

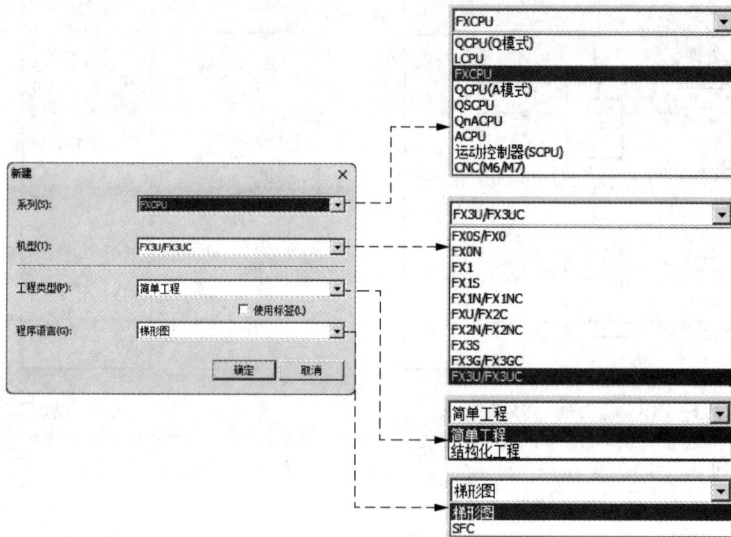

图 1-23　新建菜单相关选项

根据所使用的 PLC 硬件，选择好 PLC 机型（这里选择 FX3U/FX3UC）后，就进入到新工程的编程界面（见图 1-24），可以在此输入梯形图程序。

（2）梯形图程序编辑输入。在 PLC 程序编辑前，需要了解图 1-25 所示的指令及画线工具。它主要包括三部分内容：触点、线圈、功能指令；边沿触发触点；画线与删除。通过这个工具条，可以完成动合/动断触点的串并联、线的连接和删除、线圈输出、功能语句以及上升沿和下降沿触点使用。用户可以在工具上直接单击选取，也可以采用每个工具下面的快捷键与 Shift 和 Fn 的组合键来选取。

在图 1-26 和图 1-27 所示的编程界面中，依次进行"触点输入""竖线输入"等操作。

（3）梯形图程序编译。在编辑中，会发现程序为阴影色（见图 1-28），此时可以选择图 1-29 所示的"转换/编译"菜单（或者 F4 功能键），会自动进行编译，并显示出错信息，编译之后，梯形图的阴影部分消失，并在左侧出现了步号，如 0、2、6 等字样，如图 1-30 所示。

14

图 1-24　新工程的编程界面

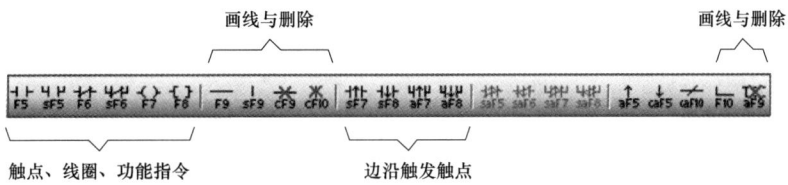

图 1-25　指令及画线工具

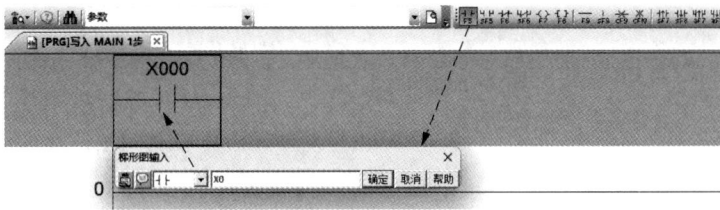

图 1-26　触点输入

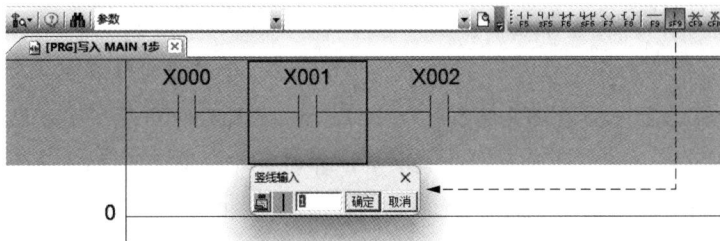

图 1-27　竖线输入

通过"搜索/替换"→"跳转"菜单，输入步号（见图 1-31），即可将蓝色光标自动跳转到相应的步号。

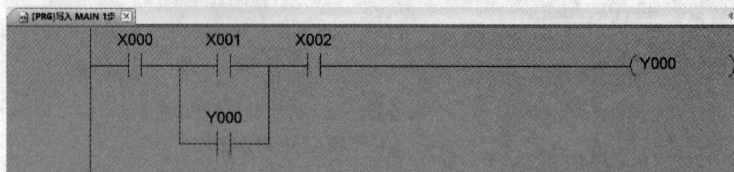

图 1-28　程序为阴影色

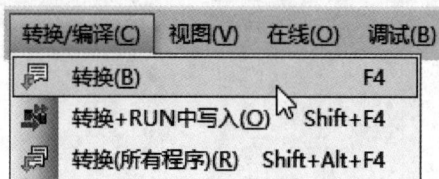

图 1-29　"转换/编译"菜单

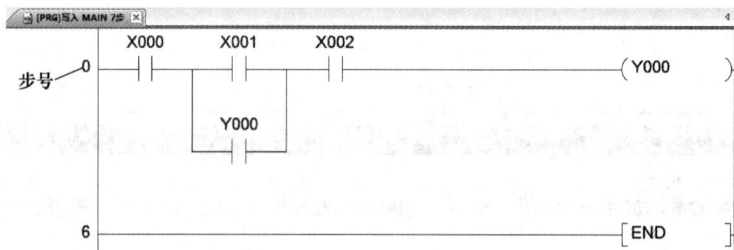

图 1-30　编译完成后的梯形图

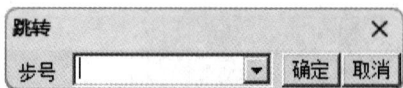

图 1-31　"跳转"菜单

步骤 6：使用编程线连接 GX Works2 与 FX3U-64MR PLC，在通信连接成功后进行下载。

（1）对 FX3U-64MR PLC 及其外部按钮、热继电器和接触器进行正确接线，同时用三菱 PLC编程线（型号为 USB-SC09-FX）连接 FX PLC 的编程口到计算机的 USB 口（见图 1-32）。需要注意的是，该编程线需要安装驱动软件，待安装完成后，当在计算机 USB 口插入该编程线时，计算机的设备管理器会自动显示 COM 端口号，也就是计算机与 FX 系列PLC 通信的端口号（如本实例中的 COM3），这个端口号因不同计算机端口而有所不同。

（2）GX Works2 中执行"连接目标"→"Connection1"功能（见图 1-33）。图 1-34为连接目标设置 Connection1，也可以进入"计算机侧 I/F 串行详细设置"，设置对应的COM 端口、传送速度、奇偶校验、数据位、停止位等相关信息（见图 1-35）后再进行通信测试。

测试成功后，单击"确定"按钮，如图 1-36 所示。也有因为参数设置错误、编程线问题或编程口问题出现无法与 PLC 通信的情况，如图 1-37 所示。

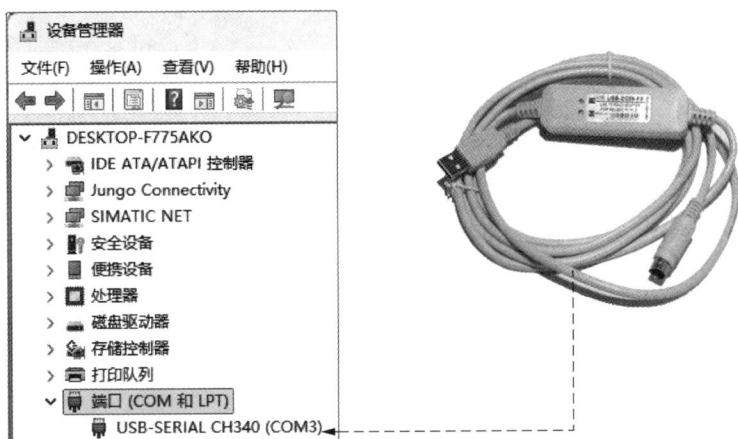

图 1-32　USB-SC09-FX 编程线与设备管理器的 COM 端口

（3）打开"在线"菜单，执行"PLC 写入"命令（见图 1-38），可以对下载的程序、参数、注释等进行选择（见图 1-39）。

PLC 程序写入会覆盖原有程序，因此，在写入前需要执行如图 1-40 所示的安全确认；在程序下载完成后，重启程序时，也需要进行远程 RUN 的安全确认。

图 1-33　连接窗口

这个确认对于生产现场来说非常重要，可以防止程序被误删除后动作机构出现异常，或重启新程序后动作机构产生误动作。

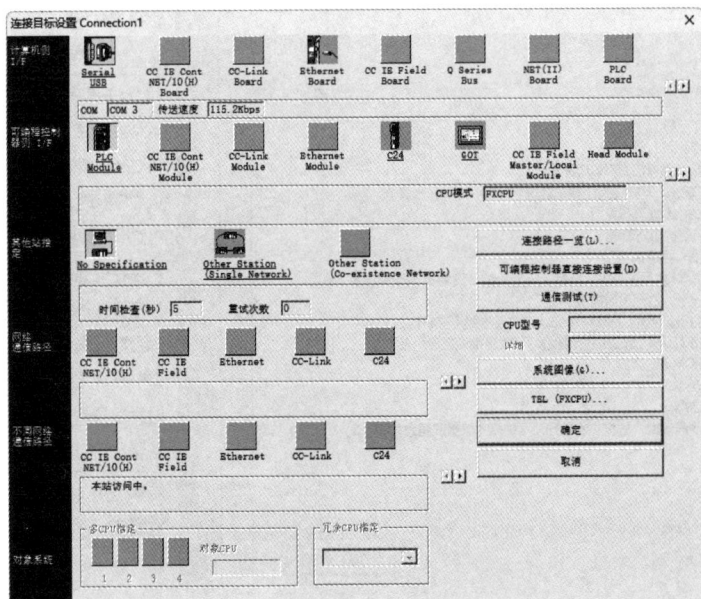

图 1-34　连接目标设置 Connection1

(a) 简明设置　　　　　　　(b) 详细设置

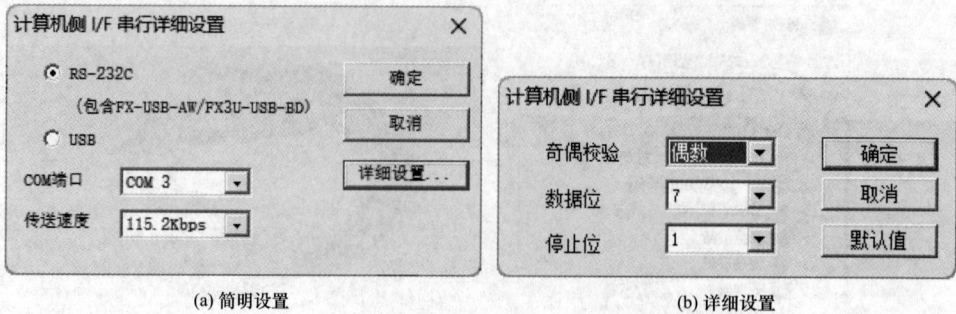

图 1-35　计算机侧 I/F 串行详细设置

图 1-36　成功连接

（4）监视。在主菜单中选择"在线"→"监视模式"（或者 F3 功能键），即可进入"监视状态"（见图 1-41）。其中显示蓝色（即有阴影部分）的状态为 1，其余为 0。电动机正常停机时，X000 为 ON，X002 为 ON，输出 Y000 为 OFF；启动按钮 SB2（即 X001）按下时，X001 为"ON"，而 Y000 自锁运行。

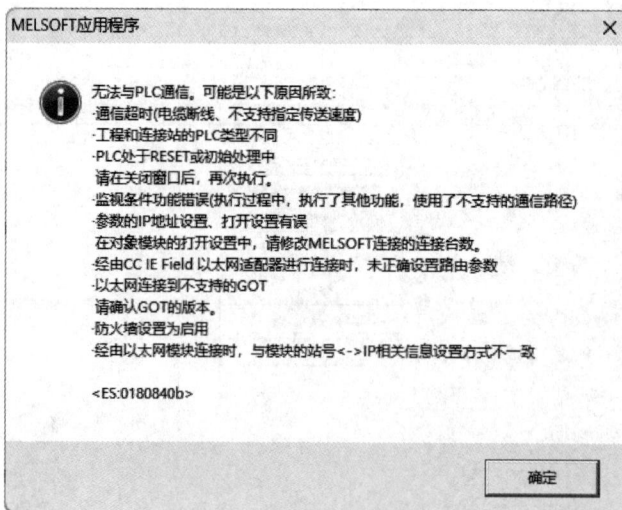

图 1-37　无法与 PLC 通信

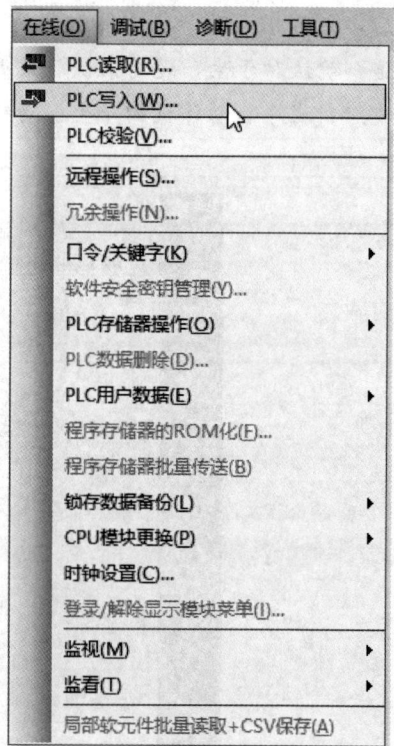

图 1-38　"PLC 写入"命令

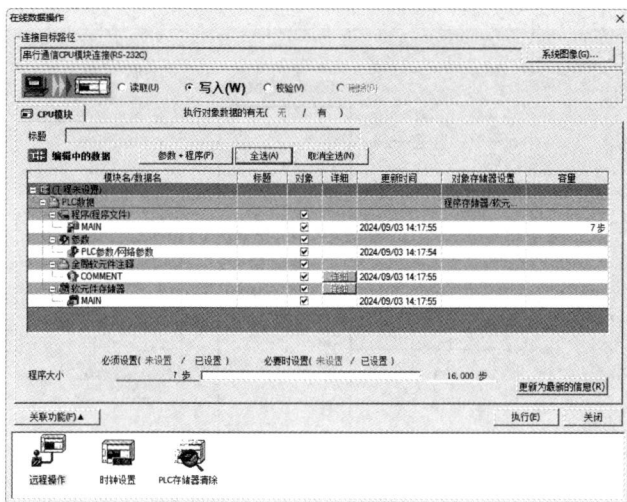

图 1-39 在线数据操作

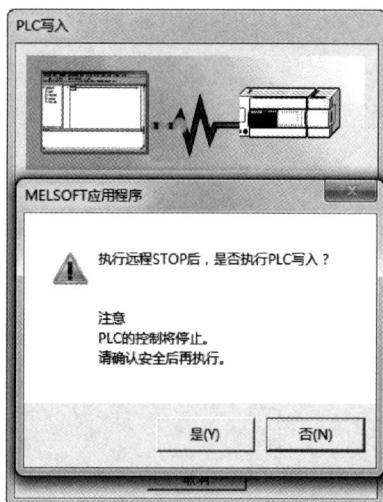

图 1-40 执行 PLC 写入前的安全确认

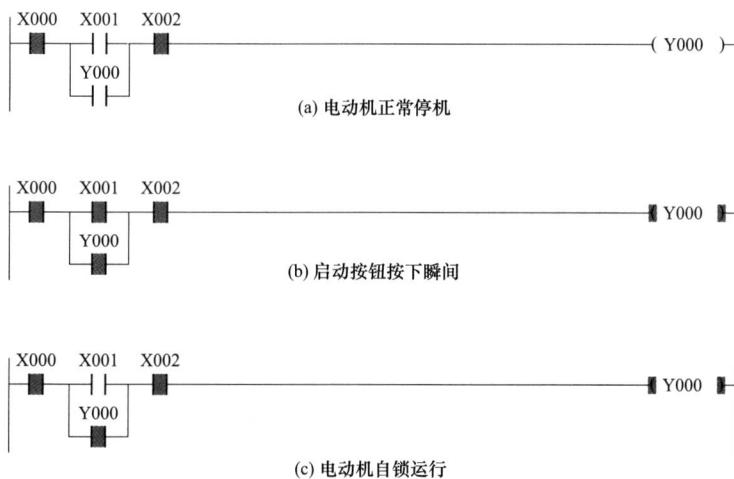

(a) 电动机正常停机

(b) 启动按钮按下瞬间

(c) 电动机自锁运行

图 1-41 监视状态

1.2.4 采用按钮进行电动机自锁控制

【例 1-2】 按钮控制圆盘转一圈。

任务要求: 图 1-42 为电动机带动圆盘控制示意图。在原始位置时,限位开关 SQ1 受压,处于停机状态;按钮 SB1 被按下时,电动机 M 带动圆盘转一圈且回到原始位置时停止。请用 FX3U-64MR PLC 进行设计、接线并编程。

实施步骤:

步骤 1:PLC 控制系统接线。

微课3

采用按钮进行电动机自锁控制

参考例 1-1 进行电气接线，如图 1-43 所示。

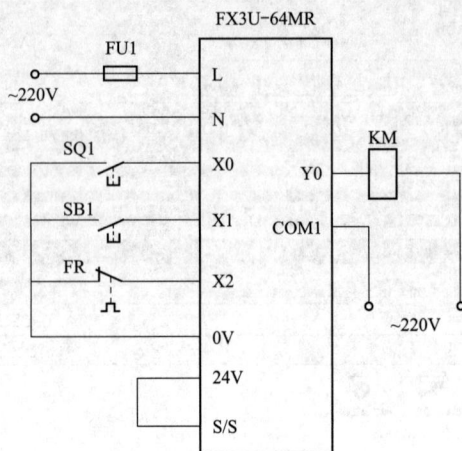

图 1-42　圆盘控制示意图　　　　图 1-43　PLC 控制系统接线图

步骤 2：列出 PLC 输入/输出表（见表 1-6）。

表 1-6　　　　　　　　　　　　　　**例 1-2 输入/输出表**

输入	功能	输出	功能
X0	限位开关 SQ1（NO）	Y0	电动机接触器 KM
X1	启动按钮 SB1（NO）		
X2	热继电器 FR（NO）		

步骤 3：设计 PLC 控制程序。

圆盘控制 PLC 梯形图如图 1-44 所示。圆盘在原点且限位开关 SQ1 也在原点时，动合触点受压闭合，梯形图中 X0 动断触点断开。当按下按钮 SB1 时，X1 触点闭合，经 M0 动断触点使 Y0 得电并自锁，热继电器动作正常，则 Y0 得电驱动接触器 KM 使电动机得电，并带动圆盘转动，限位开关 SQ 复位，X0 动断触点闭合，又使 M0 线圈得电，M0 动断触点断开，Y0 线圈仍经 X0 动断触点得电自锁。当圆盘转一圈后又碰到限位开关 SQ，X0 动断触点断开，Y0 失电后，电动机停止转动。

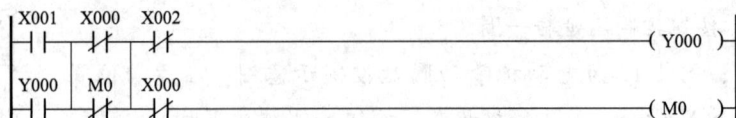

图 1-44　例 1-2 梯形图

步骤 4：下载 PLC 程序并完成在线监控，如图 1-45 所示，共分为按钮 SB1 按下瞬间、电动机带动圆盘运行和圆盘回到原点停止三种情况。

(a) 按钮SB1按下瞬间

(b) 电动机带动圆盘运行

(c) 圆盘回到原点停止

图 1-45　在线监控

1.2.5　用信号灯显示多台电动机的运行状态

【例 1-3】 用信号灯显示多台电动机的运行状态。

任务要求： 在三菱 FX3U-64MR 控制系统中，用三个选择开关分别控制对应的三台电动机的启停，同时用红、黄、绿三个信号灯来显示三台电动机的运行情况，具体要求如下：

（1）当无电动机运行时，红灯亮。

（2）当一台电动机运行时，黄灯亮。

（3）当两台及以上电动机运行时，绿灯亮。

实施步骤：

步骤 1：完成 PLC 控制系统接线（见图 1-46）。

步骤 2：列出 PLC 输入/输出表（见表 1-7）。

步骤 3：根据控制要求列出真值表（见表 1-8）。

根据真值表写出逻辑表达式

$$Y3 = \overline{Y0} \cdot \overline{Y1} \cdot \overline{Y2}$$

$$Y5 = Y0 \cdot Y1 + Y0 \cdot Y2 + Y1 \cdot Y2$$

$$= (Y1 + Y2) \cdot Y0 + Y1 \cdot Y2$$

$$Y4 = \overline{Y3} \cdot \overline{Y5}$$

步骤 4：根据逻辑表达式设计 PLC 控制程序，并进行下载验证。

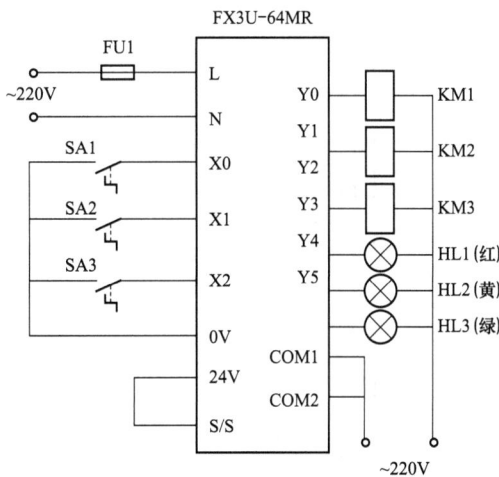

图 1-46　PLC 控制系统接线图

微课4

用信号灯显示多台电动机的运行状态

表 1-7   例 1-3 输入/输出表

输入	功能	输出	功能
X0	选择开关 SA1	Y0	1#电动机接触器 KM1
X1	选择开关 SA2	Y1	2#电动机接触器 KM2
X2	选择开关 SA3	Y2	3#电动机接触器 KM3
		Y3	红灯，无电动机运行信号
		Y4	黄灯，一台电动机运行信号
		Y5	绿灯，两台及以上电动机运行信号

表 1-8   信号灯显示对应的真值表

电动机输出			信号灯输出			说明
第 1 台 Y0	第 2 台 Y1	第 3 台 Y2	红灯 Y3	黄灯 Y4	绿灯 Y5	
0	0	0	1			当无电动机运行时红灯亮
0	0	1		1		当一台电动机运行时黄灯亮
0	1	0		1		当一台电动机运行时黄灯亮
0	1	1			1	当两台及以上电动机运行时绿灯亮
1	0	0		1		当一台电动机运行时黄灯亮
1	0	1			1	当两台及以上电动机运行时绿灯亮
1	1	0			1	当两台及以上电动机运行时绿灯亮
1	1	1			1	当两台及以上电动机运行时绿灯亮

图 1-47 所示为根据 Y3、Y4 和 Y5 的逻辑表达式编写的梯形图。

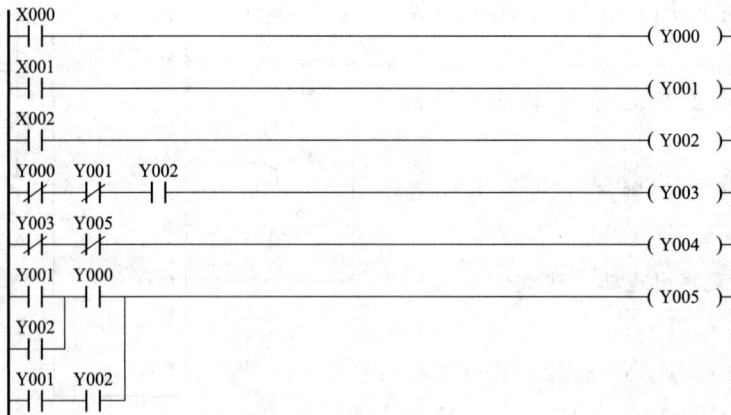

图 1-47 例 1-3 梯形图

程序下载后进行调试，其中没有电动机运行时红灯亮（见图 1-48），只有一台电动机运行（图中为 2# 电动机运行）时黄灯亮（见图 1-49），两台及以上电动机运行（图中为 2#、3# 电动机运行）时绿灯亮（见图 1-50）。

图 1-48 红灯亮

图 1-49 黄灯亮

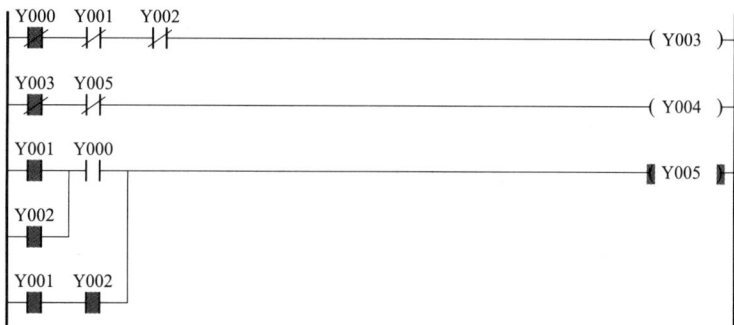

图 1-50 绿灯亮

1.2.6 电动机正反转 PLC 控制

【例 1-4】 用 FX3U 64MR 实现电动机正反转。

任务要求：用三菱 FX3U-64MR 控制三相交流异步电动机的正反转。具体要求如下：

微课5

电动机正反转
PLC控制

（1）能够用按钮 SB1、SB2、SB3 控制三相交流异步电动机的正转启动、反转启动和停止。

（2）具有过载保护等必要措施。

实施步骤：

步骤 1：明确电路改造内容。三相交流异步电动机正反转电气原理如图 1-51 所示，其中虚线部分为 FX3U-64MR 要改造的部分。图中主要元器件的名称、代号见表 1-9。

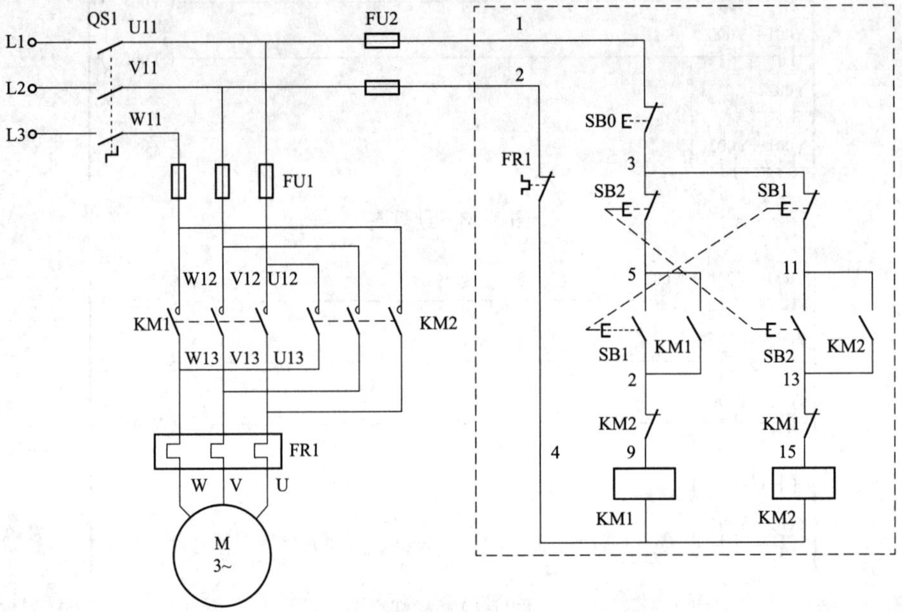

图 1-51　三相交流异步电动机正反转电气原理

表 1-9　　　　　　　　　　　　元器件的名称与代号

名称	元件代号	名称	元件代号
正转启动按钮	SB1	正转接触器	KM1
反转启动按钮	SB2	反转接触器	KM2
停止按钮	SB3	热继电器	FR1

步骤 2：定义输入/输出，见表 1-10；PLC 输入/输出接线如图 1-52 所示，同时将图 1-51 的虚线控制电路部分取消。

表 1-10　　　　　　　　　　　　例 1-4 输入/输出表

输入	对应元件	输出	对应元件
X0	FR1（NO）	Y0	KM1
X1	SB1（NO）	Y1	KM2
X2	SB2（NO）		
X3	SB3（NO）		

步骤 3：设计 PLC 正反转梯形图（见图 1-53），并进行编译后下载。

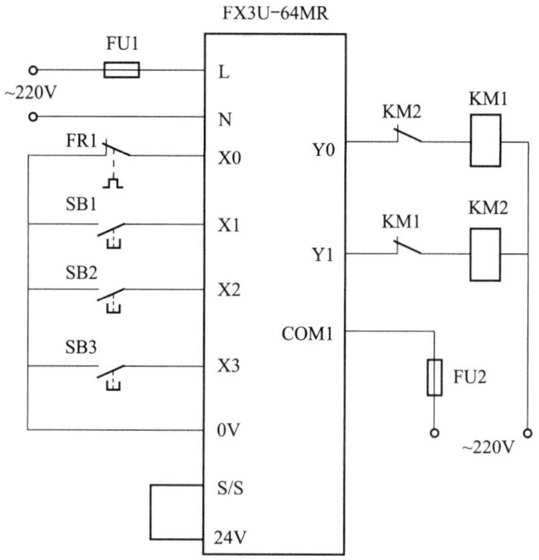

图 1-52　PLC 输入/输出接线图

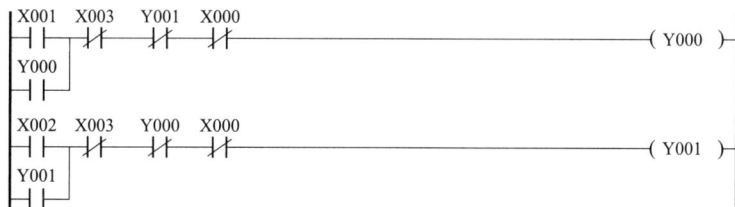

图 1-53　正反转梯形图

本程序设计采用了电气互锁，这是为了避免接触器、继电器主回路中的触点竞争所产生的不良后果，从而避免了主触点发生相间短路。

1.3　FX 系列 PLC 定时器及应用

1.3.1　常数与通用定时器

1. 常数 K 和 H

定时器可以用存储器内的常数 K 作为设定值，范围是 K1～K32767。K 是十进制整数的符号，主要用来表示定时器或计数器的设定值及应用功能指令的操作数值；H 是十六进制数的符号，主要用来表示应用功能指令的操作数值。例如，20 用十进制表示为 K20，用十六进制则表示为 H14。十进制 512 以内的进制换算见表 1-11。

表 1-11　　　　　　　　　　　　　　　进 制 换 算

十进制	二进制	十六进制
0	0	0

十进制	二进制	十六进制
1	1	1
2	10	2
3	11	3
4	100	4
5	101	5
6	110	6
7	111	7
8	1000	8
9	1001	9
10	1010	A
11	1011	B
12	1100	C
13	1101	D
14	1110	E
15	1111	F
16	1 0000	10
17	1 0001	11
18	1 0010	12
19	1 0011	13
20	1 0100	14
⋮	⋮	⋮
126	111 1110	7E
127	111 1111	7F
128	1000 0000	80
⋮	⋮	⋮
510	1 1111 1110	1FE
511	1 1111 1111	1FF
512	10 0000 0000	200

如何从十六进制快速换算至十进制，以下给出了十六进制数 H1A7F 转化为十进制数 K6783 的说明。

十六进制　1 A 7 F

$16^0 = 1$　　（$15 \times 1 = 15$）

$16^1 = 16$　　（$7 \times 16 = 112$）

$16^2 = 256$　（$10 \times 256 = 2560$）

$16^3 = 4096$　（$1 \times 4096 = \underline{4096}$）

$\underline{6783}$（十进制）

2．通用定时器

在 FX3U 系列 PLC 内的通用定时器是根据时钟脉冲的累积形式工作，当所计时间达到设定值时，其输出触点动作，时钟脉冲周期有 1ms、10ms 和 100ms 三种。

通用定时器范围如下：

（1）1ms 通用定时器 T256～T511，共 256 点，设定值为 0.001～32.767s。

（2）10ms 通用定时器 T200～T245，共 46 点，设定值为 0.01～327.67s。

（3）100ms 通用定时器 T0～T199，共 200 点，设定值为 0.1～3276.7s。

通用定时器基本使用实例如图 1-54（a）所示。当定时器线圈 T0 的驱动输入 X000 接通时，T0 的当前值计数器对 0.1s 的时钟脉冲进行计数，当前值与设定值 K100 相等时，定时器的输出触点动作。即定时器输出触点在驱动线圈后 10s（100×0.1s＝10s）时才动作，当 T0 触点吸合后，Y000 有输出。当驱动输入 X000 断开或发生停电时，定时器复位，输出触点也复位。定时器只有复位后才能再次进行定时。需要注意的是，每个定时器只有一个输入，线圈通电时，开始计时；线圈断电时，自动复位。通用定时器时序图如图 1-54（b）所示。

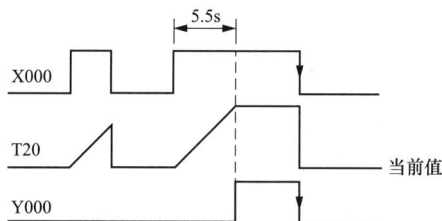

(a) 通用定时器基本使用

(b) 时序图

图 1-54　通用定时器编程

1.3.2　积算定时器与置位/复位指令

1．积算定时器

积算定时器是一种具有计数累积功能的 PLC 定时器。在定时过程中，如果断电或定时器线圈 OFF，积算定时器将保持当前的计数值（当前值）；如果通电或定时器线圈 ON，积算定时器将累积计数，即当前值具有保持功能，只有将积算定时器复位，当前值才变为 0。

积算定时器范围如下：

（1）1ms 积算定时器 T246～T249，共 4 点，设定值为 0.001～32.767s。

（2）100ms 积算定时器 T250～T255，共 6 点，设定值为 0.1～3276.7s。

图 1-55（a）为积算定时器的基本使用实例。定时器线圈 T250 的驱动输入 X000 接通时，T250 的当前值对 100ms 的时钟脉冲进行累积计数，当该值与设定值 345 相等时，定时器的输出触点动作，Y0 输出为 ON。在计数过程中，即使在输入 X000 断开时，其当前值仍保存在寄存器中。当 X000 再次接通时，计数继续进行，即积算计时器可以在多次断续的情况下累积计时，其累积时间（线圈得电的时间的总和）为 34.5s 时，触点动作。当复位输入 X001 接通时，定时器复位，输出触点也复位，Y0 输出为 OFF。积算定时器应用的时序图如图 1-55（b）所示。

(a) 积算定时器基本使用

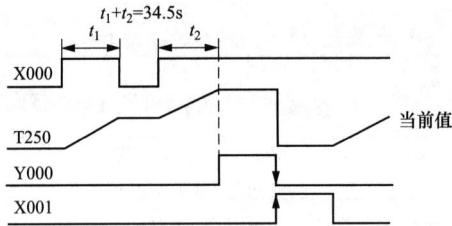

(b) 时序图

图 1-55　积算定时器编程

2. 置位/复位指令

三菱 FX 系列 PLC 置位与复位指令（SET/RST）的说明如下：

（1）SET（置位指令）：使被操作的目标元件置位并保持。

（2）RST（复位指令）：使被操作的目标元件复位并保持清零状态。

SET/RST 指令的使用如图 1-56 所示，时序图如图 1-57 所示。

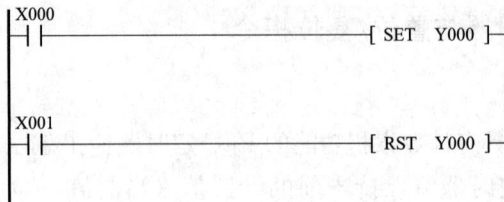

图 1-56　SET/RST 指令的使用

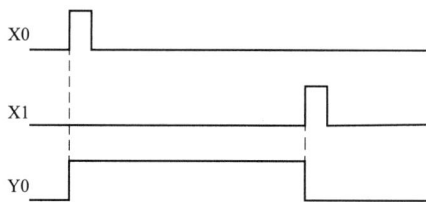

图 1-57　时序图

微课6

通过定时器指令
输出不同波形

1.3.3　通过定时器指令输出不同波形

【例 1-5】 用 FX3U 系列 PLC 输出 3s 脉宽。

任务要求： 按下 X000，Y000 输出 3s 脉宽周期性波形，如图 1-58 所示。

实施步骤：

步骤 1：明确设计思路。

这里需要采用 T0 和 T1 共计两个定时器，T0、T1 定时不同电平时间，并采用中间继电器 M0，设计思路如图 1-59 所示。

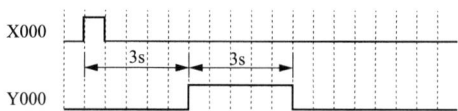

图 1-58　输出 3s 脉宽周期性波形示意图

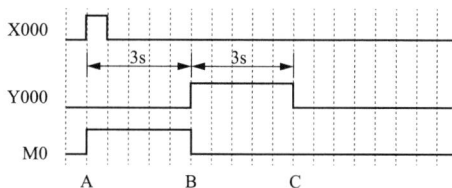

图 1-59　设计思路

步骤 2：梯形图编程，如图 1-60 所示。

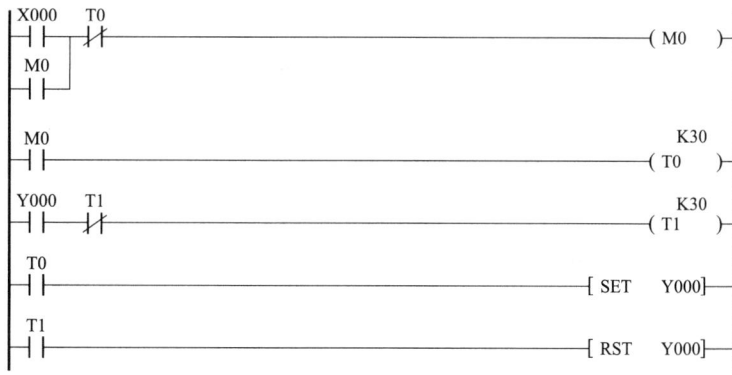

图 1-60　梯形图

1.3.4　用定时器控制电动机运行方式

【例 1-6】 PLC 控制电动机延时启动和延时停止。

任务要求： 用三菱 FX3U-64MR 来控制三相交流异步电动机的延时启动，具体要求如下：

（1）按下 SB1 启动按钮，HL1 警示灯先亮起来，延时 10s 后，警示灯灭掉，电动机运转，且 HL2 运行灯亮。

（2）按下 SB2 停止按钮，HL1 警示灯再次亮起来，延时 8s 后，电动机停止，警示灯和运行灯灭掉。

实施步骤：

步骤1：画出电气接线图，列出输入/输出表。

图 1-61 为电气接线图，表 1-12 所列为输入/输出表。

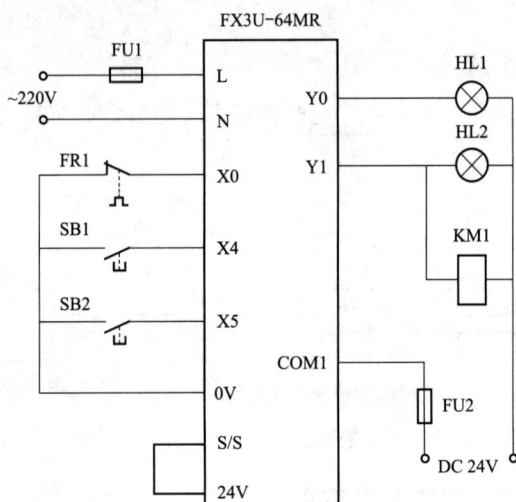

图 1-61　电气接线图

表 1-12　　　　　　　　　　　　例 1-6 输入/输出表

输入	功能	输出	功能
X0	FR1 热继电器	Y0	HL1 警示灯
X4	SB1 启动按钮	Y1	HL2 运行灯/KM1 电动机接触器
X5	SB2 停止按钮		

步骤2：梯形图编程。

图 1-62 为梯形图，编程并进行下载。程序解释如下：

步 0～5：由 SB1 启动按钮与启动延时定时器 T0（定时 10s）组成自锁电路，输出为中间继电器 M0，即启动警示灯输出。

步 9：由启动延时定时器 T0 与停止延时定时器 T1（定时 8s）组成自锁电路，输出为 HL2 运行灯/KM1 电动机接触器。

步 14～18：由 SB2 停止按钮与停止延时定时器 T1（定时 8s）组成自锁电路，输出为中间继电器 M1，即启动警示灯输出。

步 22：由中间继电器 M0 或 M1 关联 L1 警示灯输出。

图 1-62 延时启动梯形图

步骤 3：联机后监控。

图 1-63 和图 1-64 中的框线部分分别为定时器 T0 和 T1 的实时时间。

图 1-63 T0 定时监控

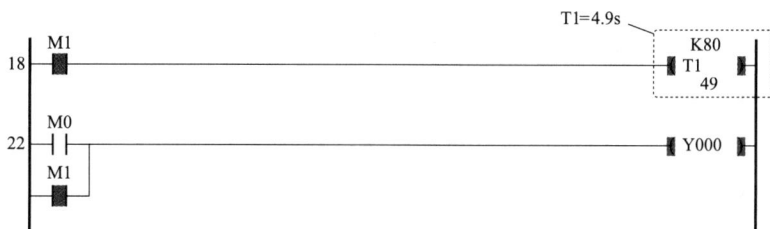

图 1-64 T1 定时监控

【例 1-7】 PLC 控制电动机正反转定时运行。

任务要求： 用三菱 FX3U-64MR 来控制三相交流异步电动机的正转与反转，具体要

31

求如下：

（1）按下 SB1 启动按钮，电动机正转，HL1 正转指示灯闪烁，其周期为亮 2s、灭 1s；正转运行 20s 后，电动机反转，此时 HL1 正转指示灯灭，HL2 反转指示灯闪烁，其周期为亮 0.5s、灭 1s；反转运行 15s 后，电动机正转，再反转，依次进行。

（2）按下 SB2 停止按钮，电动机立即停机，所有指示灯熄灭。

实施步骤：

步骤 1：完成电气接线和输入/输出分配。

图 1-65 为电气接线图，表 1-13 所列为输入/输出表。

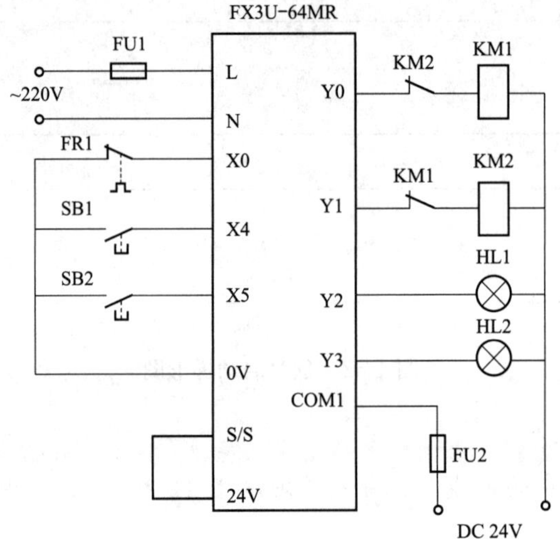

图 1-65　电气接线图

表 1-13　　　　　　　　　　　　例 1-7 输入/输出表

输入	功能	输出	功能
X0	FR1 热继电器	Y0	KM1 接触器
X4	SB1 启动按钮	Y1	KM2 接触器
X5	SB2 停止按钮	Y2	HL1 正转指示灯
		Y3	HL2 反转指示灯

步骤 2：梯形图编程。

图 1-66 为梯形图，编程后下载。程序解释如下：

步 0：由 SB1 启动按钮和 SB2 停止按钮完成运行中间继电器 M0 的自锁电路。

步 5：通过两个定时器 T0 和 T1 完成正反转控制，输出为 Y0 和 Y1。

步 22：通过两个定时器 T10 和 T11 完成正转指示灯闪烁，输出为 Y2。

步 36：通过两个定时器 T20 和 T21 完成反转指示灯闪烁，输出为 Y3。

本案例编程共由 6 个定时器完成周期动作，每两个定时器为一组。这里以步 4 为例

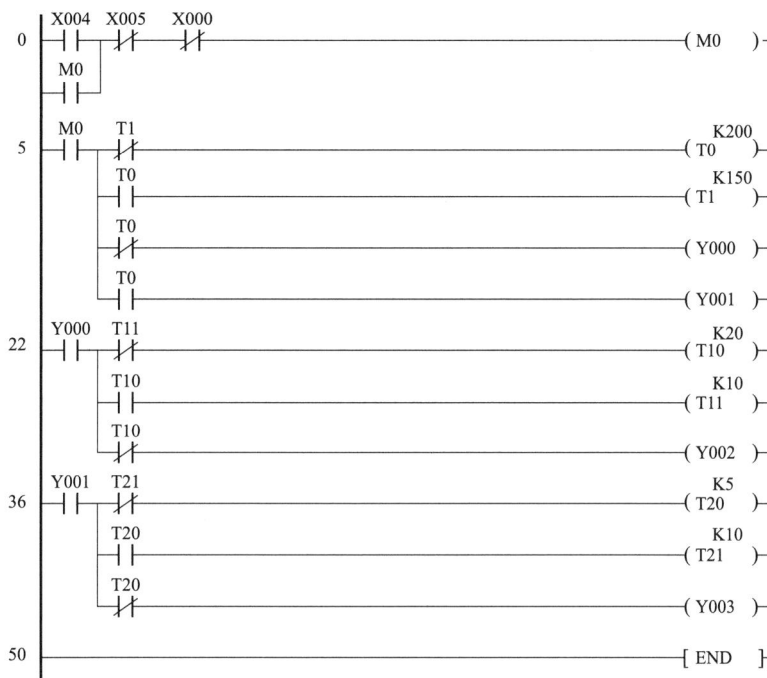

图 1-66 梯形图

进行时序图说明，如图 1-67 所示。T0 定时器的功能是计时断开的时间，T1 的功能是计时接通的时间。当 T0 定时时间到达时，T0 线圈动作，使 Y1 得电，这时接通 T1 的线圈，使 T1 开始定时，当 T1 定时时间到达时，T1 线圈动作，T1 的动断触点使 T0 线圈断开，引起 T0 动合触点断开，从而 T1 的线圈也断开；这里面 T1 只接通了一个程序扫描周期，所以在时序图上看仅为一个脉冲。

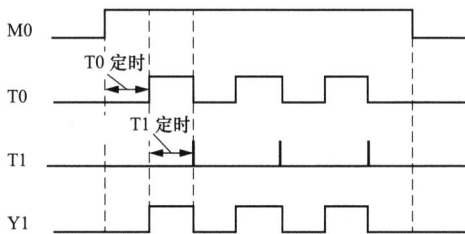

图 1-67 时序图

【例 1-8】 PLC 控制电动机星三角降压启动。

任务要求：对于大功率电动机，当负载对电动机启动转矩无严格要求且需要限制电动机启动电流时，若电动机满足接线条件，可以采用星三角启动方法。某电路要求用三菱 FX3U-64MR 型 PLC 来控制星三角降压启动，具体要求如下：

（1）能够用按钮控制电动机的启动和停止。

（2）电动机启动时，定子绕组接成星形，延时 6s 后，自动将电动机的定子绕组接成三角形。

（3）具有电动机过载保护等措施。

实施步骤：

步骤 1：绘制星三角降压启动电气原理图。

图 1-68 为星三角降压启动的电气原理图。相关元件的名称、代号和作用见表 1-14。

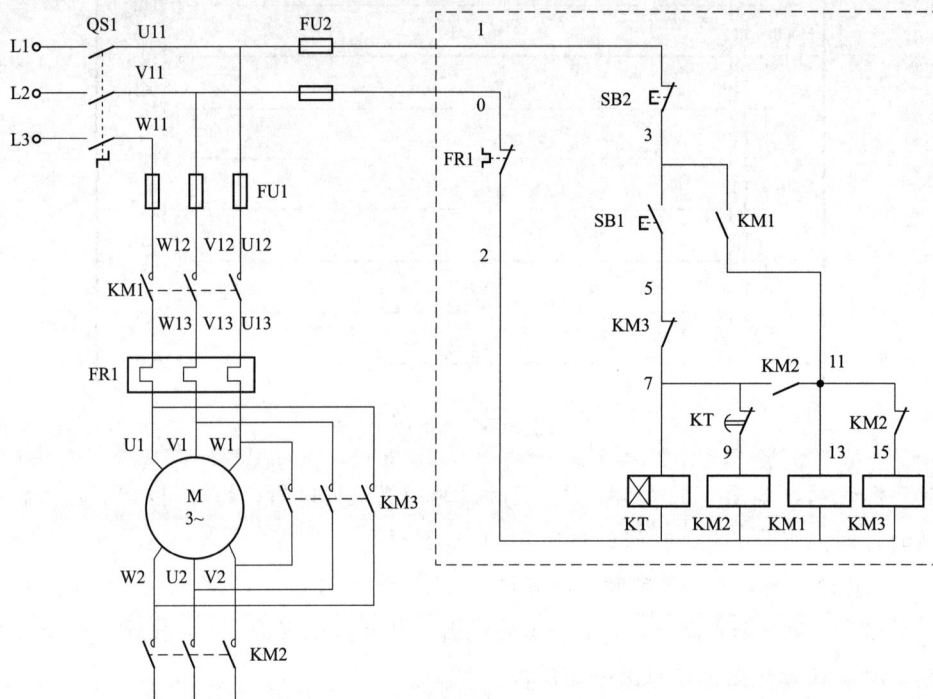

图 1-68　星三角降压启动电气原理图

表 1-14　　　　　　　　　　　元件的名称、代号和作用

名称	代号	作用
交流接触器	KM1	电源控制
交流接触器	KM2	星形连接
交流接触器	KM3	三角形连接
时间继电器	KT	延时自动转换控制
启动按钮	SB1	启动控制
停止按钮	SB2	停止控制
热继电器	FR1	过载保护

步骤 2：列出输入/输出表。

PLC 输入/输出接线图如图 1-69 所示，其输入/输出见表 1-15。

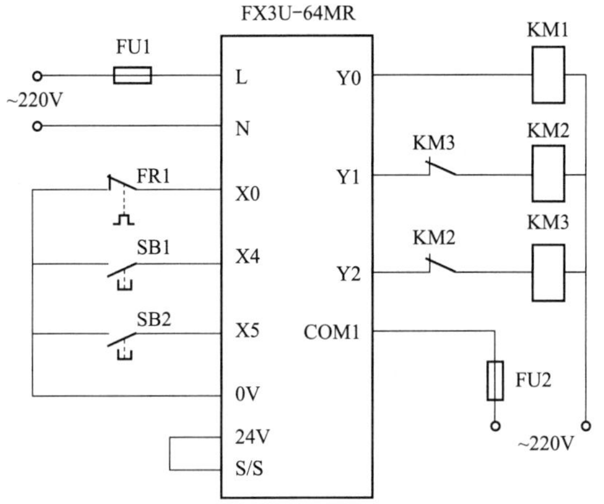

图 1-69 PLC 输入/输出接线

表 1-15　　　　　　　　　　　例 1-8 输入/输出表

输入	功能	输出	功能
X0	FR1 热继电器	Y0	KM1 接触器电源控制
X4	SB1 启动按钮	Y1	KM2 接触器星形连接
X5	SB2 停止按钮	Y2	KM3 接触器三角形连接

步骤 3：梯形图编程。

梯形图如图 1-70 所示，编程后下载运行。

图 1-70 梯形图

1.4 FX 系列 PLC 计数器及应用

1.4.1 计数器的分类

FX3U 系列 PLC 的内部计数器是在执行扫描操作时对内部信号（如 X、Y、M、T 等）进行计数。内部输入信号的接通和断开时间应比 PLC 的扫描周期稍长，否则将无法正确计数。

1. 16 位增计数器（C0～C199）

16 位增计数器共 200 点，其中 C0～C99 为通用型，C100～C199 共 100 点为断电保持型（断电保持型即断电后能保持当前值，待通电后继续计数）。这类计数器为递加计数，应用前先对其设置一定值，当输入信号（上升沿）个数累加到设定值时，计数器动作，其动合触点闭合、动断触点断开。计数器的设定值为 1～32767（16 位二进制），除了可以用常数 K 设定外，还可间接通过指定数据寄存器设定。

下面举例说明通用型 16 位增计数器的工作原理。如图 1-71 所示，X10 为复位信号，当 X10 为 ON 时，C0 复位。X11 是计数输入，每当 X11 接通一次计数器当前值增加 1（注意 X10 断开，计数器不会复位）。当计数器计数当前值为设定值 10 时，计数器 C0 的输出触点动作，Y0 被接通。此后即使输入 X11 再次接通，计数器的当前值也保持不变。当复位输入 X10 接通时，执行 RST 复位指令，计数器复位，输出触点也复位，Y0 被断开。

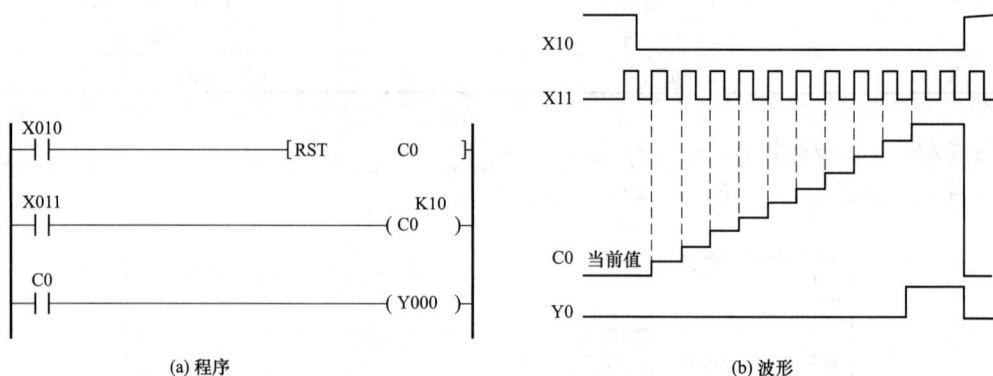

图 1-71　通用型 16 位增计数器

2. 32 位增/减计数器（C200～C234）

32 位增/减计数器共有 35 点，其中 C200～C219 共 20 点为通用型，C220～C234 共 15 点为断电保持型。这类计数器与 16 位增计数器除位数不同外，还在于它能通过控制实现增/减双向计数。设定值范围均为 -214783648～+214783647（32 位）。

C200～C234 是增计数还是减计数，分别由特殊辅助继电器 M8200～M8234 设定。对应的特殊辅助继电器被置为 ON 时为减计数，置为 OFF 时为增计数。

计数器的设定值与 16 位计数器一样，可直接用常数 K 设定，也可间接用数据寄存器 D 设定。在间接设定时，要用编号紧连在一起的两个数据寄存器。

如图 1-72 所示，X10 用来控制 M8200，X10 闭合时为减计数方式。X12 为计数输入，C200 的设定值为 5（可正、可负）。设 C200 为增计数方式（M8200 为 OFF），当

X12 计数输入累加由 4→5 时，计数器的输出触点动作。若当前值大于 5，则计数器仍为 ON 状态。只有当前值由 5→4 时，计数器才变为 OFF。若当前值小于 4，则输出保持为 OFF 状态。复位输入 X11 接通时，计数器的当前值为 0，输出触点也随之复位。

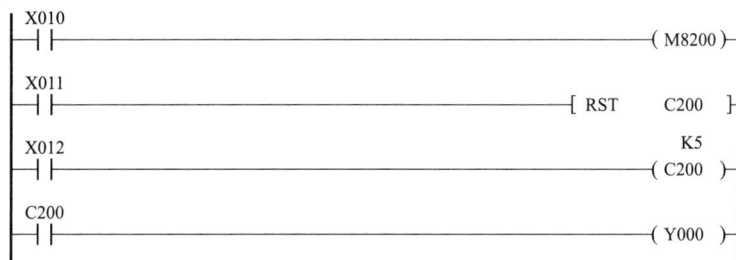

图 1-72　32 位增/减计数器

1.4.2　数据寄存器、变址寄存器和特殊辅助继电器

1. 数据寄存器 D

FX 系列 PLC 中的寄存器用于存储定时器、计数器、模拟量控制、位置量控制、输入/输出所需的数据及工作参数。每一个数据寄存器都是 16 位（最高位为符号位），如图 1-73 所示，可以用两个数据寄存器合并起来存放 32 位数据（最高位为符号位）。

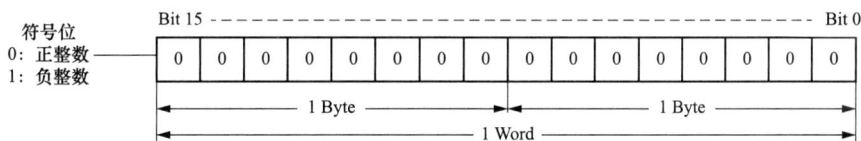

图 1-73　数据寄存器

（1）通用数据寄存器 D0～D199（200 点）。只要不写入其他数据，则已写入的数据就不会发生变化。但是，当 PLC 状态由运行（RUN）转为停止（STOP）时，全部数据均被清零。如果特殊辅助继电器 M8033 被置为 1，那么在 PLC 由 RUN 转为 STOP 时，数据可以保持。

（2）停电保持数据寄存器 D200～D511（312 点）。这些数据寄存器中的原有数据除非改写，否则不会丢失，且与电源接通与否、PLC 运行与否都无关。在两台 PLC 进行点对点通信时，D490～D509 被用作通信操作。

（3）特殊数据寄存器 D8000～D8255（256 点）。这些数据寄存器用于监控 PLC 中各种元件的运行状态，其内容在电源接通（ON）时，会写入初始化值（即先全部清零，然后由系统 ROM 安排写入初始值）。

（4）文件寄存器 D1000～D2999（2000 点）。这些寄存器用于存储大量的数据，例如采集数据、统计计算数据、多组控制参数等。其数量由 CPU 的监控软件决定，但可以通过扩充存储卡的方法增加容量，它们占用用户程序存储器内的一个存储区，以 500 点为一个单位，最多可在参数设置时设置 2000 点，用编程器可进行写入操作。

2. 变址寄存器（V/Z）

FX 系列 PLC 有 V0~V7 和 Z0~Z7 共 16 个变址寄存器，它们都是 16 位的寄存器。变址寄存器 V/Z 实际上是一种具有特殊用途的数据寄存器，相当于微机中的变址寄存器，用于改变元件的编号（即变址），例如，若 V0＝5，则在执行 D20V0 指令时，实际被执行的编号为 D25［即 D（20＋5）］。

变址寄存器可以像其他数据寄存器一样进行读写操作，当需要进行 32 位操作时，可将 V 和 Z 串联使用（Z 为低位，V 为高位）。

3. 特殊辅助继电器

FX 系列 PLC 内有大量的特殊辅助继电器，它们各自具备特殊的功能，比如：

M8000：运行监视器（在 PLC 运行期间保持接通状态），M8001 与 M8000 逻辑相反。

M8002：初始脉冲继电器（仅在 PLC 运行开始时瞬间接通），M8003 与 M8002 逻辑相反。

M8011、M8012、M8013 和 M8014：分别是产生 10ms、100ms、1s 和 1min 时钟脉冲的特殊辅助继电器。

M8000、M8002、M8012 的波形图如图 1-74 所示。

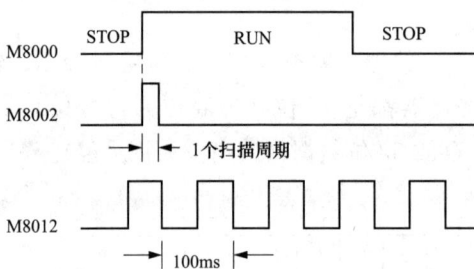

图 1-74　特殊辅助继电器波形图

4. 位元件组

FX 系列 PLC 的位元件有四种，即 X（输入继电器）、Y（输出继电器）、M（辅助继电器）和 S（状态继电器）。位软元件的组合也能处理数值，通过 Kn（以 4 为单位）和起始位软元件的组合来表示。如 K1M0 表示 4 个位，其中，"K1"表示位元件组包含的 4 个连续位，从 M0 开始，到 M3 结束。这样的表示方法使得程序员能够更方便地对一组连续的位进行操作，而无须单独指定每一个位。

图 1-75 为 K4M0 位元件组的存储示意图。

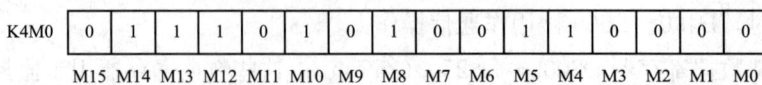

图 1-75　K4M0 位元件组的存储示意图

同理，K3Y0 表示从 Y0 开始的位元件组，共有 12 个，Y0 是最低位，K3Y0 就是 Y13Y12Y11Y10Y7Y6Y5Y4Y3Y2Y1Y0。因为 Y 是八进制，所以跟 M 略有不同。

1.4.3　通用计数器的应用

微课8

通用计数器的应用

【例 1-9】 PLC 控制计数包装作业。

任务要求：用三菱 FX3U-64MR 来控制包装计数作业（见图 1-76），具体要求如下：

（1）按下 SB1 启动按钮，传送带电动机运行，上面的物品经过光电开关位置后送入成品箱，设定每箱计数为 10 个，当计数达到 10 个满箱后，HL1 指示灯亮起，且输送带停止运行。

（2）再次按下 SB1 启动按钮，HL1 指示灯灭掉，随后按照步骤（1）继续进行产品计数包装作业。

（3）任何时候都可以按下 SB2 停止按钮，使传送带停机，但不会清除计数器当前的数据。

图 1-76　PLC 控制计数包装作业示意

实施步骤：

步骤 1：设置光电开关。

本案例中需要安装计数检测装置，可在进库口设置光电开关，用以检测传送带上的物品是否到达相应的位置。图 1-77 为两种类型光电开关的接线，其中 NPN 型传感器需要采用漏型连接，即将 S/S 端与 24V 端短接；而 PNP 型传感器则需要采用源型连接，即将 S/S 端与 0V 端短接。

步骤 2：分配输入/输出表。

绘制本案例的输入/输出接线图（见图 1-78），其中光电开关采用 NPN 方式，并进行输入/输出资源分配（见表 1-16）。

步骤 3：梯形图编程。

图 1-79 为梯形图，程序解释如下：

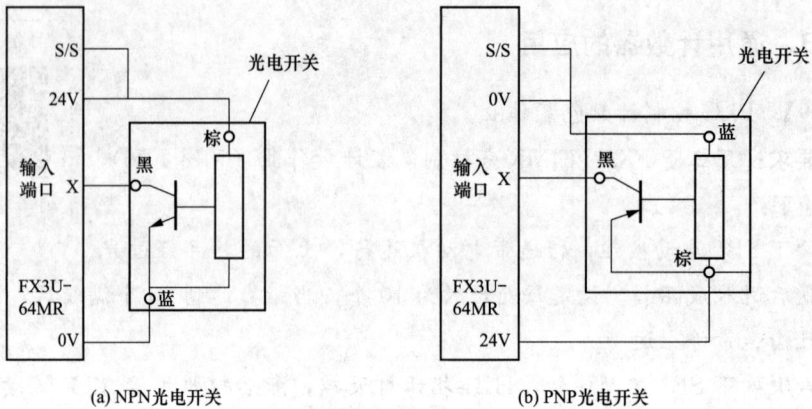

(a) NPN光电开关　　　　　　　　　　(b) PNP光电开关

图 1-77　NPN 与 PNP 光电开关的接线

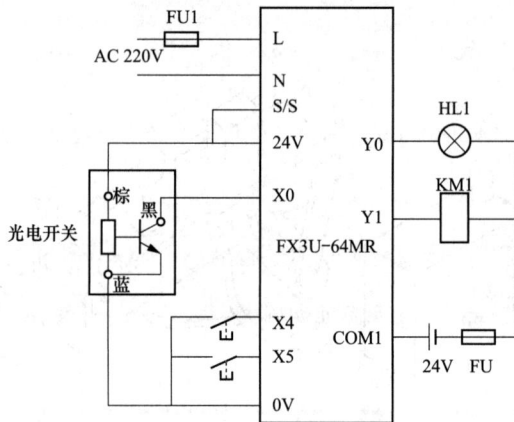

图 1-78　输入/输出接线图

表 1-16　　　　　　　　　　　　　　**例 1-9 输入/输出表**

输入	功能	输出	功能
X0	物品进库检测光电开关	Y0	HL1 计数值达到指示灯
X4	SB1 启动按钮	Y1	KM1 传送带电动机
X5	SB2 停止按钮		

步 0：采用初始脉冲特殊继电器 M8002 来复位计数器 C0。

步 3～5：设置两个中间变量，即 M0 为电动机运行状态，M1 为计数到达状态，按下启动按钮 SB1 置位 M0 并开始启动电动机运行，而在 M1 计数到达时按下 SB1，则启动电动机后还同时复位 C0。

步 9：当按下 SB2 停止按钮时，复位 M0 和 M1。

步 15：在电动机运行时，通过光电开关来计数 C0。

步 20：当计数值达到时，置位 HL1 计数值达到指示灯、计数到状态中间继电器

M1，复位电动机运行中间继电器 M0。

步 24：当计数值未达到时，复位 HL1。

步 26：将中间继电器 M0 与 Y0 相连。

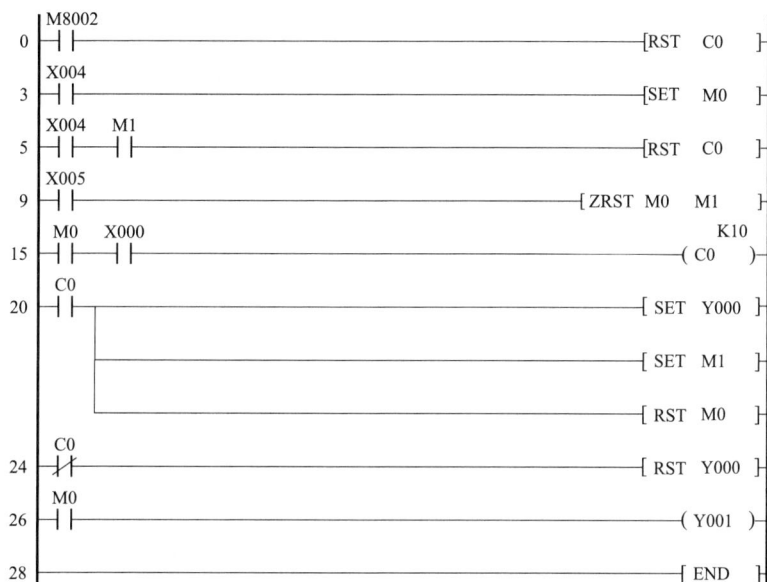

图 1-79　PLC 控制计数包装作业梯形图

1.4.4　高速计数器及应用

高速计数器与内部计数器相比，不仅允许输入频率更高，而且应用也更为灵活。高速计数器具有断电保持功能，也可以通过参数设定变成非断电保持。FX3U 型 PLC 有 C235～C255 共 21 点高速计数器。适合用作高速计数器输入的 PLC 输入端口有 X0～X7。X0～X7 不能重复使用，即如果某一个输入端已被某个高速计数器占用，它就不能再用于其他高速计数器，也不能用于其他用途。各高速计数器对应的输入端见表 1-17。表中，U 为增计数输入，D 为减计数输入，B 为 B 相输入，A 为 A 相输入，R 为复位输入，S 为启动输入。X6、X7 只能用作启动信号，而不能用作计数信号。

表 1-17　　　　　　　　　　　**高速计数器简表**

输入端口		X0	X1	X2	X3	X4	X5	X6	X7
单相单计数输入 高速计数器	C235	U/D							
	C236		U/D						
	C237			U/D					
	C238				U/D				

41

续表

输入端口		X0	X1	X2	X3	X4	X5	X6	X7
单相单计数输入高速计数器	C239					U/D			
	C240						U/D		
	C241	U/D	R						
	C242			U/D	R				
	C243				U/D	R			
	C244	U/D	R					S	
	C245			U/D	R				
单相双计数输入高速计数器	C246	U	D						
	C247	U	D	R					
	C248				U	D	R		
	C249	U	D	R				S	
	C250				U	D	R		S
双相双计数输入高速计数器	C251	A	B						
	C252	A	B	R					
	C253				A	B	R		
	C254	A	B	R				S	
	C255				A	B	R		S

高速计数器可分为三类：

（1）单相单计数输入高速计数器（C235～C245）。其触点动作与 32 位增/减计数器相同，可进行增或减计数（取决于 M8235～M8245 的状态）。

图 1-80（a）为无启动/复位端单相单计数输入高速计数器的应用。当 X10 断开时，M8235 为 OFF，此时 C235 为增计数方式（反之为减计数）。由 X12 选中 C235，从表 1-17中可知其输入信号来自于 X0，C235 对 X0 信号增计数，当前值达到 1234 时，C235 动合接通，Y0 得电。X11 为复位信号，当 X11 接通时，C235 复位。

图 1-80（b）为带启动/复位端单相单计数输入高速计数器的应用。由表 1-17 可知，X1 和 X6 分别为复位输入端和启动输入端。利用 X10 通过 M8244 可设定其增/减计数方式。当 X12 接通，且 X6 也接通时，开始计数，计数的输入信号来自于 X0，C244 的设定值由 D0 和 D1 指定。除了可用 X1 立即复位外，也可用梯形图中的 X11 复位。

（2）单相双计数输入高速计数器（C246～C250）。这类高速计数器具有两个输入端：一个为增计数输入端；另一个为减计数输入端。利用 M8246～M8250 的 ON/OFF 动作可监控 C246～C250 的增/减计数动作。

如图 1-81 所示，X10 为复位信号，其有效（ON）则 C248 复位。由表 1-17 可知，也可利用 X5 对其复位。当 X11 接通时，选中 C248，输入来自 X3 和 X4，C248 的设定值由 D2 和 D3 指定。

```
X010
─┤├──────────────────────────────────────────────( M8235 )

X011
─┤├─────────────────────────────────────[ RST    C235 ]

X012                                                K1234
─┤├──────────────────────────────────────────────( C235 )

C235
─┤├──────────────────────────────────────────────( Y000 )
```

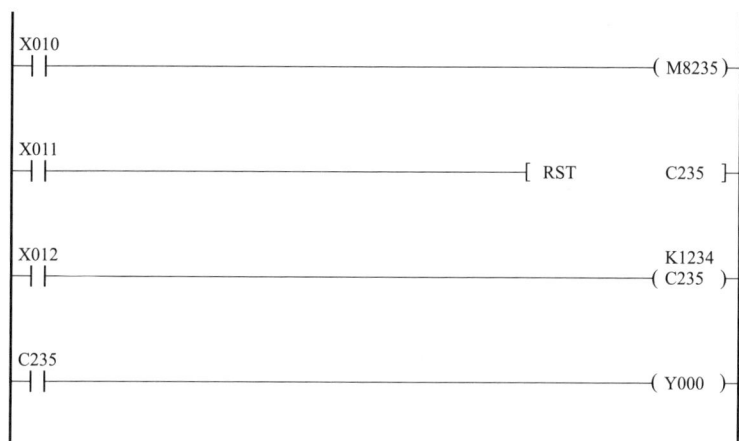

(a) 无启动/复位端

```
X010
─┤├──────────────────────────────────────────────( M8244 )

X011
─┤├─────────────────────────────────────[ RST    C244 ]

X012                                                  D0
─┤├──────────────────────────────────────────────( C244 )

C244
─┤├──────────────────────────────────────────────( Y000 )
```

(b) 带启动/复位端

图 1-80 单相单计数输入高速计数器

```
X010
─┤├─────────────────────────────────────[ RST    C248 ]
X011                                                  D2
─┤├──────────────────────────────────────────────( C248 )
```

图 1-81 单相双计数输入高速计数器

（3）双相双计数输入高速计数器（C251～C255）。A 相和 B 相信号决定计数器是增计数还是减计数。当 A 相为 ON 时，若 B 相由 OFF 到 ON，则为增计数；当 A 相为 ON 时，若 B 相由 ON 到 OFF，则为减计数，如图 1-82（a）所示。

如图 1-82（b）所示，当 X12 接通时，C251 开始计数。由表 1-17 可知，其输入来自 X0（A 相）和 X1（B 相）。只有当计数使当前值超过设定值时，Y2 才为 ON 状态。如果 X11 接通，则计数器复位。根据不同的计数方向，Y3 为 ON 状态表示增计数，或为

OFF 状态表示减计数，即用 M8251～M8255，可监视 C251～C255 的增/减计数状态。

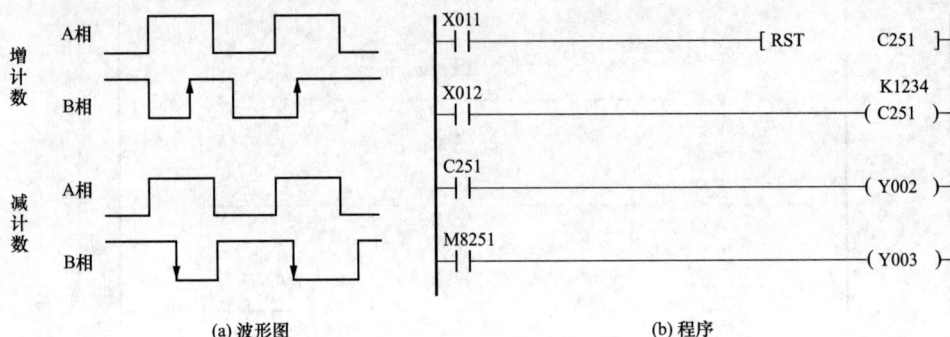

(a) 波形图   (b) 程序

图 1-82　双相高速计数器

需要注意的是，高速计数器的计数频率较高，但其输入信号的频率受两方面的限制：一是全部高速计数器的处理时间，因为采用中断方式，所以计数器用得越少，可计数的频率越高；二是输入端的响应速度，其中 X0、X2、X3 最高频率为 10kHz，X1、X4、X5 最高频率为 7kHz。

【例 1-10】 高速计数器应用。

任务要求： 如图 1-83 所示，某工作台用电动机带动丝杠进行前进或后退运动，丝杠的另外一端接编码器以实时反映当前的位置值，当工作台到达 SQ1 右限位时，位置值清零。具体要求如下：

（1）工作台开始在右限位位置，编码器的计数器值显示为 0。

（2）按下 SB1 启动按钮后，工作台从右向左前进，当计数器值为 4092 时，工作台停止运行，HL1 到达位置指示灯亮起；在从右到左的运行过程中，按下 SB2 停止按钮，工作台可以随时停止运行，然后再次按下 SB1 启动按钮，直到到达设定位置值。

（3）按下 SB3 后退返回按钮，工作台从左向右后退，到右限位后停止运行，并复位计数器值。

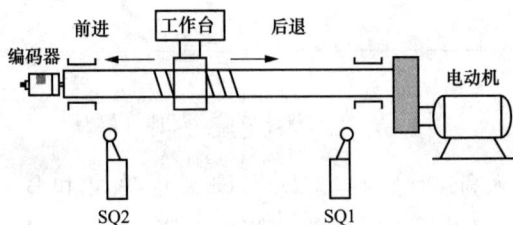

图 1-83　高速计数器应用

实施步骤：

步骤 1：编码器接线。

编码器是本案例中的重点，编码器与 PLC 输入口的连接（以 NPN 为例）如图 1-84

所示。这里的输入口需要根据表 1-17 中的 C251 双相双计数输入规范进行接线，即 A 相接 X0，B 相接 X1，Z 相不接。

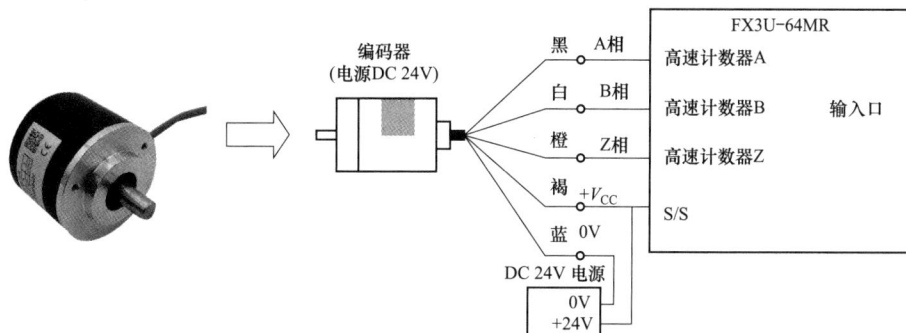

图 1-84　编码器与 PLC 输入口的连接（以 NPN 为例）

步骤 2：PLC 电气接线和输入/输出分配。

图 1-85 为 PLC 电气接线图，输入/输出表见表 1-18。

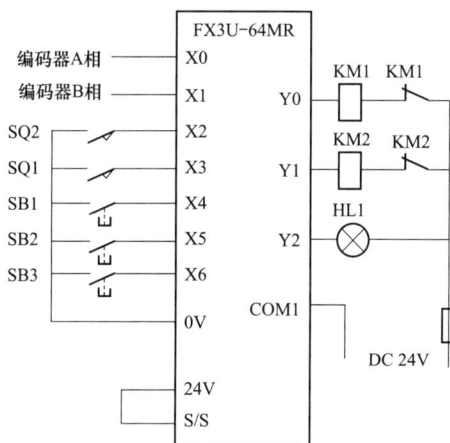

图 1-85　电气接线图

表 1-18　　　　　　　　　　　　　例 1-10 输入/输出表

输入	功能	输出	功能
X0	编码器接线 A 相	Y0	KM1 正转（前进）
X1	编码器接线 B 相	Y1	KM2 反转（后退）
X2	SQ2 左限位	Y2	HL1 到达位置指示灯
X3	SQ1 右限位		
X4	SB1 启动按钮		
X5	SB2 停止按钮		
X6	SB3 后退返回按钮		

步骤 3：梯形图编程。

梯形图如图 1-86 所示，程序解释如下：

步 0：右限位 X003 触发后，将高速计数器 C251、KM2 反转（后退）均复位。

步 5：在左限位未触及、C251 未动作的情况下，按下 SB1 启动按钮，KM1 正转（前进）自锁；按下 SB2 停止按钮，KM1 断开。

步 11：只要电动机在运行，无论是正转还是反转，都能使高速计数器 C251，接收 X0 和 X1 的 AB 相脉冲信号。

步 18：当高速计数器 C251 到达计数值 4096 时，点亮 HL1 到达位置指示灯。

步 20：当按下 SB3 后退返回按钮时，置位 KM2 反转（后退）信号。

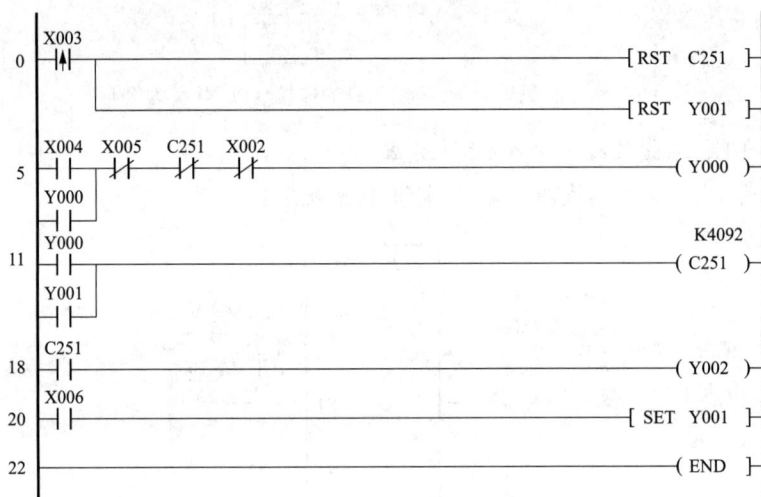

图 1-86　高速计数器应用梯形图

📖 拓展阅读

发展新质生产力是推动高质量发展的内在要求和重要着力点。党的二十届三中全会审议通过的《中共中央关于进一步全面深化改革、推进中国式现代化的决定》提出"健全推动经济高质量发展体制机制"，并明确"健全促进实体经济和数字经济深度融合制度""推动制造业高端化、智能化、绿色化发展"。

随着科技的不断进步，"人工智能＋"作为加快发展我国新质生产力的新引擎之一，正在引领各行各业的转型升级。近年来，智能制造成为社会关注的热点话题，各行各业都在积极探索如何将 AI 技术与自身业务相结合，以实现更高效、更智能的运营模式。

数字化是企业划破迷雾、实现韧性变革的利器，能够帮助企业实现降本增效，推动商业模式的创新和转型。数字经济是加快发展新质生产力的重要抓手，其主战场在制造业。在制造企业数字化转型过程中，基础数据是核心，"数字"是基础中的基础，如果基础数据整理不好，就会给后续一系列规划带来致命影响。加快发展智能制造，有助于巩固和壮大实体经济的根基，这关乎我国未来制造业在全球的地位。一方面，需要有关部门继续加大对智能制造装备产业的支持力度，推动产业技术创新和产业链协同发展，建成一批引领产业发展的智能制造示范工厂和一批具有行业及区域影响力的工业互联网平台；另一方面，需要培育一批专业水平高、服务能力强的智能制造系统解决方案工程师和高技能人才，以更好地推动企业进行数字化转型和智能化提升。

任务评价

按要求完成本项目相关任务，评分标准见表 1-19，具体配分可以根据实际考评情况进行调整。

表 1-19　　　　　　　　　　　评　分　标　准

序号	考核项目	考核内容及要求	配分	得分
1	职业道德与课程思政	遵守安全操作规程，设置安全措施认真负责，团结合作，对实操任务充满热情正确认识我国智能制造	15%	
2	系统方案制定	PLC 控制方案合理	20%	
		正确选用编程软元件		
		PLC 控制电路图正确		
3	编程能力	独立完成 PLC 梯形图	15%	
		充分体验复杂逻辑并进行编程		
4	操作能力	根据电气图正确接线，美观且可靠	20%	
		正确输入程序并进行程序调试		
		根据系统功能进行正确操作演示		
5	实践效果	系统工作可靠，满足工作要求	20%	
		输入输出和中间变量规范命名，容易辨识		
		按规定的时间完成任务		
6	创新实践	在本任务中有另辟蹊径、独树一帜的实践内容	10%	
	合计		100%	

思考与练习

1.1　判断下列说法正误（在后面的括号中用 T 表明正确，用 F 表明错误）。

（1）PLC 可以安装在发热器件附近。（　　）

（2）PLC 可以安装在高温、结露、雨淋的场所。（　　）

（3）PLC 可以安装在粉尘多、油烟大、有腐蚀性气体的场合。（　　）

（4）PLC 要安装在远离强烈振动源及强烈电磁干扰源的场所。（　　）

（5）FX 系列 PLC 可以用普通的 220V 交流电为其供电。（　　）

（6）PLC 上部端子排中标有 L 及 N 的接线位为交流电源相线及中性线的接入点。（　　）

（7）PLC 一般提供 2 或 3 个输入公共端，它们是同位点。（　　　）

（8）对于同时接通（ON）会造成危险的正反转接触器的线圈，除了 PLC 内部程序中要实现联锁外，在外部线路中也一定要实现联锁。（　　　）

（9）在 PLC 安装和配线时，可以带电操作。（　　　）

1.2　动手安装一个 FX 系列 PLC 并对其正确配线。要求：为 PLC 连接电源，并接一个选择开关、一个按钮和一个 DC 24V 输出的中间继电器。

1.3　简述 PLC 的扫描工作方式。

1.4　用 FX3U 系列 PLC 来设计信号灯控制：用三个开关控制一个信号灯，任何一个开关都可以控制信号灯的亮与灭。请绘制 PLC 的输入/输出表，并进行电路设计，编写程序后进行调试，确保成功运行。

1.5　请用定时器编程来实现图 1-87 所示的输出波形，其中 X0 为选择开关，Y0 为输出。

1.6　请用定时器编程来实现图 1-88 所示的断开延时 5s 功能，其中 X13 为选择开关，Y3 为输出。

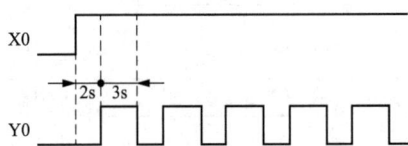

图 1-87　题 1.5 图

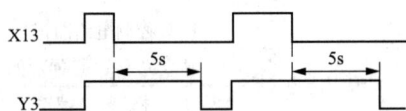

图 1-88　题 1.6 图

1.7　一般 PLC 的一个定时器的延时时间都较短，如 FX 系列 PLC 中的一个 0.1s 定时器的定时范围为 0.1～3276.7s，如果需要更长的延时时间，可采用多个定时器串级使用来实现长时间延时。定时器串级使用时，其总的定时时间为各定时器定时时间之和。请根据上述描述来设计两个定时器串级使用以实现 120s 的延时功能。

1.8　用 FX3U 系列 PLC 来实现如下小车往返的自动控制：按下启动按钮，小车从左边往右边运动，当运动到右边碰到右边的行程开关后，小车自动做返回运动，当碰到另一边的行程开关后又做返回运动。如此往返的运动，直到按下停车按钮后小车停止运动。请绘制电气接线图，列出输入/输出表，并进行梯形图编程和调试。

1.9　用 FX3U 系列 PLC 实现引风机和鼓风机的控制逻辑（见图 1-89）：当按下按钮 X0 时，引风机启动，延时 5s 后鼓风机启动；当按下按钮 X1 时，鼓风机先停止，延时 5s 后引风机再停止。请绘制电气接线图，列出输入/输出表，并进行梯形图编程和调试。

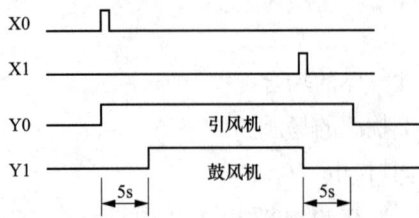

图 1-89　题 1.9 图

1.10　用 FX3U 系列 PLC 实现光电开关对生产线物品（0～200）的计数，计数结果用二进制输出到 Y0～Y7，同时按钮可以复位计数器。

请绘制电气接线图，列出输入/输出表，并进行梯形图编程和调试。

1.11 在用 FX3U 系列 PLC 控制某异步电动机正反转电路中，为了测试安装质量，按下测试按钮后，需正转 5s、反转 3s 为一个动作，共计 6 次，按测试停止按钮随时停止。请绘制电气接线图，列出输入/输出表，并进行梯形图编程和调试。

1.12 如图 1-90 所示，用编码器的 A 和 B 相分别接入到 PLC 的输入端，以实现对电动机运转的监测，当计数器达到设定值时，停止运转；按下复位计数器后，可以再次运行。请绘制电气接线图，列出输入/输出表，并进行梯形图编程和调试。

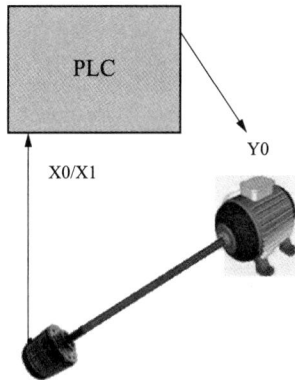

图 1-90 题 1.12 图

FX系列PLC的虚拟仿真应用

【导读】

虚拟对象是采用计算机软件技术在特定设备中模拟真实的物体和环境，用于解决不适合对真实物体或环境进行操作的问题，并将控制对象与控制系统相分离。FX-TRN 三菱训练软件构建了机械手、传送带、交通灯等虚拟对象，这些虚拟对象以三维造型的实物模型呈现，并辅以逼真有趣的声、光多媒体效果，使学习者仿佛置身于操控各种自动控制设备的情境中。本项目介绍了交通灯控制仿真、传送带控制仿真、应用指令仿真和流程控制仿真。

知识目标

了解仿真软件和虚拟对象的作用。

熟悉 PLC 实现控制的过程。

熟悉应用指令概念与使用原则。

掌握流程控制的优点和实例应用。

能力目标

能根据任务要求进行仿真软件的使用。

能进行应用指令实例编程。

能进行流程控制实例编程。

能使用结构化编程思路解决自动化应用案例。

素养目标

树立对编程精益求精、精雕细琢的精神。

善于利用网络资源学习智造技术中的 PLC 新产品。

增强对国产工业软件使用的责任感和自豪感。

2.1 交通灯控制仿真

2.1.1 MELSOFT FX TRAINER 仿真软件

1. 概述

MELSOFT FX TRAINER（以下简称为 FX-TRN）是针对三菱 FX 系列 PLC 设计的一套基于虚拟对象的仿真软件，它提供了逼真的三维（3D）仿真画面和全中文操作界面，可以帮助初学者快速掌握和理解 FX 系列的指令系统。

FX-TRN 有以下优点：

（1）有完整的学习流程。从介绍 PLC 的用途开始，逐步讲解软件的界面、程序编写中梯形图的具体输入方法、基本指令和元件的使用案例，然后难度逐渐提升，提供了多种不同的挑战案例，以便学习者循序渐进地提高自己的 PLC 编程水平，并加深对 PLC 应用的认识。

（2）虚拟工作场景。用各种 3D 模型来虚拟现实中的各种设备，比如机械手、传送带等，可以在一定程度上解决学校资金不足、设备不全的困难，同时也免去了项目设计中的接线安装工作，使学习模式更加灵活。

（3）兼容性好，实用高效。该软件不仅能对自动控制场景进行模拟，还可以保存所编制的程序，其程序格式与三菱公司出品的其他 PLC 编程软件完全兼容，因此，当因某些条件所限而无法联机调试时，也可以将其他 PLC 编程软件编制的程序调入到 FX-TRN 中进行模拟运行。

2. 三菱训练软件 FX-TRN 的安装

双击打开文件夹"FX 训练软件"，选择"SETUP. EXE"进行安装，如图 2-1 所示，单击"下一步"，按照提示进行安装。

3. FX-TRN 的使用

启动软件后，通过登录界面可以输入用户名和密码，以此作为学习记录。然后进入训练主画面，该画面有 A～F 共计六个学习阶段，由简单到复杂，由浅入深，建议初学者从 A 阶段开始逐步学习。训练画面的组成如图 2-2 所示，包括索引窗口、控制窗口、梯形图程序窗口、3D 画面仿真、操作面板和 I/O 映像表。

索引窗口是指导学习的方法和步骤。刚开始学习时，建议按照它的提示一步一步来做；熟练后，可以不严格按照它的步骤，而是利用已知的指令对模拟的动作进行扩展。

3D 画面仿真和操作面板中的"X"和"Y"分别代表控制相应设备的输入和输出。如"Y0（供给指令）"指的是当 PLC 的 Y0 为 1 时，就会供给一个物品出来；而传感器 X5 的值是指检测物体的传感器在 PLC 的输入是 X5。

在梯形图程序窗口中，使用该窗口的菜单时，必须确保该窗口处于激活状态，即单

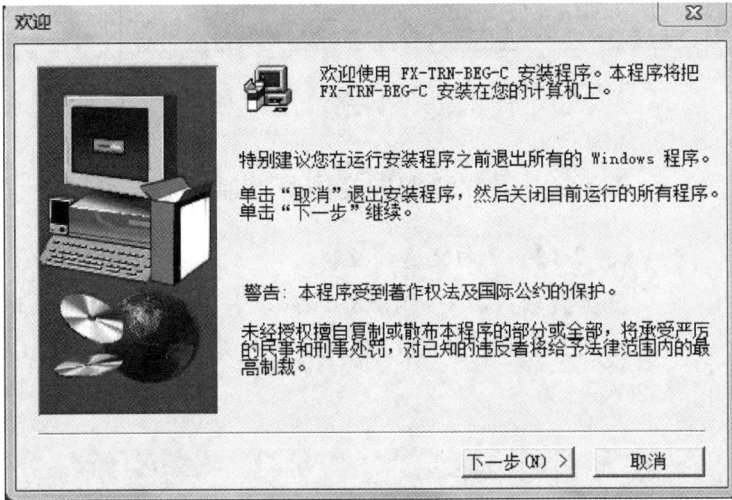

图 2-1　安装软件时的"欢迎"界面

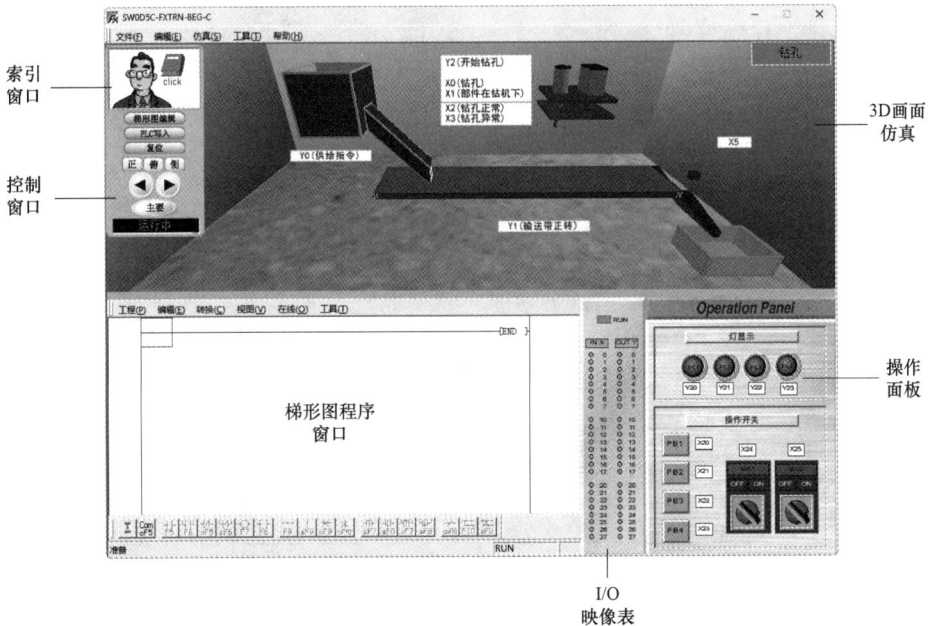

图 2-2　训练画面

击控制窗口的"梯形图编辑"按钮，此时梯形图输入区域上方的蓝色条变为深蓝色（未激活时是蓝色）。进入编程状态后，该软件支持梯形图编程，在编程区的左右母线之间编制梯形图，编程区下方显示可用鼠标单击或者热键调用的元件符号栏，如图 2-3 所示。编辑完成后的梯形图可以通过"转换程序"按钮或 F4 热键进行编译；按下"PLC 写入"按钮后即可进行仿真测试。

图 2-3 元件符号栏及编程热键

2.1.2 单向和双向交通灯控制编程与仿真

【例 2-1】 单向交通灯控制。

任务要求： 图 2-4 为 FX-TRN 软件 D-3 中的路口交通灯控制实例，要求用三菱 FX 系列 PLC 实现，单向交通灯控制时序（南北方向）见表 2-1。

图 2-4 路口交通灯示意图

表 2-1 单向交通灯控制时序表

信号灯	点亮时间（s）
南北绿	40
南北黄	3
南北红	33

实施步骤：

步骤 1：进行实例分析。

一个十字路口分别有南北方向和东西方向两对共四组交通灯，由于同方向的一对交通灯的变化完全相同，因此可以将同方向的一对交通灯合并起来。这样，从控制的角度来说，仅需实现东西方向和南北方向各一组（即共两组）交通灯的控制。

两个方向的交通灯信号之间存在制约关系，这是交通安全的保障，具体为：东西红≥南北绿＋南北黄，也就是说，南北方向车辆通行时，东西方向车辆禁行。同理，可以得到对称的制约关系：南北红≥东西绿＋东西黄，表明东西方向车辆通行时，南北方向车辆禁行。

同方向的不同信号灯之间不存在制约关系，信号灯时间的长短取决于该方向的车流量状况，以及本路口的通行状况对该方向整条道路车流通行的影响。在现代交通中，这个信号灯的时间长短有时会根据道路的高峰期进行调整，以利于交通的流畅。因此，在编写程序时，如果能实现时间可调，就更好了。

从表 2-1 中可以看到，一个完整的红绿灯周期是 76s，两个方向的信号灯符合之前提到的制约关系。从易到难，首先来编写南北方向的交通灯控制程序。

步骤 2：进行 I/O 分配。

表 2-2 所列为南北方向交通灯控制 I/O 分配表。

表 2-2　　　　　　　　　　南北方向交通灯控制 I/O 分配表

输入	功能	输出	功能
X20	开始按钮	Y0	南北红
X21	停止按钮	Y1	南北黄
		Y2	南北绿

步骤 3：单向控制程序的编写。

首先，编写程序运行控制部分（见图 2-5）。当按下开始按钮 X20 时，运行控制辅助线圈 M0 接通并自锁。在交通灯运行的全过程中，M0 保持接通状态，直至按下停止按钮 X21，M0 断开。

图 2-5　程序运行控制编程

交通灯控制的关键是时序控制。当程序开始运行时，M0 线圈接通，这时第一个定时器 T1（即控制南北绿灯的定时器）开始定时。由于 T1 是 100ms 定时器，因此根据要求，40s 需要相应地将其设定值设为 400。需要注意的是，此时 T1 的动合触点并没有接通，而是在 40s 定时完成后才闭合。T1 的动合触点闭合后，使得定时器 T2 的线圈接通，T2 用来为南北黄灯定时，其设定值设为 30。同样地，T2 的动合触点也没有接通，而是在 T2 的定时时间结束后才闭合，进而使定时器 T3 的线圈接通。显然，T3 是为南北红灯定时的定时器，根据要求其设定值为 330。

由于 M0 在信号灯运行的全过程中始终保持接通状态，因此，定时器在定时时间到达后没有复位，而是继续运行直到 T3 定时结束，即一个完整的信号灯运行周期结束后，T3 的动断触点断开，使 T1、T2、T3 相继断开。具体过程为：T3 的动断触点直接断开 T1 的线圈，T1 的线圈断开引起 T1 的动合触点断开，进而使得 T2 的线圈断开；T2 的线圈断开引起 T2 的动合触点断开，导致 T3 的线圈断开；最后 T3 的动断触点闭合，T1 线圈重新得电并开始定时，新的信号运行周期重新开始（见图 2-6）。

```
 M0   T3                                        K400
─┤├──┤／├─────────────────────────────────────(T1)
 T1                                             K30
─┤├─────────────────────────────────────────── (T2)
 T2                                             K330
─┤├─────────────────────────────────────────── (T3)
```

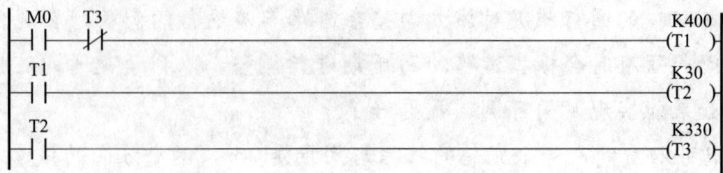

图 2-6　时序控制编程

完成时序控制后，信号灯的控制就变得顺理成章了。运行监控 M0 接通后，南北绿灯 Y2 直接得电点亮，直至到达定时时间，T1 的动断触点将其断开熄灭。这里用接通条件和断开条件的思路来理解最直接。对一个线圈来说，其接通条件通过动合触点来实现，而断开条件通过动断触点来实现。绿灯的接通条件是开始运行，断开条件是绿灯定时时间到达，因此，运行监控的动合触点和 T1 定时器的动断触点串联就完成了绿灯的控制。同理，黄灯的接通条件是绿灯定时结束，断开条件是黄灯定时结束；而红灯的接通条件是黄灯定时结束，断开条件是红灯定时结束（见图 2-7）。

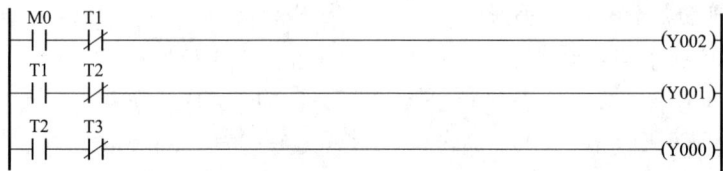

```
 M0   T1
─┤├──┤／├─────────────────────────────────────(Y002)
 T1   T2
─┤├──┤／├─────────────────────────────────────(Y001)
 T2   T3
─┤├──┤／├─────────────────────────────────────(Y000)
```

图 2-7　信号灯控制编程

步骤 4：单向控制程序的仿真。

将程序编写完成后，可以通过编程栏上方的"转换"菜单对程序进行转换（见图 2-8）。没有转换过的程序不能进行下载仿真运行。

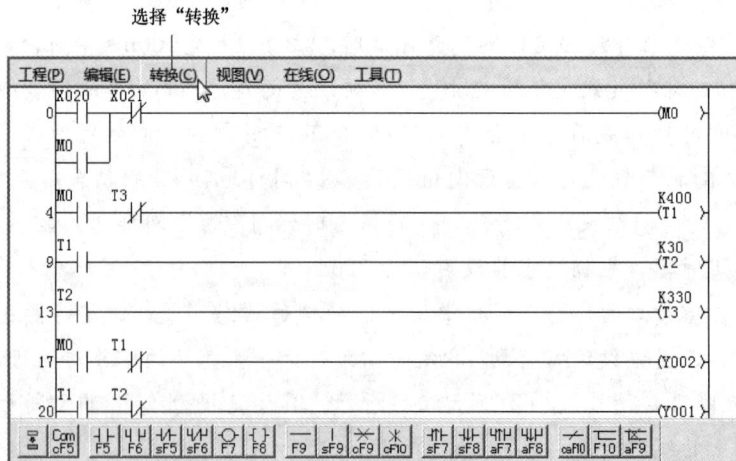

图 2-8　单向交通灯程序的转换

可以通过编程栏上方的"在线"菜单→"写入 PLC"命令来写入 PLC 程序 [见图 2-9 (a)]，也可以通过软件左上角的"PLC 写入"按钮来写入 PLC 程序 [见图 2-9 (b)]。

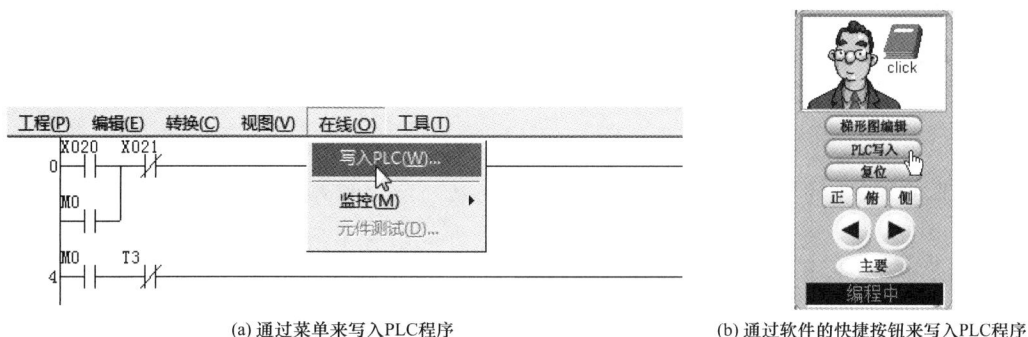

(a) 通过菜单来写入PLC程序　　　　　　　　　　　(b) 通过软件的快捷按钮来写入PLC程序

图 2-9　写入 PLC 程序

程序写入后，系统自动进入仿真运行状态，此时可以注意到编程栏右边的"RUN"运行指示灯点亮，表明仿真 PLC 进入运行状态。另外，"RUN"运行指示灯下方显示了输入/输出元件的接通状态。在图 2-10 中，可以观察到输出元件 Y2 的运行指示灯点亮，这也是仿真 PLC 器件面板上的输入/输出指示之一，这一功能有助于在调试程序中观察程序运行的状况和实际输入/输出元件接通的状态是否一致，从而帮助在系统运行不正常时区分是程序运行故障还是硬件故障。

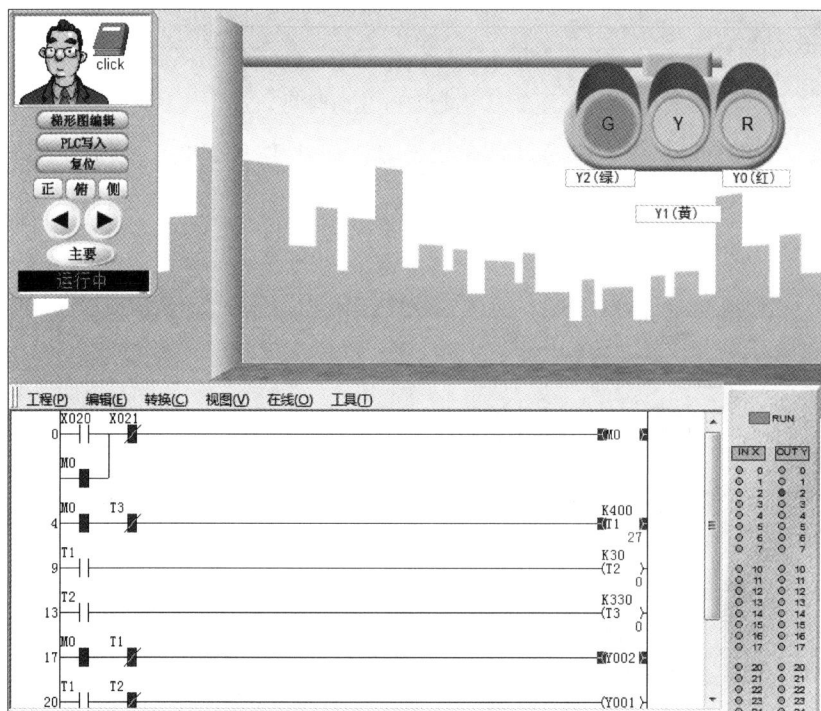

图 2-10　单向交通灯控制程序的仿真

【例 2-2】 带闪动的交通灯控制。

任务要求： 某交通灯在绿灯信号接近熄灭时需要出现绿灯的闪动，以提醒机动车驾驶员。现要求在例 2-1 的时序基础上，将绿灯亮的时间缩短 3s，再加入一个 3s 的闪动时序。

实施步骤：

步骤 1：实例分析。

如果在例 2-1 的程序中加入绿灯熄灭前的闪动功能，程序就更加符合实际情况。难点在于绿灯初始状态是一直亮的，后来才闪动，即绿灯在不同时间段有两种状态，需要避免两种状态的相互影响。

步骤 2：程序编写。

加入闪动环节，要在原有的时序基础上将绿灯亮的时间缩短 3s，再加入一个 3s 的闪动时序。如图 2-11 所示，双击 T1 线圈，在弹出的对话框中将设定值从 400 改为 370。

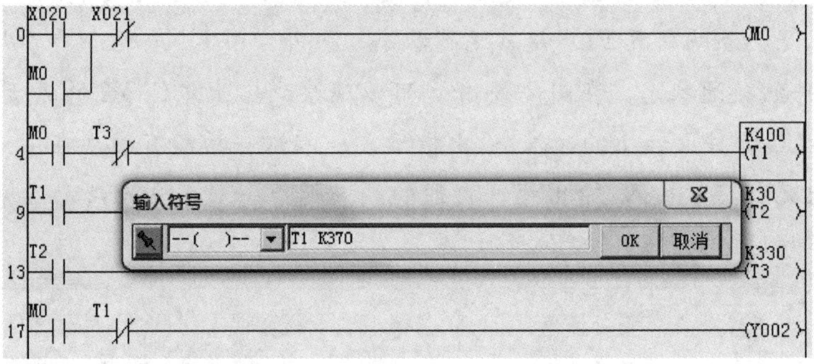

图 2-11 减少 T1 定时时间

需要在 T1 后面增加一个闪动定时的定时器，因此需要在程序中加入一行。首先将指针放置在要插入位置的下面一行，然后选择"编辑"菜单中的"行插入"命令，这样就插入了一行（见图 2-12）。

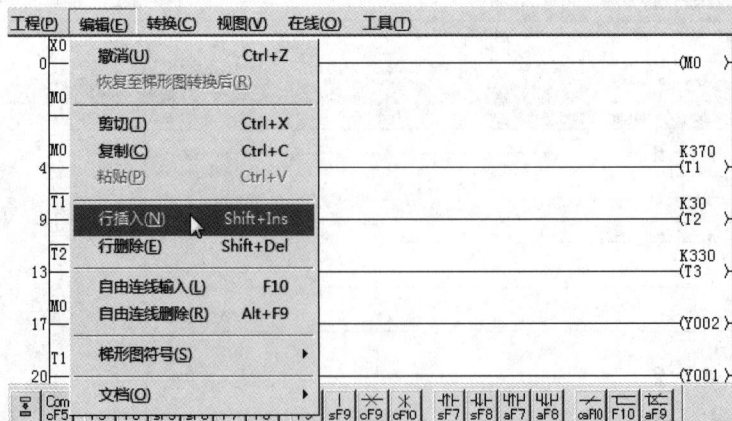

图 2-12 在 T1 与 T2 定时中间插入空行

在刚才的时序中，T1 与 T2 中间加入一个 3s 的定时器 T10，用来做闪动环节的定时（见图 2-13）。

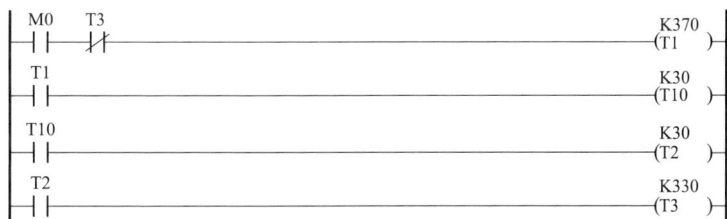

```
   M0   T3                                         K370
───┤├──┤/├─────────────────────────────────────────(T1  )

   T1                                              K30
───┤├─────────────────────────────────────────────(T10 )

   T10                                             K30
───┤├─────────────────────────────────────────────(T2  )

   T2                                              K330
───┤├─────────────────────────────────────────────(T3  )
```

图 2-13　加入 T10 定时器

完成闪动动作需要两个定时器的配合，这个环节其实与其他的时序程序没有关系，因此位置上没有特定的要求。为了不破坏时序程序的可读性，建议将这个闪动环节的程序放在时序程序的后面。采用之前的方式进行行插入，在时序程序的后面插入如图 2-14 所示的闪动环节程序。

```
   M0   T12                                        K5
───┤├──┤/├─────────────────────────────────────────(T11 )

   T11                                             K5
───┤├─────────────────────────────────────────────(T12 )
```

图 2-14　闪动环节程序

从图 2-14 可以看出，这个闪动程序在 M0 接通时，即信号灯运行的全过程中，T11 都在闪动，如果直接将 T11 触点接入到绿灯上，绿灯将会一直闪动，这不符合要求，并且会破坏红绿灯正常运行状态。因此，确定何时将 T11 触点接入到绿灯上是完成绿灯先亮后闪的关键。这里绿灯在亮的 40s 时段中有常亮和闪动两种状态。常亮状态已经实现，而闪动状态开始的条件是常亮定时器 T1 定时时间到达，结束的条件是闪动定时器 T10 定时时间到达，在闪动的时间段内，需要将持续闪动的触点 T11 接入电路。

提醒大家千万不要将这两种状态编写成绿灯的两次输出，如图 2-15 所示，这是初学者很容易犯的错误，PLC 的梯形图不支持双线圈输出。

```
   M0   T1
───┤├──┤/├─────────────────────────────────────────(Y002 )

   T1   T10  T11
───┤├──┤/├──┤├─────────────────────────────────────(Y002 )
```

图 2-15　双线圈输出错误

图 2-16 所示的程序设计思路是对的，但出现了双线圈错误。只要将双线圈合并即可，也就是并联控制常亮的程序和控制闪动的程序。需要注意的是，黄灯的程序原来开始的条件是 T1 定时结束，而现在是闪动定时结束，即 T10 需要改过来（见图 2-16）。

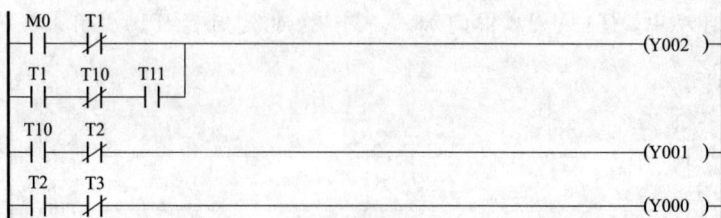

图 2-16　加入闪动的信号灯程序

2.1.3　双向交通灯控制编程与仿真

【例 2-3】　双向交通灯控制。

任务要求：根据表 2-3 所列的交通灯控制时序完成双向交通灯控制。

表 2-3　　　　　　　　　　　　双向交通灯控制时序表

信号灯	点亮时间（s）
南北绿	40
南北黄	3
南北红	33
东西绿	30
东西黄	3
东西红	43

实施步骤：

步骤 1：实例分析。

双向交通灯控制程序与例 2-1 相比，增加了东西方向的三个信号灯，这三个信号灯和南北方向的三个信号灯是同时运行的，且信号周期相同。编写的思路和前面学习过的单向信号灯程序类似，只要把握住本章开始讲到的两个方向信号灯之间的制约关系，增加一个方向的信号灯程序就几乎可以按照单向交通灯程序来设计。

步骤 2：建立双向交通灯控制程序的 I/O 分配表（见表 2-4）。

表 2-4　　　　　　　　　　　双向交通灯控制 I/O 分配表

输入	功能	输出	功能
X20	开始按钮	Y0	南北红
X21	停止按钮	Y1	南北黄
		Y2	南北绿
		Y3	东西红
		Y4	东西绿
		Y5	东西绿

步骤 3：程序编制。

程序运行控制部分保持不变，这里就不再重复了。根据表 2-3 的时序要求，加入东西信号灯的时序程序。为了便于程序编写及调试，将闪动环节先去掉，恢复没有闪动环节的程序（见图 2-17）。

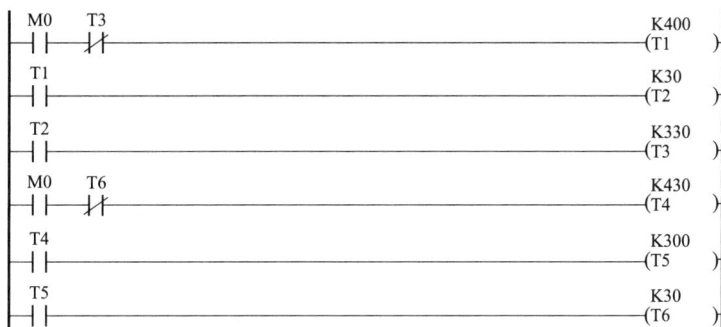

图 2-17　交通灯控制的时序程序

值得注意的是，在一个信号周期开始时，南北方向首先是绿灯点亮，因此绿灯的定时器 T1 首先开始定时。根据常识，从东西方向来看，周期开始时应该是红灯先点亮，因此 T4 是为东西方向的红灯设定的定时器，其定时设定值为 430。如果南北方向一个信号周期的顺序为绿-黄-红，那么相应的东西方向的信号周期顺序为红-绿-黄。交通灯控制的信号灯程序如图 2-18 所示。

图 2-18　交通灯控制的信号灯程序

步骤 4：仿真调试。

在图 2-5 所示的程序运行控制基础上，加上图 2-17 和图 2-18 的程序就构成了双向交通灯控制程序。仿真软件中的初级挑战 D-3 中的仿真仅有一个方向，对于两个方向的交通灯控制程序的调试，只能通过观察输入/输出运行指示灯的变化情况实现，如图 2-19 左侧所示。如果觉得不够直观，还可以借助仿真软件中"灯显示"部分的三盏灯（见图 2-19 右侧）来作为东西方向的信号灯，为此，需要将所有东西方向的输出元件 Y3、Y4、Y5 改为 Y20、Y21、Y22。

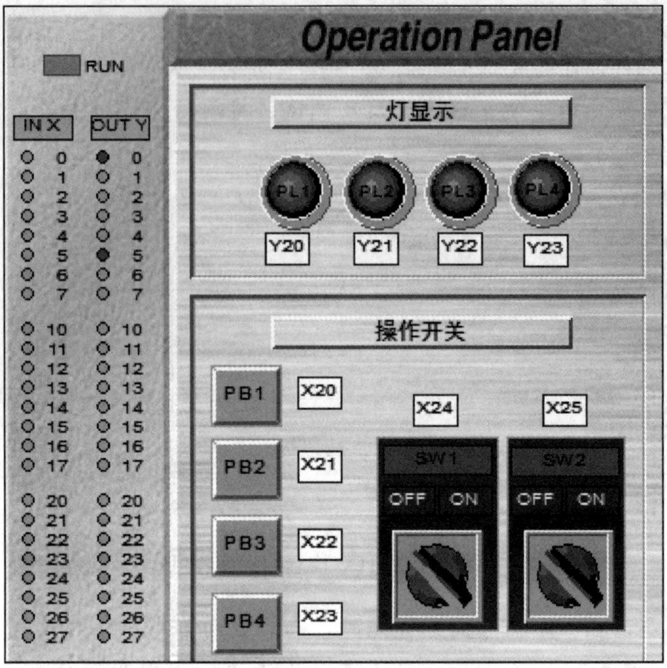

图 2-19 交通灯控制程序的调试

2.1.4 复杂交通灯控制编程与仿真

【例 2-4】 实现信号时间可调的交通灯。

任务要求： 在例 2-3 的基础上，实现信号时间可以调整的交通信号灯控制程序。

实施步骤：

步骤 1：实例分析。

定时器的设定值有两种设置方式：一种是已经掌握的立即数设置方式，即直接给出一个设定值，在给出立即数时，用字母 K 表示该立即数是十进制数，用字母 H 表示该立即数为十六进制数；另一种方式是采用数据寄存器来设置设定值，即给定时器分配一个数据寄存器，将设定值存放在数据寄存器内，这种方法的优点在于，当需要改变定时器的设定值时，只需在程序中修改该数据寄存器的值即可。

步骤 2：在程序中使用数据寄存器设置定时器设定值。

图 2-20 展示了使用数据寄存器设置定时器设定值的范例，对于数据寄存器的内容，需要用 MOV 指令来赋值。

图 2-21 所示的是采用数据寄存器设定的时序程序，黄灯时间固定为 3s，因此设置为不可变。此外，还需要使用 MOV 数据传送指令对数据寄存器进行赋值（见图 2-22）。MOV 指令可以将源操作元件的数据传送到指定的目标操作元件。

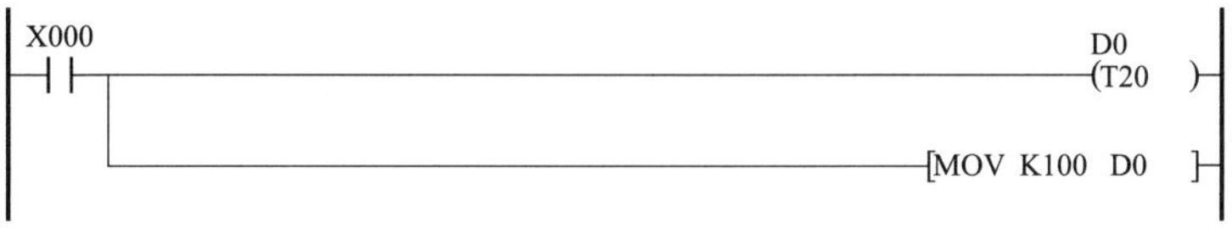

图 2-20　使用数据寄存器设置定时器设定值

图 2-21　修改后的时序程序

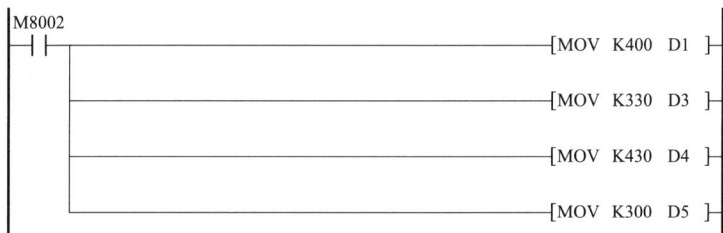

图 2-22　对数据寄存器的赋值程序

当需要改变信号灯的设定时间时，可以采用另一组赋值语句。图 2-23 展示的就是采用另一组赋值语句来改变数据寄存器的值。当南北方向的车流量增大时，为了道路通畅，会加长南北方向的绿灯时间，同时减少东西方向的绿灯时间，相应地，东西方向的红灯时间也加长。而当 X22 触点接通时，就对数据寄存器赋予一组新的值，此时定时器的定时也相应调整。

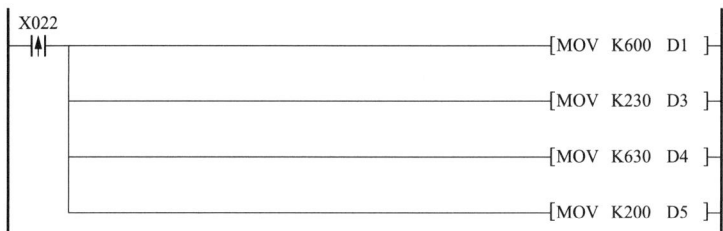

图 2-23　改变数据寄存器值的程序

【例 2-5】　通过比较定时器的值来实现交通灯控制。

任务要求：如图 2-24 所示的交通灯控制要求是，开关合上后，东西方向绿灯亮 4s

63

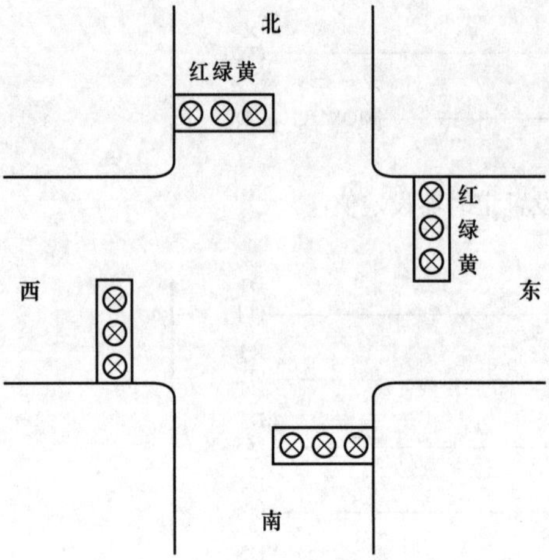

图 2-24 交通灯示意图

后闪 2s 灭，接着黄灯亮 2s 后灭，然后红灯亮 8s，之后绿灯再次亮，循环此过程；对应东西方向绿黄灯亮时，南北方向红灯亮 8s，接着绿灯亮 4s 后闪 2s 灭，黄灯亮 2s 后，红灯又亮，循环此过程。

实施步骤：

步骤 1：交通灯 I/O 分配见表 2-5。

步骤 2：交通灯控制梯形图如图 2-25 所示。定时器的值是整数，可以通过采用比较指令来实现交通灯的时序控制。比较指令跟平常的数学运算符号一致，即 ">" ">=" "=" "<" "<=" 等。

表 2-5　　　　　　　　　　　交通灯 I/O 分配表

输入	功能	输出	功能
X0	启动按钮	Y0	南北绿
X2	停止按钮	Y1	东西黄
		Y2	南北红
		Y3	东西绿
		Y4	南北黄
		Y5	东西红

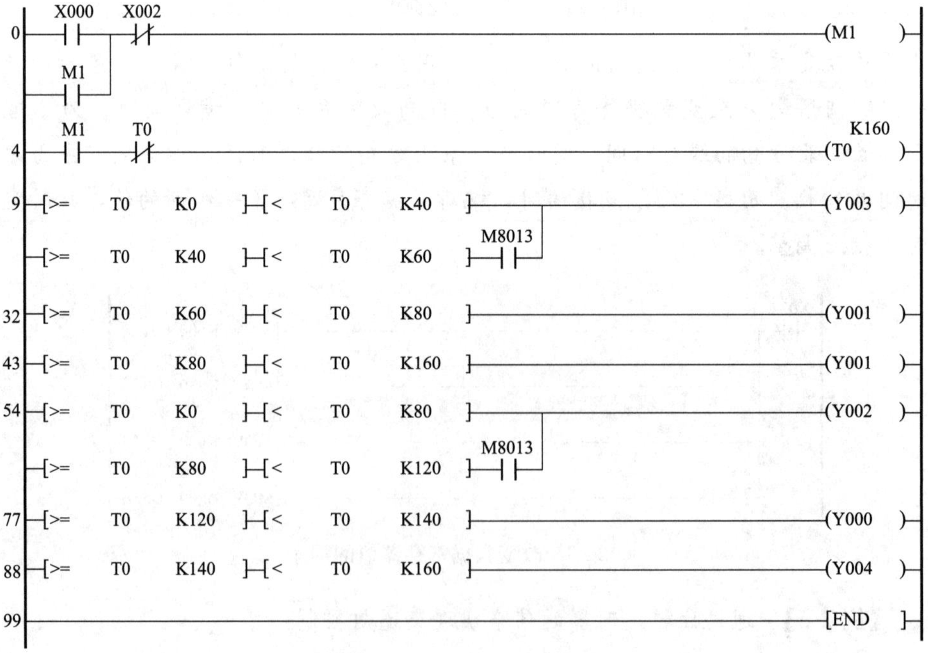

图 2-25　交通灯控制梯形图

64

2.2　传送带控制仿真

2.2.1　传送带分拣控制

【例 2-6】 传送带分拣控制。

任务要求： 在三菱 FX-TRN 软件的 D-4 中（见图 2-26），该传送带能实现大小物件的分拣。具体要求如下：

（1）每按下一次按钮 PB1，机器人就供给一个元件。

（2）开始操作旋钮拨到"ON"时，传送带正转；拨到"OFF"时，传送带停止。

（3）物件在传送带上移动的过程中，当通过上、中、下三个传感器时，这三个传感器能够识别物件的大小，并在面板上的大、中、小三个指示灯上显示出来，直至物件被移动到传送带末端的传感器位置，大、中、小指示灯才会熄灭。

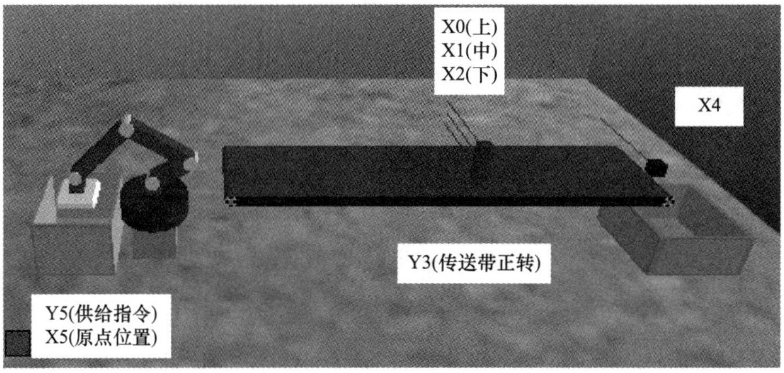

图 2-26　传送带大小物件分拣

实施步骤：

步骤 1：I/O 分配。

传送带的 I/O 分配见表 2-6。

表 2-6　　　　　　　　　　　　传送带的 I/O 分配表

输入	功能	输出	功能
X10	供给按钮 PB1	Y5	机器人供给
X14	开始操作旋钮	Y3	传送带正转
X0	上传感器	Y10	大物件指示灯
X1	中传感器	Y11	中物件指示灯
X2	下传感器	Y12	小物件指示灯
X4	传送带末端传感器		

步骤 2：物件供给及传送带控制。

控制要求中的前两点与物件供给和传送带控制有关，就是用一个触点来控制一个输出线圈。控制程序如图 2-27 所示。

图 2-27　物件供给及传送带控制程序

将这两句程序转换并进行 PLC 写入后，仿真开始，可以通过开始操作旋钮来启动传送带的运行（见图 2-28），并通过供给按钮使系统给出一个元件并将其放到传送带上。

图 2-28　物件供给及传送带运行

步骤 3：大小物的判断。

编程的难点在于系统如何随机判断并显示物件的大、中、小。这里物件大、中、小的辨别是依靠传送带中部的上、中、下三个传感器实现。当物件通过传感器时，因物件的大小不同，会挡住不同的传感器，被挡住的传感器被置为 1（即其动合触点闭合）。图 2-29 是中物件在传送带上通过传感器的情形，由此可以看到，中物件会挡住中和下两个传感器，使这两个传感器变成红色，而上传感器还是灰色。

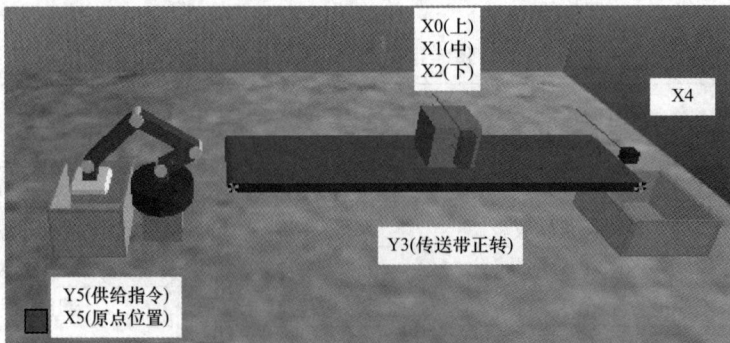

图 2-29　中物件在传送带上通过传感器的情形

大家很容易犯的一个错误是，会自然地认为小物件挡住下传感器，中物件挡住中传感器，大物件挡住上传感器，这种想法看起来很合理，但往往导致如图 2-30 所示的错误的大、中、小分拣及显示。

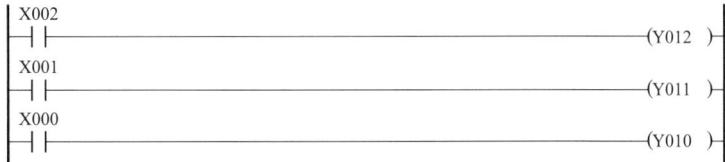

图 2-30　错误的大、中、小分拣及显示

这样的程序在系统出现小物件时表现还算正常，但当出现中物件或大物件时就会出现问题。图 2-31 展示了出现大物件时指示灯的状况，即大、中、小三个指示灯全亮了，这显然不符合要求。

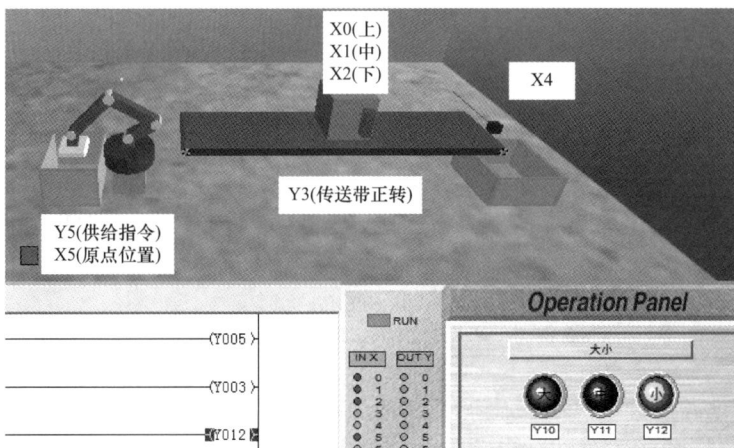

图 2-31　大物件通过时的错误指示

出现这个状况的原因在于，原来的设想是大物件出现时会挡住上传感器，而实际情况是，当出现大物件时，上、中、下三个传感器都被挡住了。这是因为下传感器位置较低，每个物件通过时都会将其挡住，连小物件都能挡住它，更别提中物件和大物件了。同理，中物件和大物件通过时会挡住中传感器，只有大物件通过时才能挡住上传感器。

因此可以这样考虑：大物件最特殊，因为只要上传感器被挡住，就一定是大物件；当中传感器被挡住时，若排除大物件的可能性，那就是中物件；当下传感器被挡住时，只有排除大物件和中物件，才能确定是小物件。根据这种思路的编程如图 2-32 所示。

当将这个程序写入到 PLC 时，即可正确判断物件的大、中、小。这里的 Y10 和 Y11 的动断触点也可以用 X0 和 X1 的动断触点来替代。

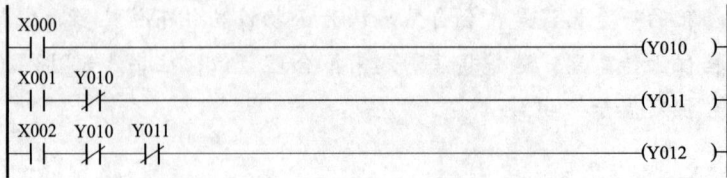

图 2-32　正确的大、中、小物件的判断

步骤 4：大、中、小指示灯控制。

在仿真运行上面的程序后，发现控制要求的第（3）项并未完全实现，现在的大、中、小指示灯仅仅是在物件通过判断传感器时短暂亮起，随即便熄灭。为了保持指示灯的状态，可以采用输出线圈自锁的方式。另外，触发末端传感器是熄灭指示灯的条件，因此，X4 作为断开条件，其动断触点串联在输出线圈线路中（见图 2-33）。

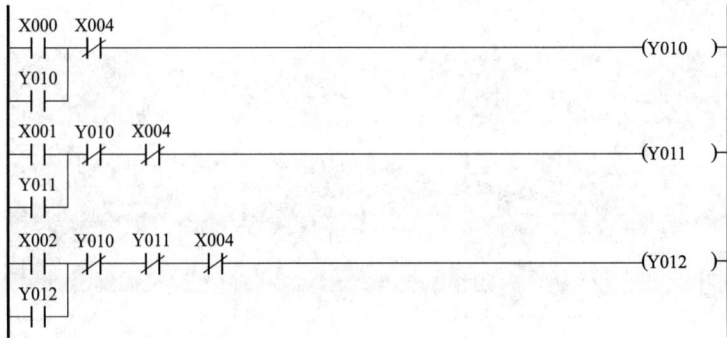

图 2-33　采用自锁的方式锁存指示灯状态

还有一种方式是对输出线圈使用置位语句，末端传感器 X4 作为大、中、小指示灯的复位条件。对线圈使用置位语句和输出线圈的不同在于，当置位语句的条件成立时，线圈被置为 1，此后即使前面的条件不再成立，线圈也会保持 1 的状态，直至复位语句的条件成立（见图 2-34）。

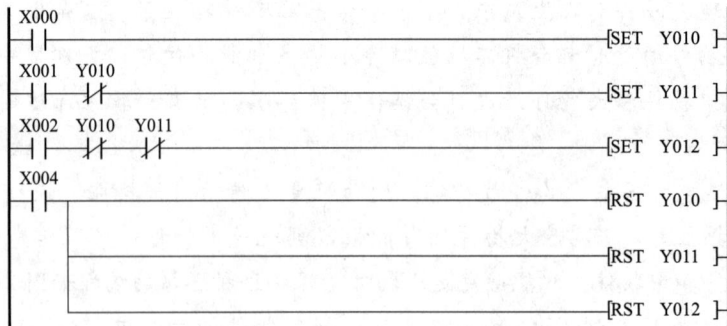

图 2-34　采用置位和复位的方式锁存指示灯状态

可以自行比较这两种方法的不同，以及它们的优劣，并采用不同的方法来完成同一个任务。这种扩展的思路对未来在不同控制要求下灵活运行编程技巧很有益处。

2.2.2　桔子包装流水线的控制

微课11

桔子包装流水线的控制

【例 2-7】 桔子包装流水线的控制。

任务要求： 在图 2-35 所示的包装流水线仿真环境（FX-TRN 的 E-5）中，机械手将箱子供给到传送带上，当箱子被运送到桔子供给设备下方时，传送带停止运行并开始供给桔子，每供给一个桔子，传感器 X2 就发送一个脉冲信号。当箱子里面装了 5 个桔子后，停止供给桔子，传送带重新启动，将箱子最终运送到大包装箱中。

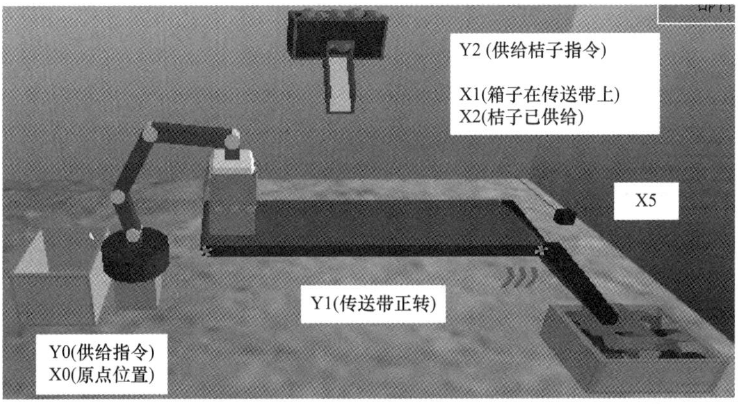

图 2-35　包装流水线仿真环境

实施步骤：

步骤 1：I/O 分配。

包装流水线控制 PLC 的 I/O 分配见表 2-7。

表 2-7　　　　　　　　　　包装流水线控制 PLC 的 I/O 分配表

输入	功能	输出	功能
X0	机械手在原点信号	Y0	机械手供给箱子
X1	箱子在桔子供给设备下面	Y1	传送带正转
X2	供给桔子信号	Y2	供给桔子
X5	箱子到传送带末端信号		
X20	供给按钮		
X24	传送带正转		

步骤 2：供给计数控制环节。

这里跳过传送带的启停环节，先来看一下计数部分的编程。当箱子停在桔子供给设备下方时，开始启动桔子供应，每供给一个桔子，传感器 X2 就发送一个脉冲信号，这样就可以对 X2 进行计数。当计数到 5 时，计数器触发动作，并通过其触点可以停止供给桔子。另外，在每次计数结束后，需要对计数器进行复位，这样才能使计数器可以重新进行计数（见图 2-36）。

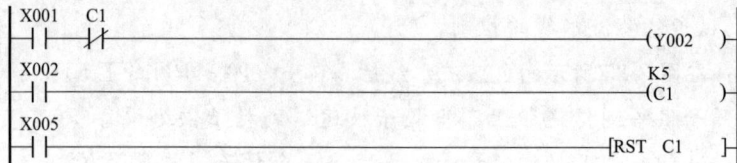

图 2-36　供给计数环节编程

步骤 3：传送带的启停控制环节。

根据包装流水线的动作要求，首先需要机械手供给一个箱子，并使传送带正转，将箱子传送到桔子供给设备下方。机械手的供给操作很简单，即使用供给按钮的触点驱动供给箱子线圈。但传送带的启动不能沿用旧方法，为什么呢？这是因为传送带启停比原来复杂得多，这里的传送带同样采用旋钮 X24 启动，在启动后，当包装箱被传送到桔子供给设备下方时，传送带需要自动停止，以便箱子停在原地等待桔子被放入。此时，X24 仍然是拨到"ON"的状态，若要使传送带停止，这就与最初通过将 X24 拨到"ON"使传送带正转产生了矛盾。

步骤 4：使用按钮来启动传送带。

为了学习传送带的启停控制，首先应降低难度，将启动传送带的旋钮改成按钮，这里采用的是 X21 按钮。当按下按钮 X21 时，传送带启动，传送带启动后按钮信号消失，传送带因自锁继续运行。当传送带到达桔子供给设备下方时，位置传感器 X1 会触发信号使传送带停止。当桔子数量达到预设值后，计数器会动作，此时可以通过计数器的触点再次启动传送带。传送带的两次启动是由不同的条件实现的，因此这两个不同的条件是并联关系。

但是要注意，第二次启动时，箱子正处于桔子供给设备下方，即传送带的断开条件仍然成立。如图 2-37 所示的编程，传送带的第一次运行和停止都正常，但第二次无法启动。虽然计数器 C1 的动合触点已经接通，说明计数已经完成，但传送带 Y1 线路中的位置传感器 X1 的动断触点断开，因此传送带不能运转。

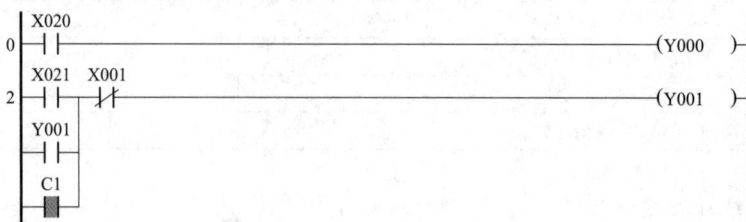

图 2-37　错误的启停控制环节（使用按钮）

通过观察系统的运行状况（见图 2-38），在装桔子的过程中，由于箱子停在桔子供给设备下方，位置传感器 X1 处于接通状态，X1 传感器旁的红色指示灯表示该传感器处于动作状态，因此其动断触点断开。要使传感器状态改变，必须启动传送带使箱子离开当前位置，因此，启动传送带必须摆脱传感器状态的影响。

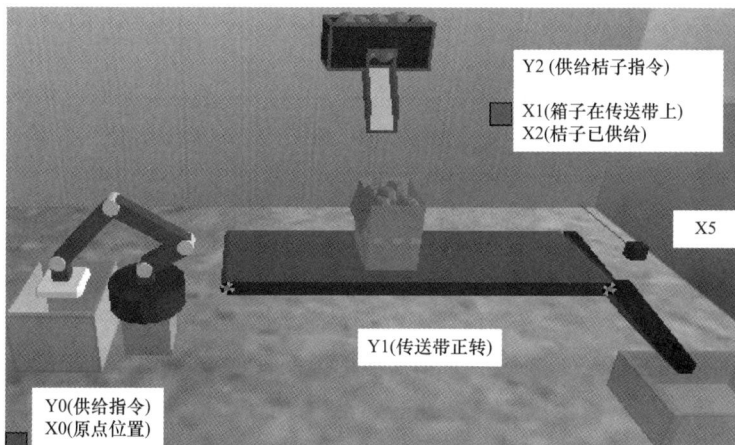

图 2-38　传送带不能启动状况图

图 2-39 是修改过的启停控制环节，Y1 线圈的接通不受 X1 触点的影响，一旦箱子离开桔子供给的位置，X1 动断触点就闭合，Y1 线圈形成自锁。

图 2-39　修改过的启停控制环节

步骤 5：使用按钮来启动传送带的另一种编程法。

之前介绍的编程方法用于实现传送带的启停，需要仔细观察且对逻辑推理有一定的要求，有时候对初学者来说并不容易。但这是一种很好的思维训练方式，因为控制工程师必须要具备一定的逻辑推理能力，否则很难胜任控制程序编写、系统维护等工作。

这里再介绍一种使用置位/复位指令来驱动线圈的方法。置位/复位指令驱动线圈和直接输出线圈的区别在于，当置位指令前的条件满足时，线圈被置位（动作），即使该条件不再满足，线圈也能保持置位状态。这样，线圈就不需要自锁，而需要复位时则必须执行复位指令。这种方法最大的优点是避开了双线圈输出的问题，可以多次对同一个线圈进行置位和复位，程序运行简单可靠。掌握这种编程方法很有必要，在一些情况下，线圈的驱动条件比较复杂，比如电梯控制程序中，对于电梯的升降控制，用输出线圈的方式基本上无法满足需求，而用置位/复位指令就使得控制程序简洁且可靠。

图 2-40 是用置位/复位指令改造后的启停控制程序，置位/复位指令必须成对出现，

X21是首次驱动传送带Y1的条件，用于驱动置位指令；位置传感器X1是停止传送带的条件，用于驱动复位指令，C1和X5同理。在编程中需注意，虽然可以反复置位一个线圈，但是如果某一条置位指令和复位指令前的控制条件同时被满足，那么程序会运行不正常。

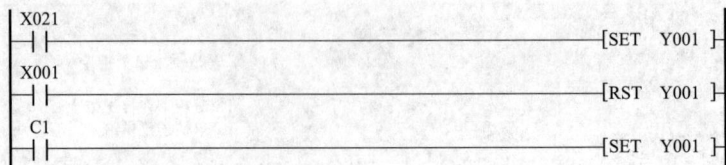

```
X021
 | |                                    [SET  Y001]
X001
 | |                                    [RST  Y001]
 C1
 | |                                    [SET  Y001]
```

图2-40　使用复位/置位指令的启停控制一

　　需要注意的是，在使用置位/复位指令时，一旦满足驱动置位/复位指令的条件，线圈就被置位或复位，即使驱动条件消失，线圈的状态也能保持。因此，建议使用短时间动作的触点来驱动置位/复位指令。如果驱动条件一直满足，PLC每个周期扫描时就重新执行置位/复位动作，其实这是没必要的，并且在程序中容易出现矛盾。短时间动作的触点（比如X21）所连的是按钮，当按钮按下时，X21的动合触点闭合；当按钮松开时，X21的动合触点恢复到断开的状态。而位置传感器X1的动合触点不是短时间动作的触点，因为箱子装桔子时始终停留在该位置，使得传感器X1的动合触点一直处于闭合状态。

　　若要将非短时间动作的触点转变为短时间动作的触点，可使用上升/下降沿触点工具。

　　一个触点虽然本身不是短时间动作的触点，但它的上升/下降沿触点一定是短时间动作的。一般情况下，如果需要将触点变为短时间动作的触点，可以选择使用上升沿触点，因为它的动作时机和触点本身动作时间一致，如图2-41所示，X1、C1就是这种情况。

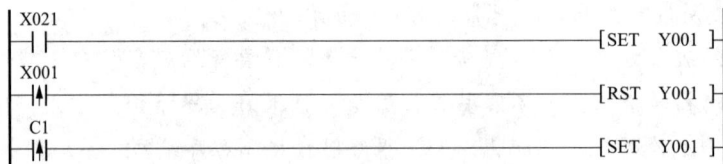

```
X021
 | |                                    [SET  Y001]
X001
 |↑|                                    [RST  Y001]
 C1
 |↑|                                    [SET  Y001]
```

图2-41　使用复位/置位指令的启停控制二

　　步骤6：使用旋钮来启动传送带。

　　现在回到原来的控制要求，通过旋钮X24来控制传送带的运行。这里旋钮X24作为传送带的总开关，在传送带工作时，旋钮X24始终打开；在供给桔子时，传送带自动停上，为了避免X24影响传送带的自动启停，考虑使用置位和复位指令来驱动传送带正转。有了刚才的基础，再来看如图2-42所示的程序，就不难理解了。这两句程序的功能就是：当旋钮拨到ON时，传送带正转；当旋钮拨到OFF时，传送带停止。完整的控制程序如图 2-43 所示。

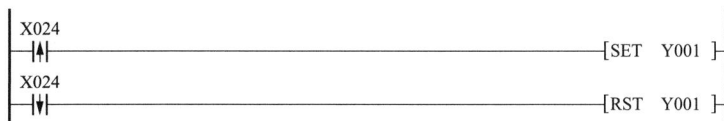

```
X024
─┤↑├────────────────────────────────────────[SET   Y001]
X024
─┤↓├────────────────────────────────────────[RST   Y001]
```

图 2-42　使用旋钮 X24 作为传送带的总开关的编程

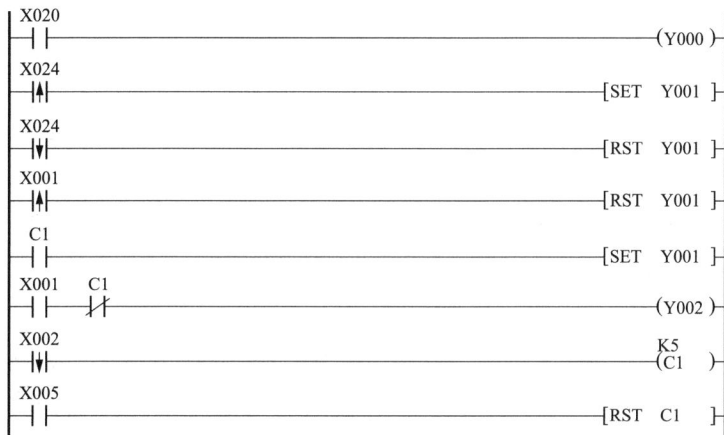

```
X020
─┤├──────────────────────────────────────────(Y000)
X024
─┤↑├────────────────────────────────────────[SET   Y001]
X024
─┤↓├────────────────────────────────────────[RST   Y001]
X001
─┤├─────────────────────────────────────────[RST   Y001]
C1
─┤├─────────────────────────────────────────[SET   Y001]
X001    C1
─┤├────┤↓├───────────────────────────────────(Y002)
X002                                              K5
─┤↓├─────────────────────────────────────────(C1   )
X005
─┤├─────────────────────────────────────────[RST   C1]
```

图 2-43　完整的控制程序

步骤 7：连续自动运行控制。

利用 FX-TRN 环境可以完成其他的控制要求，比如之前的控制程序运行后，每次都需要按下 X20 按钮来供给一个箱子。这里一起来学习如何完成一个连续自动运行的包装流水线。

系统刚启动时，第一次供给箱子需要使用 X20 按钮，为实现系统连续运行，除了 X20 按钮外，还需要一个箱子装满桔子后能动作的触点来驱动箱子供给 Y0。传送带末端的传感器 X5，在箱子通过时动作，标志着当前包装流程进入尾声，也可以作为下一个流程开始的控制命令。可以将 Y0 的驱动程序改为如图 2-44 所示，其他程序保持不变，这样就完成了连续自动运行的包装流水线。

```
X020
─┤├──────────────────────────────────────────(Y000)
X005
─┤├─┘
```

图 2-44　连续自动运行

2.2.3　物件分拣与处理控制

【例 2-8】　物件分拣与处理控制。

任务要求：如图 2-45 所示，当按下供给按钮时，机器人会供给一个物件。该物件首先通过第一段传送带正转进行运送，并检测其大小；接着第二段传送带运转，根据之前检测出的大小，利用分拣器的动作将大物件和小物件放到后部传送带，中物件被放到前部传送带；当中物件被前部传送带传送到末端时，会被机械手取到碟子上；大物件进入到后部传送带后被传送到末端，然后坠下；小物件进入到后部传送带后被推出装置推出。

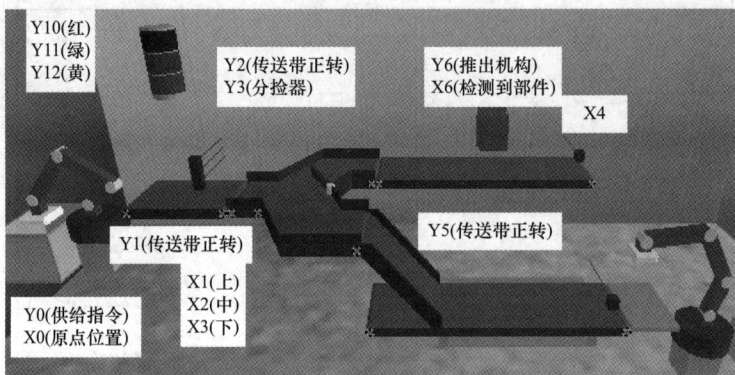

图 2-45　物件分拣与处理仿真环境示意图

实施步骤：

步骤 1：I/O 分配（见表 2-8）。

表 2-8　　　　　　　　　　　　　例 2-8 I/O 分配表

输入	功能	输出	功能
X20	供给命令按钮	Y0	物件供给
X24	传送带正转控制	Y1	第一段传送带正转
X1	传送带上传感器	Y2	第二段传送带正转
X2	传送带中传感器	Y3	分拣器
X3	传送带下传感器	Y5	前部传送带正转
X4	后部传送带末端传感器	Y6	后部传送带正转
X11	前部传感器末端桌子传感器	Y7	前部传感器机械手取物
X6	后部传感器中检测到物件传感器	Y6	后部传感器推出传感器
		Y10	红灯
		Y11	绿灯
		Y12	黄灯

步骤 2：控制程序的分析与分解。

任何一个复杂的问题都是由多个简单的问题组成的，在这个控制课题要求中，主要包含物件供给、传送带启停、大中小物件的判断与分拣、第二段传送带的启停及不同物件的处理等部分。

需要注意的是，虽然这里没有大、中、小物件的指示灯要求，但还是需要将物件的大小信息储存起来，作为对物件处理的判断依据。也就是说，在判断好物件的大小后，可以分别驱动三个辅助继电器来表示物件的大小，当物件到达第二段传感器后，根据这三个代表物件大小的传感器指示灯的亮灭状态来对物件进行下一步处理。

步骤 3：物件供给、传送和判断控制部分。

首先来看第一段传送带部分的控制要求。当按钮 X20 按下时，要求供给一个物件。这个供给方式和以前的做法一样。写出下面的一行程序即可完成（见图 2-46）。只有供给指令 Y0 接通，系统才会随机给出大、中、小不同的物件。

图 2-46 物件供给控制程序

第二步，完成传送带的启动控制。根据控制要求，当 X24 拨到 ON 时，传送带启动，这里的传送带包括几个部分，分别由 Y1、Y2、Y4、Y5 进行驱动。因此，使用 X24 的动合触点来控制 Y1、Y2、Y4、Y5 的线圈（见图 2-47）。

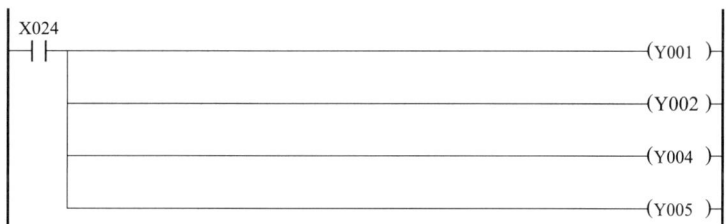

图 2-47 传送带的起动控制

完成了传送带部分的控制，可以将程序转换并下载到 PLC 中，以验证是否能按照预期实现控制。完成这一步后，供给物件会随机提供一个物件，并且该物件会随着传送带移动一段距离。

需要注意的是，在完成比较长的程序时，很多人会将程序完全编写完整，然后再转换下载到 PLC 中进行调试。其实这是一种错误的做法，特别是对初学者来说。因为程序越长，越容易出现错误。当程序全部完成后，若调试中发现不能按照要求实现控制，将难以找出错误。而且程序还会相互影响，有时越修改问题越多越严重，导致不少初学者灰心甚至放弃。

然后，需完成大、中、小物件的判断和分拣控制程序。关于大、中、小物件的判断，前面已详细说明，这里不再赘述。图 2-48 展示了物件大小的判断过程，由于没有物件大小的指示灯，因此将物件的大小信息存放在辅助继电器的状态中，大物件 M1 被置1，中物件 M2 被置 1，而小物件 M3 被置 1。

```
 X001
 ─┤├───────────────────────────────────────────────[SET  M1 ]
 X002  X001
 ─┤├───┤/├────────────────────────────────────────[SET  M2 ]
 X003  X001  X002
 ─┤├───┤/├───┤/├──────────────────────────────────[SET  M3 ]
```

图 2-48　大中小物件的判断

M1、M2、M3 储存着本次工作周期中被处理物件的大小信息，为了不妨碍储存下一个工作周期中被处理物件的大小信息，必须在本次工作周期结束或者下次工作周期开始时，将 M1、M2、M3 的状态清零（复位）。这里选择采用下一次周期开始时清零，当再次按下物件供给命令按钮 X20 时，对 M1、M2、M3 的状态清零。由于 M1、M2、M3 是编号连续的辅助继电器，因此可以使用 ZRST 指令，该指令后面跟随这几个继电器的首地址和末地址，使用 ZRST 指令可以简化程序。也可以采用三条 RST 指令分别将 M1、M2、M3 的状态清零（见图 2-49）。

```
 X020
 ─┤├────────────────────────────────────[ZRST  M1    M3 ]
```

图 2-49　物件大小信息的清零

最后，完成分拣控制部分。根据控制要求，大物件和小物件通过分拣器（置 1）被分拣到后部传送带，中物件通过时分拣器不动而进入到前部传送带。因此，代表大物件和小物件的 M1 和 M3 的动合触点被用来驱动分拣器 Y3（见图 2-50）。Y3 使用的是输出线圈的驱动方式，当 M1 和 M3 复位时，Y3 也随之复位，但如果 Y3 也采用了置位指令，则还需要对 Y3 使用 RST 指令来令其复位。

```
 M1
 ─┤├──┬──────────────────────────────────────────────(Y003 )
 M3   │
 ─┤├──┘
```

图 2-50　分拣控制

步骤 4：大、中、小不同物件的后续处理控制。

根据控制要求，大物件被放到后部传送带上后从右端落下；小物件也被放到后部传送带上，当传感器检测到小物件到达推出机构前时，后部传送带停止运行，推出机构将小物件推出到箱子中；中物件被放到前部传送带，被运送到传送带末端的桌面上时，将物件取出放入包装箱。

分析控制要求，难点在于后部传送带的处理，后部传送带有两种大小不同的物件通过，且处理方式各异，如果处理不当会相互影响。而前部传送带只有一种物件通过，处理方式相对简单。因此，首先完成前部传送带的控制程序。

当处理周期出现的是中物件时，辅助继电器 M2 接通。当中物件被放到桌子上时，传感器 X11 接通。因此，可以用 M2 和 X11 的两个动合触点串联来表示这两个条件同时满足，从而驱动机械手取出指令 Y7（见图 2-51）。Y7 只要被驱动，即使驱动的时间很短，也能完整地完成取出的动作，并且自动回到原点。因此，虽然取出机械手在将物件抓离桌面时使 X11 动合触点断开，进而导致 Y7 断开，但是只要 Y7 出现过脉冲信号，机械手就能完成后续的动作。这里 M2 的动合触点可以去掉，因为前部传送带只有中物件会到达，所以传感器 X11 动作就意味着中物件到达这里。

图 2-51　前部传送带控制程序

将程序下载至 PLC 运行，当出现中物件时，机械手会按照图 2-52 所示将物件放置到包装箱中，这表示物件处理完成。

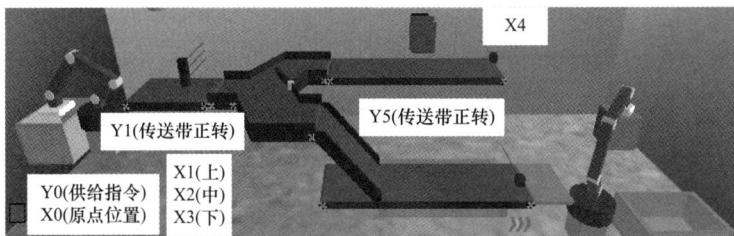

图 2-52　中物件处理

在完成后部传送带的设置后，大物件无须处理，它会随着传送带移动到最右端并自然地从右端落下。接下来，进入相对复杂的小物件处理程序。在处理小物件程序时，需要注意：当小物件运行到推出机构前时，后部传送带需要暂停，如果不停下来，物件会一边向右移动一边被推出，导致不能掉落到预期中的箱子内。但同时，又要保证大物件通过时传送带不能停止，否则大物件将不能从右端滑落。

图 2-53 是小物件处理的控制程序。当满足当前物件为小物件时，辅助继电器 M3 接通；当传感器检测到物件在推出机构前时，X6 接通。因此，M3 和 X6 这两个动合触点串联表明两个条件同时满足，这时就需要对小物件进行处理。小物件的处理包含两个部分：一是推出机构要动作；二是传送带要停止。因此，这里引入了一个辅助继电器 M10 来表示小物件处理条件已满足。M10 的动合触点用于驱动推出机构 Y6，而传送带停止的部分则需参考之前已完成的传送带启动程序。

图 2-53　小物件处理控制程序

77

如果将 M10 的动断触点串联到传送带 Y5 的线路中，也就是当小物件处理条件满足时，后部传送带 Y5 会停止。

图 2-54 展示了小物件处理的状况。传送带 Y5 停下，同时推出机构 Y6 将小物件推出，在推出的过程中，Y6 应始终保持接通，以确保其能完整地完成全部推出及回原位的动作。

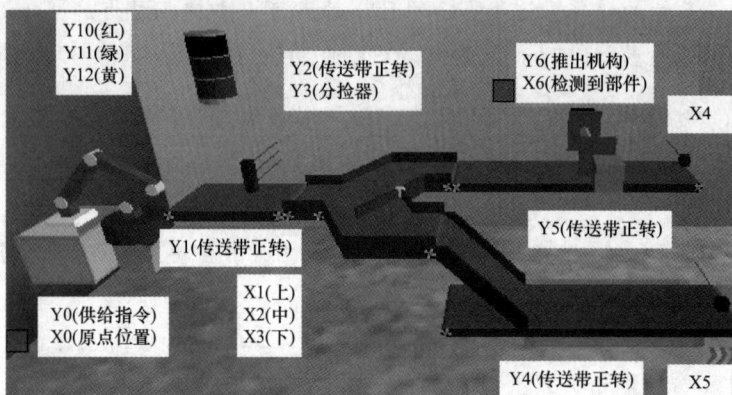

图 2-54　小物件处理状况

图 2-55 展示了大物件处理的状况。当大物件被送至推出机构前时，推出机构没有动作，传送带也没有停止，而是一直将大物件运送到传送带最右边，然后滑落。

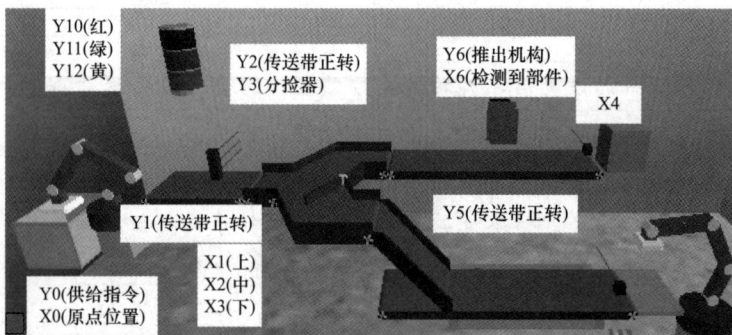

图 2-55　大物件处理状况

步骤 5：修改控制要求并实现传送带节能运行。

如何利用有限的仿真环境提高编程水平？建议通过更改控制要求来实现。在仿真环境中，若用五个不同的控制要求来完成练习，就相当于有了五次提升的机会。

这里对原来的控制要求进行修改，原来的控制要求是在系统启动时就同时将几条传送带全部启动，但实际上，传送带可以分别控制。如果在传送带需要运行时再启动传送带，那么可以达到传送带节能的目的。

将控制要求修改为：系统启动时，使用旋钮 X24 启动 Y1、Y2 传送带；当物件通过

Y1 传送带上的大小判断传感器时，将传送带 Y4、Y5 启动；在物件处理完毕后，将传送带 Y4、Y5 停止。

根据新的控制要求，首先删除原来的传送带 Y4、Y5 启动部分的程序。具体操作为：将光标分别放在 Y4、Y5 所在行，使用菜单中"编辑"→"行删除"，将该行删除（见图 2-56）。

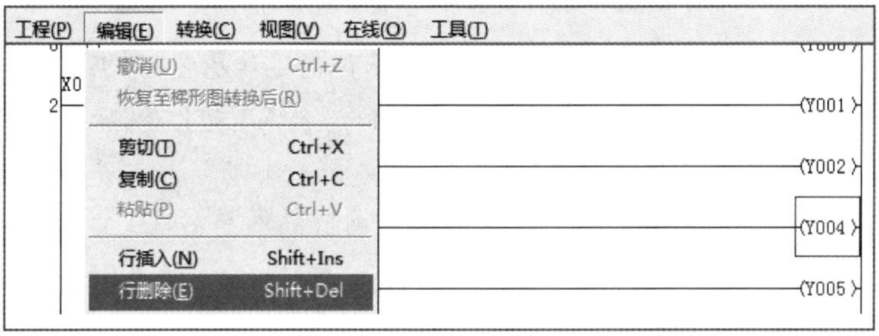

图 2-56 删除原传送带 Y4、Y5 启动程序

然后在分拣器驱动程序的前面插入空行（见图 2-57），以便编写新的传送带启动程序。虽然该程序可以放在任何一个位置，但是此处根据动作的顺序放置，便于理解。

图 2-57 插入行以便编写新的传送带启动程序

插入空行后，首先编写传送带 Y4、Y5 的启动程序。如果设计成只要有物件来，不管大小，传送带 Y4、Y5 都启动，那么最简单的方法就是用 X3 来驱动 Y4、Y5。这里介绍的是根据需要来启动 Y4 或 Y5 中的一个，即根据物件的大小来驱动 Y4 或 Y5 中的一个。因此，用大物件和小物件的标志 M1 和 M3 来驱动后部传送带 Y5，用 M2 来驱动前部传送带 Y4（见图 2-58）。完成后，可以将其下载到 PLC 中进行测试，以确保正常运行。

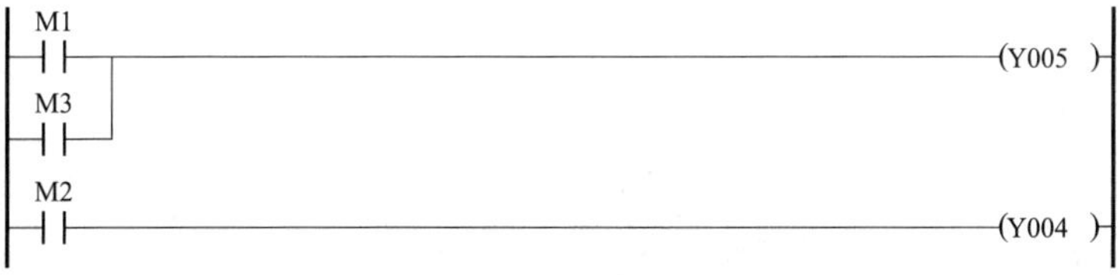

图 2-58 传送带 Y4、Y5 启动程序

启动完成后，进行传送带的停止控制。前部传送带 Y4 的停止控制比较简单，当中物件通过传感器 X5 到达桌面上后，传送带即可停止运行。因此，只需要将 X5 的动断触点串联在 Y4 的线路中即可（见图 2-59）。

图 2-59　传送带 Y4 的停止控制

后部传送带 Y5 的停止有两种情况：一是大物件通过传感器 X4 后坠落，此时传送带应停止运行；二是小物件到达推出机构前面，即传感器 X6 动作时，传送带应停止运行。任一情况发生时，传送带均会停止，值得注意的是，两个动断触点是串联连接的（见图 2-60）。若两个动合触点任意一个动作驱动线圈，则这两个动合触点应该并联；而这里两个动断触点任意一个动作断开线圈，这两个动合触点则串联。"多个接通条件用动合触点并联，多个断开条件用动断触点串联"。这一点之前已经讲过，如果不能够理解，可以自己随意设想几个条件和线圈，编写程序尝试一下。

图 2-60　传送带 Y5 的停止控制

下载到 PLC 后发现如下问题：当小物件处理完毕后，传送带 Y4 并没有停止，而是等到下一个物件供给时，传送带 Y4 才停止。在运行状态下，观察 Y5 的控制程序发现，小物件在推出机构前，由于传感器 X6 动作，使传送带停止运行，因此小物件被正常推出，但在推出之后，小物件已离开，X6 复位，而 M3 信号仍存在，导致传感器 Y5 再次接通（见图 2-61）。

图 2-61　传送带 Y5 的停止控制运行状况 1

大物件被运送到推出机构前时，传送带停止，大物件被卡在传送带上（见图 2-62）。

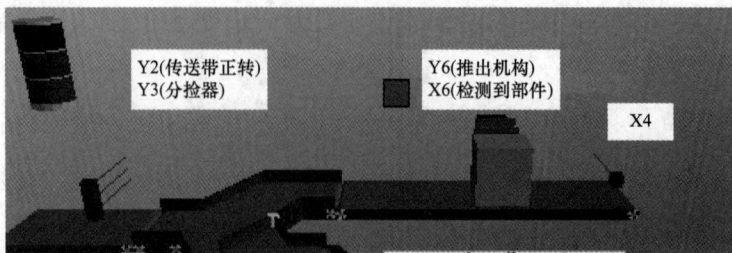

图 2-62　大物件被卡在传送带上

　　观察程序发现，大物件被运送到推出机构前时，由于传感器 X6 动作，导致传送带 Y5 线路断开，传送带停止，使得大物件不能被运送到最右端（见图 2-63）。

图 2-63　传送带 Y5 的停止控制运行状况 2

中物件被卡在传送带和桌面的中间，此时，机械手不能进行抓取动作（见图 2-64）。

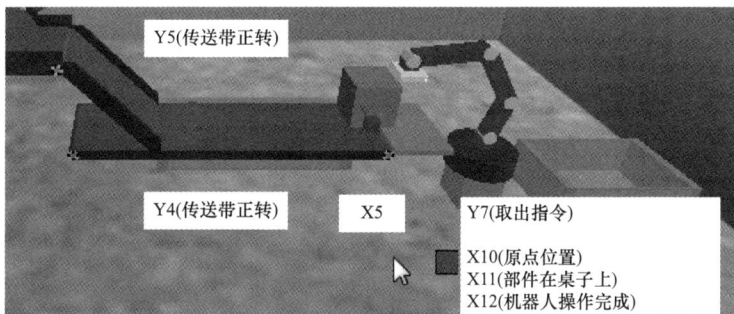

图 2-64　中物件被卡在传送带上

　　从运行中的程序状况来看，由于中物件在传送带和桌面的中间，因此传感器 X11 没有动作。那为什么中物件会在传送带和桌面的中间呢？很显然，此时传送带 Y4 已经停止，这是因为物件有一定的厚度，当物件的前端一碰到传感器 X5 时，传送带就会立刻停止，使得物件没有被很好地送到桌子上（见图 2-65）。

图 2-65　机械手不能抓取中物件程序运行状况

　　确定存在的问题很多。其实真正在生产线上使用的程序很少能一次性运行成功，一般都要经过调试的过程。因为很多现场的情况是系统没有运行时难以预料的。接下来，就是学习如何调试程序，以及如何培养分析问题和解决问题的能力。
　　刚才已经说明了出现的问题，并对问题的原因进行了分析。现在要着手解决问题了。
　　从后部传送带上大、小物件停止的条件不同来看，它们的停止条件最好能分开控制，否则会影响到大物件不能被输送到传送带的最右边。
　　图 2-66 是修改后的完整程序。在停止后部传送带的问题上，这里增加了一个 M4。当小物件在传送带上时，推出机构一动作，M4 就被置位，同时 M4 的触点将使传送带停止。当大物件在传送带上时，推出机构不动作，传送带也不会停，直至 M1 和 M3 被

复位，传送带才停止。另外，区间复位指令的复位区间从 M1 到 M3 扩展到 M4，M4 也在这里被复位。

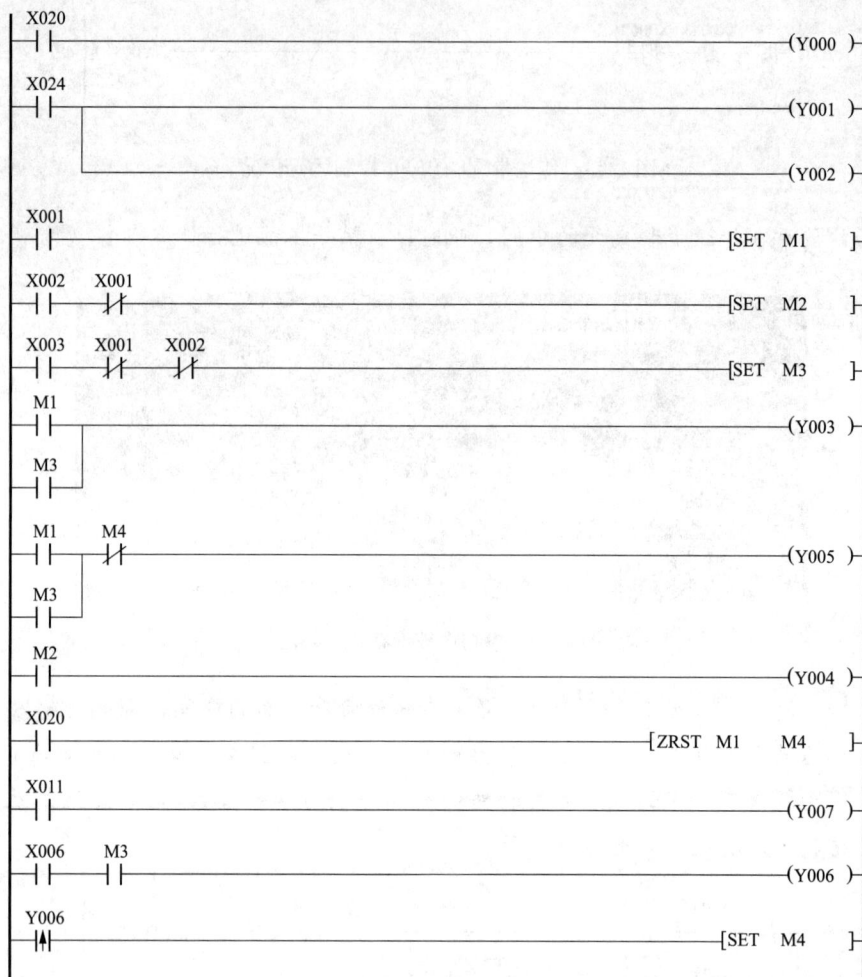

图 2-66 修改后的完整程序

2.3 应用指令仿真

2.3.1 应用指令简介

1. 应用指令的基本格式

在基本逻辑指令的基础上，PLC 制造厂家开发了一系列完成不同功能的子程序，调用这些子程序的指令称为应用指令。FX 系列 PLC 的应用指令可分为传送与比较、算术与逻辑运算、移位与循环、程序控制等。

应用指令一般有三部分组成，即功能编号 FNC、助记符和操作数。在现在的编程软件中省略了功能编号 FNC，变为如下更简单的梯形图形式：

在梯形图可以输入同一个应用指令：

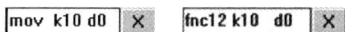

应用指令的含义如图 2-67 所示。

2. 应用指令的规则

应用指令操作数（软元件）的含义见表 2-9。其中，处理断开和闭合状态的元件称为位软元件，如输入继电器 X 等；处理数据的元件称为字软元件，如定时器 T 的当前值。

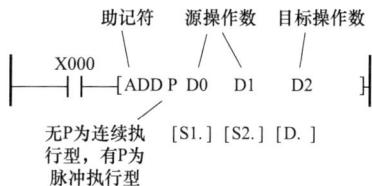

图 2-67　应用指令的含义

表 2-9　　　　　　　　　　　　应 用 指 令 操 作 数

字软元件	位软元件
K：十进制整数	X：输入继电器
H：十六进制整数	Y：输出继电器
KnX：输入继电器 X 的位指定	M：辅助继电器
KnY：输出继电器 Y 的位指定	S：状态继电器
KnS：状态继电器 S 的位指定	
T：定时器 T 的当前值	
C：计数器 C 的当前值	
D：数据寄存器	
V、Z：变址寄存器	

从表 2-9 可以看出，位软元件通过组合可以构成字软元件，用于数据处理；每 4 个位软元件为一组，组合成一个单元，位软元件的组合由 Kn（n 在 1~7 之间）加首元件表示。

一般情况下，指令执行形式有连续执行和脉冲执行两种。其中，脉冲执行在连续执行指令的助记符后加"P"即可；从类别上，应用指令分为程序流程控制、传送与比较、数据处理等。

2.3.2　传送、比较和转换指令

1. MOV 指令

MOV 指令是最常见的数据指令，意思指将数据传送到指定的目标操作元件，其指令含义见表 2-10。表中操作软元件"D."表示目标操作元件；D 连续执行表示指令的前缀加"D"，即 DMOV（双字移动）；P 脉冲执行表示指令的后缀加"P"，即 MOVP（脉冲执行移动指令）。

表 2-10   MOV 指令含义

| 助记符 | 功能 | 操作软元件 | | D 连续执行 | P 脉冲执行 |
		S.	D.		
MOV	将源操作元件的数据传送到指定的目标操作元件	K、H、KnX、KnY、KnM、KnS、T、C、D、V、Z	KnY、KnM、KnS、T、C、D、V、Z	+	+

MOV 指令的程序举例如图 2-68、图 2-69 所示。

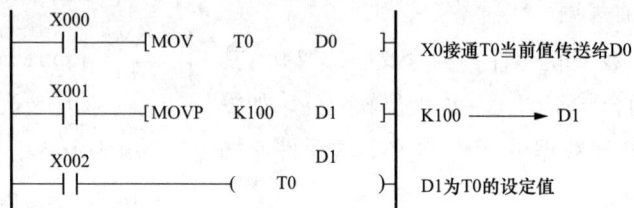

图 2-68   MOV 指令程序举例一

图 2-69   MOV 指令程序举例二

在 MOV 指令的应用中，如果目标操作元件的范围比源操作元件小，则过剩位会被简单地忽略，如图 2-70 所示的 MOV D0 K2 M0。相反，如果目标操作元件的范围比源操作元件大，则把"0"写入相关地址，如 MOV K2 M0 D1。需要注意的是，当发生这种情况时，结果始终为正，因为第 15 位被解释为符号位。

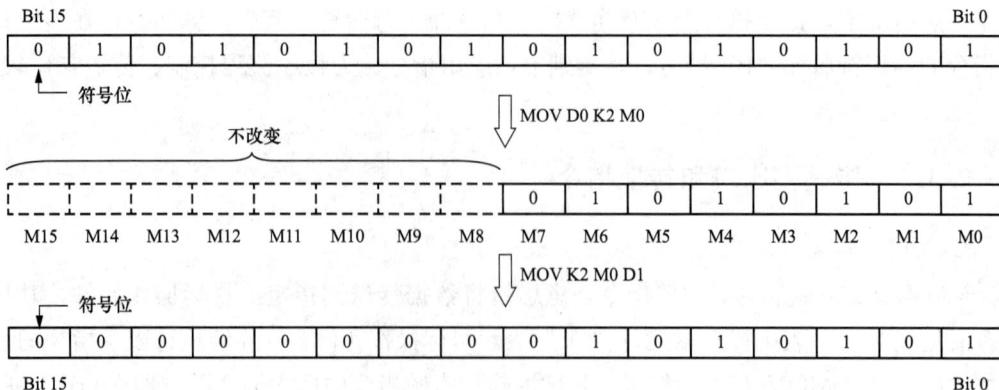

图 2-70   MOV 指令的应用

1. 加法指令

功能：加法指令是将指定的源操作软元件［S1.］、［S2.］中二进制数相加，结果送到指定的目标操作软元件［D.］中。

格式：

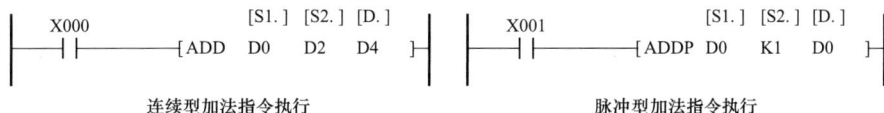

指令说明：

（1）操作软元件：［S.］K、H、KnX、KnY、KnM、KnS、T、C、D、V、Z，［D.］KnY、KnM、KnS、T、C、D、V、Z。

（2）当执行条件满足时，［S1.］＋［S2.］的结果存入［D.］中，运算为代数运算。

（3）加法指令操作时影响三个常用标志，即 M8020 零标志、M8021 借位标志和 M8022 进位标志。若运算结果为零，则零标志 M8020 置 1；若运算结果超过 32767，则进位标志 M8022 置 1；若运算结果小于－32767，则借位标志 M8021 置 1（以上都为 16 位时）。

以下是加法指令的相关说明，其中 DADD 表示双整数的加法。

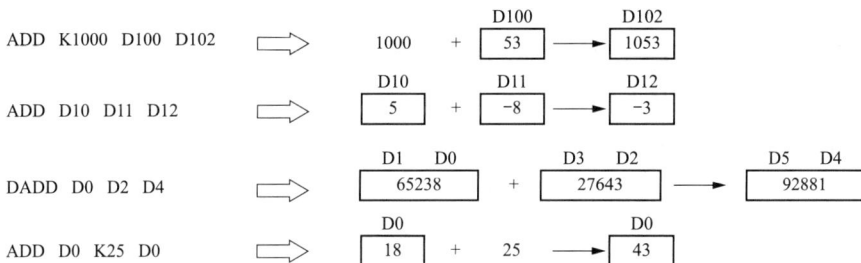

2. 减法指令

功能：减法指令是将指定的操作软元件［S1.］、［S2.］中的二进制数相减，结果送到指定的目标操作软元件［D.］中。

格式：

指令说明：

（1）操作软元件和加法指令一样。

（2）当执行条件满足时，［S1.］－［S2.］的结果存入［D.］中，运算为代数运算。

（3）各种标志的动作和加法指令一样。

以下是减法指令的相关说明，其中 DSUB 表示双整数的减法。

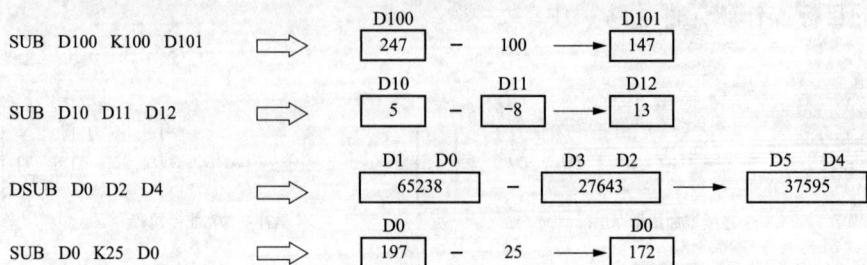

3. 乘法指令

功能：乘法指令是将指定的源操作软元件［S1.］、［S2.］的二进制数相乘，结果送到指定的目标操作软元件［D.］中。

格式：

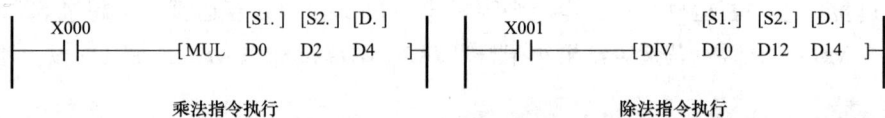

乘法指令执行   除法指令执行

指令说明：

（1）操作软元件同减法指令一样。

（2）［S1.］＊［S2.］存入［D.］中，即［D0］＊［D2］结果存入［D5］［D4］中。

（3）最高位为符号位，0 正 1 负。

以下是乘法指令的相关说明，其中 DMUL 表示双整数的乘法。

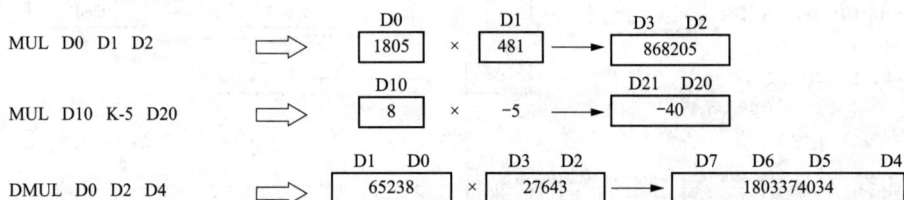

4. 除法指令

功能：除法指令是将源操作软元件［S1.］、［S2.］中的二进制数相除，［S1.］为被除数，［S2.］为除数，商送到指定的目标操作软元件［D.］中。

指令说明：

（1）格式如上。

（2）操作软元件同加法指令。

以下是除法指令的相关说明，其中 DMUL 表示双整数的除法。

DIV D0 D1 D2	⟹	D0 40	÷	D1 6	→	D2 6	商(6×6=36)
						D3 4	余数(40-36=4)

DIV C0 D10 D200	⟹	C0 36	÷	D10 -5	→	D200 -7	商
						D201 1	余数

DDIV D0 D2 D4	⟹	D1　D0 65238	÷	D3　D2 27643	→	D5　D4 2	商
						D7　D6 9952	余数

5. 加 1 指令/减 1 指令

功能：目标操作软元件［D.］中的结果加 1/目标操作软元件［D.］中的结果减 1。

格式：

```
     X000                                     X001
──┤ ├──────────[INCP   D0 ]──      ──┤ ├──────────[DECP   D10 ]──
        加1指令执行                             减1指令执行
```

指令说明：

(1) 若用连续指令时，每个扫描周期都须执行。

(2) 脉冲型执行只在脉冲信号时执行一次。

【例 2-9】　停车场车辆的计数。

任务要求：某停车场共有 60 个停车位，在入口处设置了车辆进口光电感应，在出口处也设置了出口光电感应，现在要求对车辆的数量进行计数显示，当目前停车的数量小于 50 辆时，指示灯为绿色；等于 50 辆时为黄色；超过 50 辆时为红色。

实施步骤：

步骤 1：软元件分配。

该停车场系统的 PLC 软元件见表 2-14。

表 2-14　　　　　　　　　停车场系统的 PLC 软元件

PLC 软元件	说明
X0	入口光电检测
X1	出口光电检测
Y0	车辆计数小于 50
Y1	车辆计数等于 50
Y2	车辆计数大于 50
D30	停车场车辆数

步骤 2：梯形图程序编写。

程序编写如图 2-75 所示。X000 和 X001 代表车进入或离开停车场。当有一辆车进入停车场时，当前停车数量的记录加 1，即对数据寄存器 D30 的内容执行一个 INC 指令。CMP 指令由辅助继电器 M8000 驱动，使寄存器 D30 不断地与已知能容纳的最大车辆数作比较，当两值相等时，指示灯为黄色。反之，当一辆车离开时，DEC 指令对数据寄存器减 1。

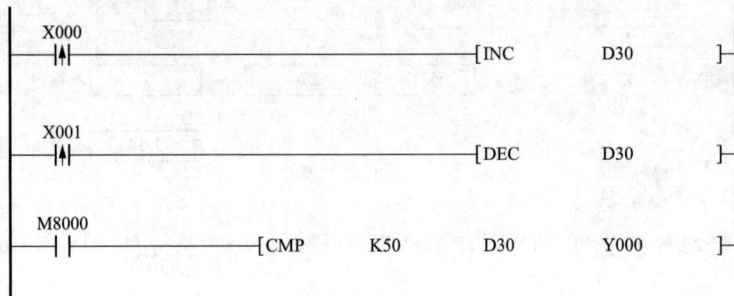

图 2-75　停车场系统的程序编写

2.3.4　移位、批复位和复杂传送指令

1. 移位指令

移位指令的名称及功能见表 2-15。其功能解释为：两条指令是使位软元件中的状态向右或向左移位，n1 指定位软元件长度，n2 指定移位的位数。

表 2-15　　　　　　　　　　　　　移位指令的名称及功能

助记符	指令名称及功能	操作软元件			
		[S.]	[D.]	n1	n2
SFTR (P)	位右移	X、Y、M、S	Y、M、S	K、Hn2≤n1≤1024	
SFTL (P)	位左移				

图 2-76 所示为移位指令梯形图及执行示意图。

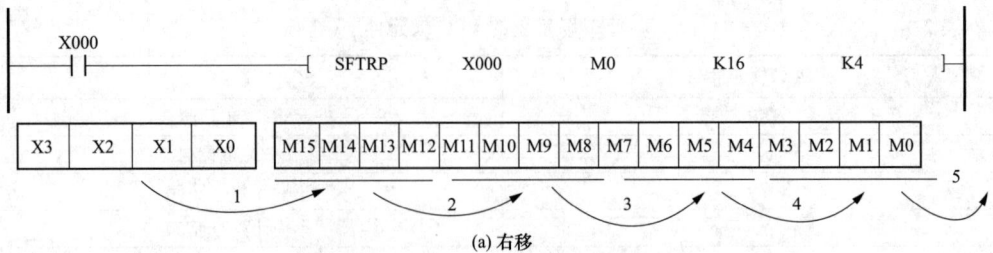

(a) 右移

图 2-76　移位指令梯形图及执行示意图（一）

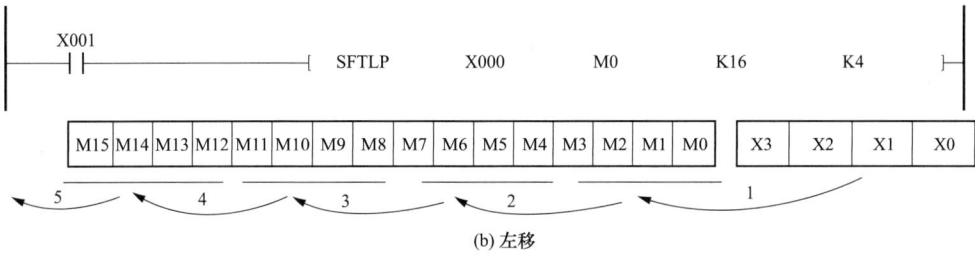

(b) 左移

图 2-76　移位指令梯形图及执行示意图（二）

2. 批复位指令 ZRST

批复位指令 ZRST 的含义见表 2-16。

表 2-16　　　　　　　　　　　　　　**ZRST 的含义**

助记符	操作软元件	
	[D1.]	[D2.]
ZRST	Y、M、S、T、C、D (D1<=D2)	

功能：区间批复位。

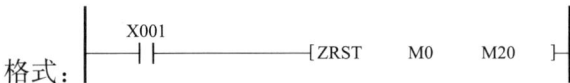

格式：

3. 复杂传送指令

（1）块传送指令 BMOV。BMOV（P）指令是将源操作数指定元件开始的 n 个数据组成数据块传送到指定的目标。如图 2-77 所示，传送顺序既可从高元件号开始，也可从低元件号开始，传送顺序自动决定。若用到需要指定位数的位元件，则源操作数和目标操作数的指定位数应相同。

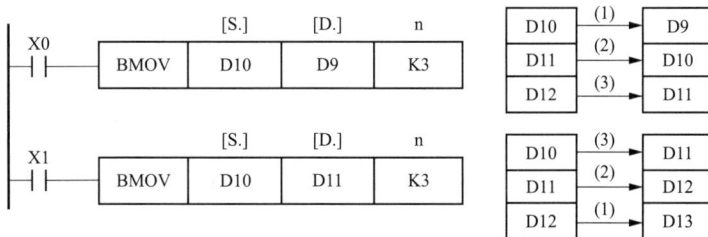

图 2-77　块传送指令使用

（2）多点传送指令 FMOV。FMOV（P）指令的功能是将源操作数中的数据传送到指定目标开始的 n 个元件中，传送后 n 个元件中的数据完全相同。如图 2-78 所示，当 X0 为 ON 时，将 K0 传送到 D0～D9 中。

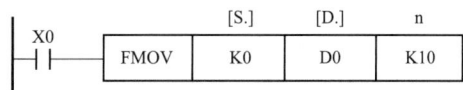

图 2-78　多点传送指令应用

微课13

彩灯控制仿真

2.3.5 彩灯控制仿真

【例2-10】 用乘除法指令实现彩灯控制。

任务要求： 一组灯共有14个，即Y0～Y7、Y10～Y15，要求当输入X0为ON时，彩灯正序每隔1s单个移动，并循环；当X1为ON且输出Y0为OFF时，彩灯反序每隔1s单个移动，至Y0为ON时停止。

实施步骤：

步骤1：I/O分配（见表2-17）。

表2-17 例2-10 I/O分配表

输入	功能	输出	功能
X0	正序开关	Y0～Y7	彩灯组
X1	反序开关	Y10～Y15	彩灯组

步骤2：梯形图程序编写。

程序编写如图2-79所示。正序命令时，D0的值从1经过乘法（即乘以2）变为2、4、6、8、…、8192，并在最后一位显示时（即Y15）又恢复为1，继续重复。反序命令时，D2的值8192经过除法（即除以2）变为4096、2048、1024、…、1，并在最后一位显示时（即Y0）定时1s后熄灭，不再重复。

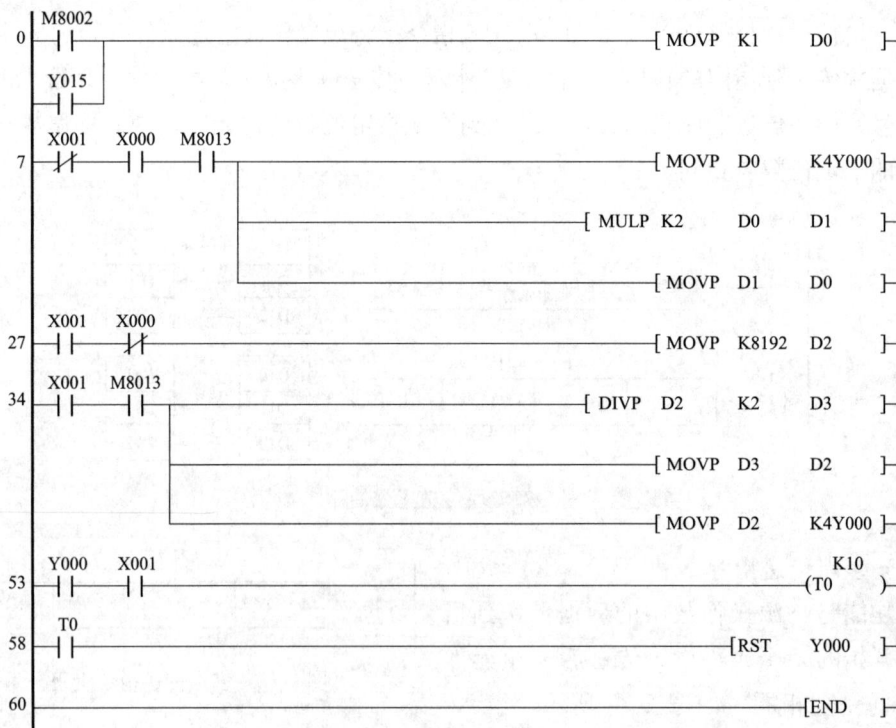

图2-79 乘除法指令实现彩灯控制梯形图

在正序命令时，每一次重新复位，Y0 灯能正常显示；但是循环时，Y0 灯直接被跳过，不再显示。这种情况说明正序命令时，其乘法指令正确，但是输出 Y 的指令顺序出错。在 Y15 刚亮时，D0＝1。如图 2-80 所示，一旦［MOVP D0 K4Y000］的位置变动，显示效果就会出问题，即下面的程序会忽略 Y0，直接输出 Y1；而上面的程序则是先显示 Y0，等待下一个脉冲 M8013 来时才执行显示。

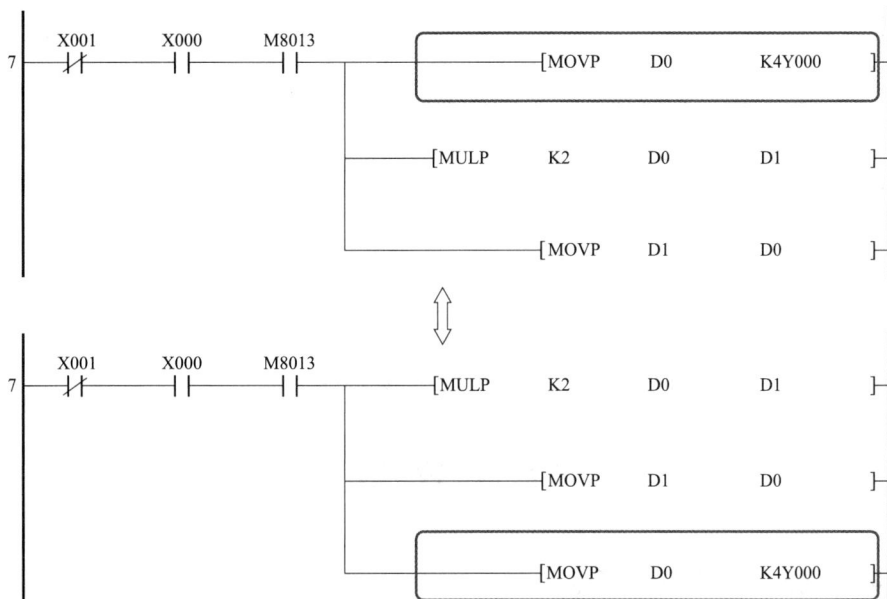

图 2-80　位置调换出现输出显示问题

【例 2-11】　用加减法指令实现彩灯控制。

任务要求： 用一个开关控制彩灯，即开时，有 12 盏彩灯正序亮起，1 盏、2 盏、3 盏…，然后全亮；反序熄灭至全部熄灭。

实施步骤：

步骤 1：软元件分配。

彩灯组的输入/输出见表 2-18。

表 2-18　　　　　　　　　　　　例 2-11 I/O 分配表

输入	功能	输出	功能
X0	控制开关	Y0～Y7 Y10～Y13	彩灯组

步骤 2：梯形图程序编写。

程序编写如图 2-81 所示。正序命令时，Z0 的值从 1 经过加法变为 2、3、4、…、12；反序命令时，Z0 的值 12 经过减法变为 11、10、9、…、1。本程序用到两个新的知识点，即 M8034 是输出继电器闭锁，PLS 是上升沿微分输出指令，只作用一个扫描周期。

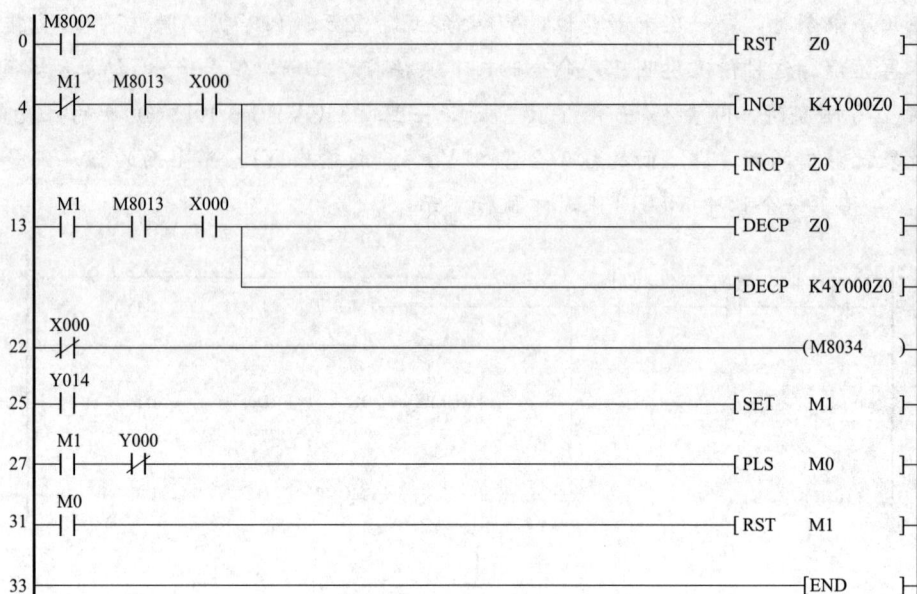

图 2-81　加减法指令实现彩灯控制梯形图

2.4　流　程　控　制　仿　真

2.4.1　程序流程控制指令

程序流程控制指令见表 2-19，具体包括 CJ、CALL、SRET、FEND、WDT、FOR、NEXT。

表 2-19　　　　　　　　　　　　程 序 流 程 控 制 指 令

功能助记符	指令名称及功能
CJ	条件跳转，程序跳到 P 指针指定处，P63 为 END
CALL	子程序调用，指定 P 指针，可嵌套 5 层以下
SRET	子程序返回，从子程序返回，与 CALL 配对
FEND	主程序结束
WDT	定时器刷新
FOR	重复循环开始，可嵌套 5 层
NEXT	重复循环结束

2.4.2　条件跳转指令 CJ 及仿真

CJ 指令的格式如图 2-82 所示，其中标记有 P0～P127 共 128 个。

CJ、CJP 指令是执行序列的一部分，可以缩短运算周期并使用双线圈。CJ 指令的说明如下。

（1）图 2-82 中，当 X20 为 ON 时，跳转到程序 P9，称为有条件转移；而图 2-83 所示的程序为无条件跳转。

图 2-82　CJ 格式

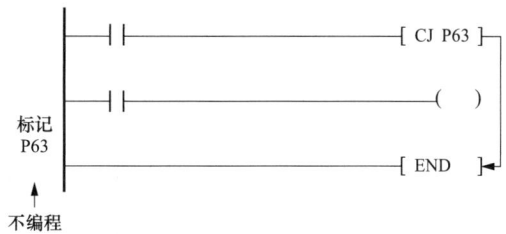

图 2-83　无条件跳转

（2）一个标号在程序中只能出现一次，如果多于一次，则会出错；但两条或多条跳转指令可以使用同一标号。

（3）如图 2-83 所示，编程时标号占一行，对于有意设置为向 END 步跳转的指针 P63，请不要对标记 P63 编程。给标记 P63 编程时，可编程控制器显示出错码 6507（标记定义不正确）并停止运行。

【例 2-12】　用跳转指令实现单次或多次钻孔。

任务要求： 在 FX-TRN 仿真软件的 E-4 中，实现单次或多次钻孔（见图 2-84），即根据选择开关 X24 的接通情况确定单次（X24＝OFF）或多次钻孔（X24＝ON）。单次流程为：按钮 X20 按下时，Y0（供给指令）输出，Y1（传送带正转）动作；当达到 X1（部件在钻机下时），传送带停止并进行 Y2（开始钻孔）；当钻孔结束时，输出 X2（钻孔正常）或 X3（钻孔异常）信号；然后启动传送带，达到生产线末端 X5 后入箱，传送带停止。如果是多次流程，则 Y1 传送带不停止，在入箱的同时，继续给出供给指令 Y0。

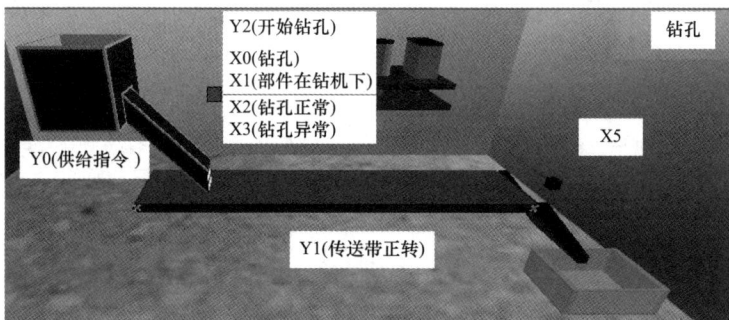

图 2-84　单次或多次钻孔

实施步骤：

步骤 1：I/O 分配。

钻孔装置的 I/O 分配（其中 X0、X3 忽略）见表 2-20。

表 2-20   钻孔装置的 I/O 分配表

输入	功能	输出	功能
X1	部件在钻机下	Y0	供给指令
X2	钻孔正常	Y1	输送带正转
X5	部件到达装箱位置	Y2	开始钻孔
X20	启动按钮		
X24	选择开关 （单次为 OFF/多次为 ON）		

步骤 2：梯形图程序编写。

图 2-85 为本实例程序。这里选择了 3 个标志，即 P10 为 X024＝OFF 时的单次动作、P11 为 X024＝ON 时的多次动作和 P12 是单次动作后的二次跳转。由于梯形图程序是自上到下顺序扫描的，因此一定要注意跳转的位置是否符合控制要求。

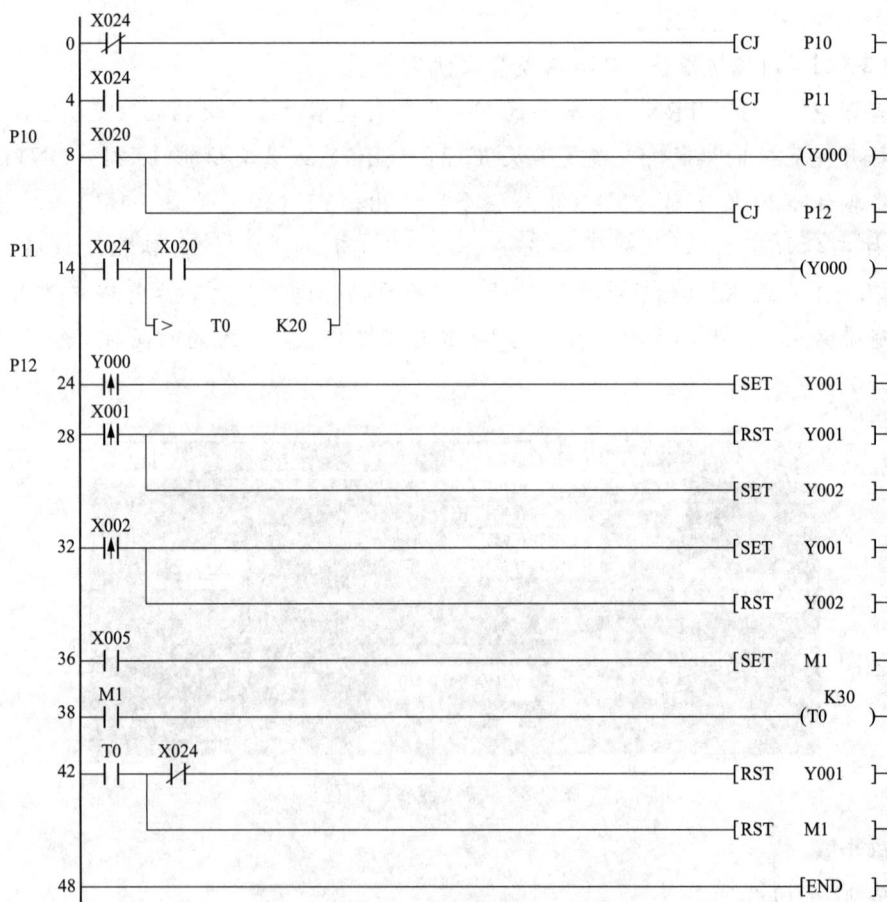

图 2-85   实例程序

在本实例中，用了 3 个 CJ 跳转指令，在理解上非常方便。然而，是否有更简洁的方法呢？

CJ 跳转指令的使用跟人的编程习惯有关系。从本实例来看，P10 和 P11 的跳转仅仅是根据 X24 的选择开关来决定，而 P12 则是根据第一次按钮动作来跳转。从这一点上来看，P10、P11、P12 可以直接简略为一次跳转，即单次动作后直接跳转至 P12，而多次动作则按照正常流程进行，具体如图 2-86 所示。

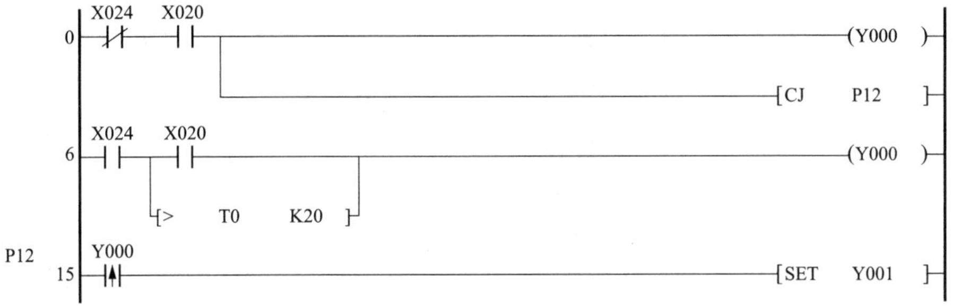

图 2-86　精简后的跳转指令

2.4.3　子程序调用指令 CALL 及仿真

子程序相关指令的程序格式如图 2-87 所示。其中，CALL 具有操作软元件，而 SRET、FEND 无操作软元件。

从图 2-87 中可以看出，若 X000=ON，则执行调用指令跳转到标记 P10。在执行子程序后，通过执行 SRET 指令返回原来的步，即 CALL 指令之后的步。

CALLP 指令程序格式如图 2-88 所示。当 X001 从 OFF 到 ON 后，只执行 CALLP P11 指令 1 次后，向标记 P11 跳转，即为脉冲形式。在执行 P11 的子程序过程中，如果执行 P12 的调用指令，则执行 P12 的子程序，用 SRET 指令向 P11 的子程序跳转。

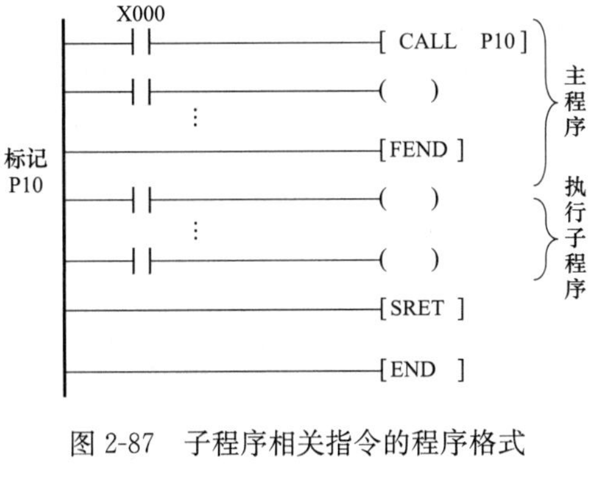

图 2-87　子程序相关指令的程序格式

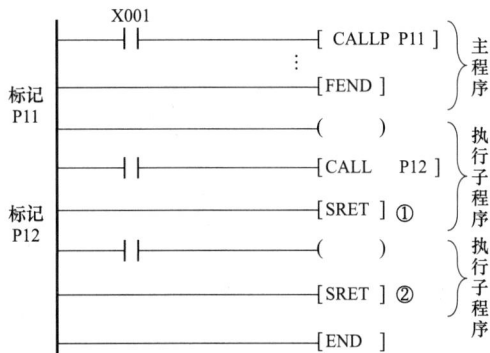

图 2-88　CALLP 指令程序格式

第一个 SRET 指令返回主程序，第二个 SRET 指令返回第一个子程序。这样设计，在子程序内最多允许有 4 次调用指令的操作，整体而言，程序可实现 5 层嵌套结构。

应用子程序调用指令，可以优化程序结构，提升编写程序的效果。

【例 2-13】 用子程序实现升降机分类传送控制。

任务要求： 在 FX-TRN 仿真软件的 E-4 中，实现升降机的分类传送控制（见图 2-89），根据光电开关 X1、X2、X3 不同的接通情况确定是小物件、中物件还是大物件。当确定为小物件时，升降机只需旋转，将物体送至 Y5 传送带上，并送至相应的包装箱内；当确定为中物件时，升降机上升至 X5 中段位置，然后旋转，将物体送至 Y6 传送带上，并送至相应的包装箱内；当确定为大物件时，升降机上升至 X6 中段位置，然后旋转，将物体送至 Y7 传送带上，并送至相应的包装箱内。

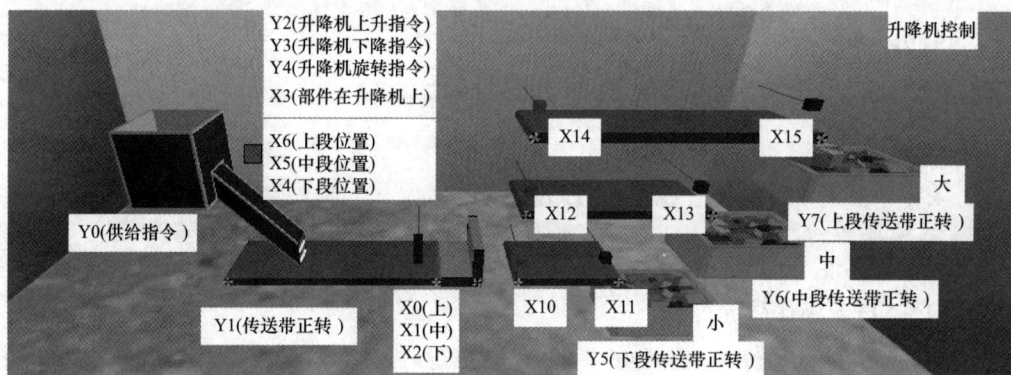

图 2-89　升降机分类传送控制

实施步骤：

步骤 1：I/O 分配。

升降机分类传送控制的 I/O 分配（其中 X0、X3 忽略）见表 2-21。

表 2-21　　　　　　　　　　升降机分类传送控制的 I/O 分配表

输入	功能	输出	功能
X0	光电开关（上）	Y0	供给指令
X1	光电开关（中）	Y1	传送带正转
X2	光电开关（下）	Y2	升降机上升
X3	部件在升降机上	Y3	升降机下降
X4	电梯限位（下段）	Y4	升降机旋转
X5	电梯限位（中段）	Y5	下段传送带正转
X6	电梯限位（上段）	Y6	中段传送带正转

输入	功能	输出	功能
X10	小物件传送带左限位	Y7	上段传送带正转
X11	小物件传送带右限位		
X12	中物件传送带左限位		
X13	中物件传送带右限位		
X14	大物件传送带左限位		
X15	大物件传送带右限位		
X20	启动按钮		

步骤 2：梯形图程序编写。

图 2-90 所示为梯形图，这里采用了 3 个子程序，即分别为大物件 P1、中物件 P2 和小物件 P3。需要注意的是，大物件、中物件和小物件激活的触点信号 M1、M2 和 M3 在整个子程序调用中必须保持为 ON，只有当该子程序执行完毕之后才能变成 OFF。

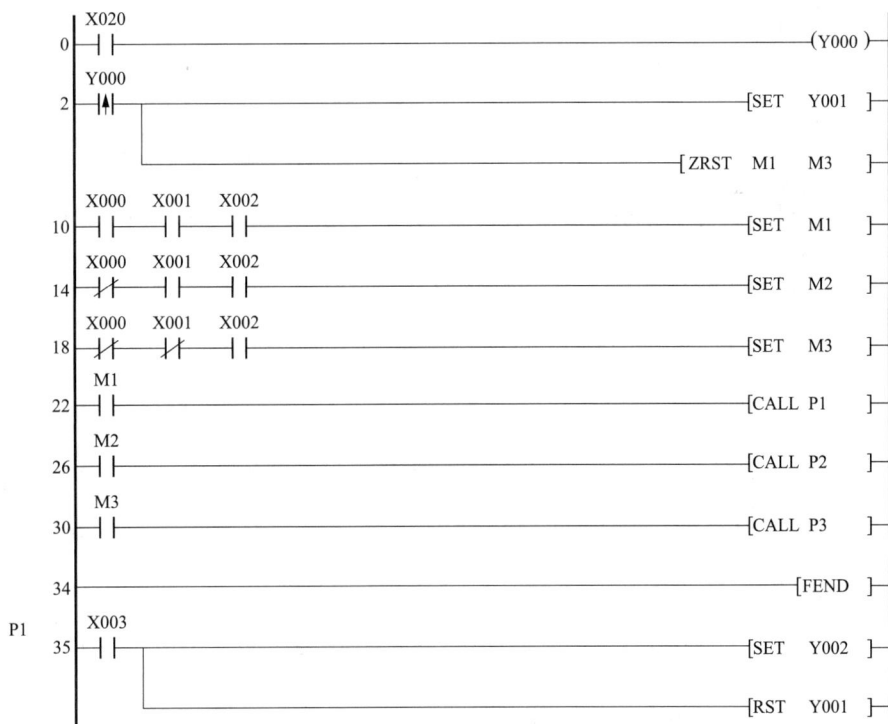

图 2-90　子程序调用实例（一）

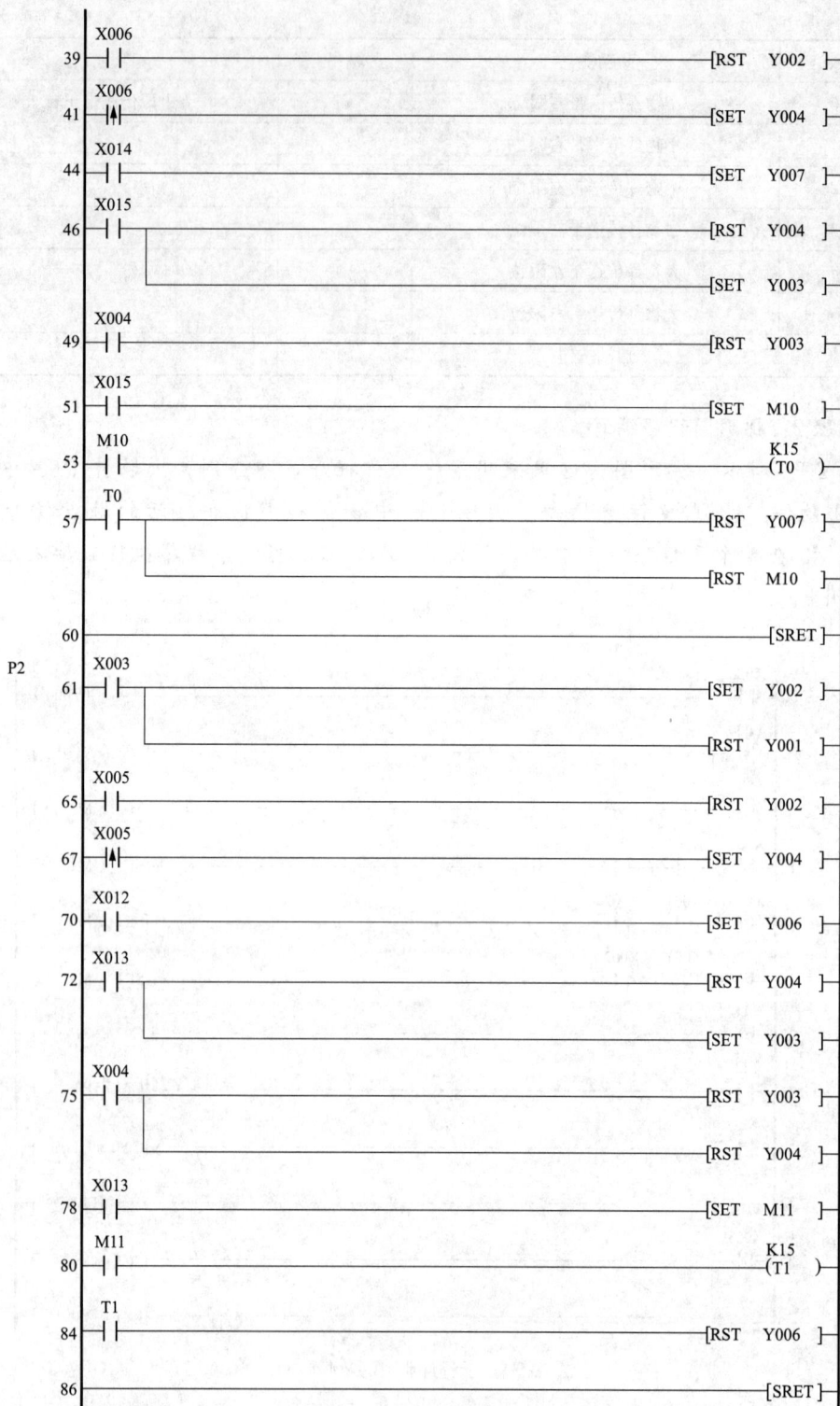

图 2-90　子程序调用实例（二）

图 2-90　子程序调用实例（三）

2.4.4　监视定时器刷新指令 WDT

WDT 指令是在 PLC 顺序执行程序中，进行监视定时器刷新的指令。WDT（P）为连续/脉冲型执行指令，无操作软元件。图 2-91 为 WDT 指令执行示意图。

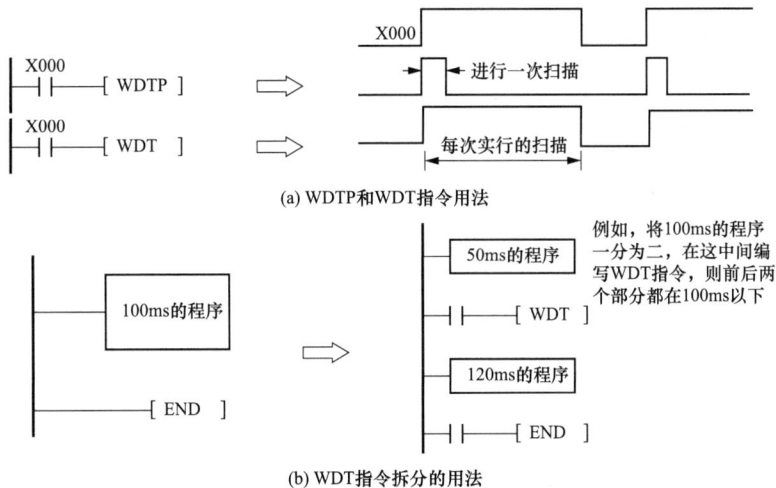

(a) WDTP和WDT指令用法

(b) WDT指令拆分的用法

图 2-91　WDT 指令执行示意图

2.4.5　循环指令 FOR、NEXT 指令及仿真

循环指令是指在 FOR 到 NEXT 指令之间的处理（按照源数据指定的次数）执行几次后，才处理 NEXT 指令之后的步骤。$n=1 \sim 32767$ 时有效，在指定了 $-32767 \sim 0$ 之间的

101

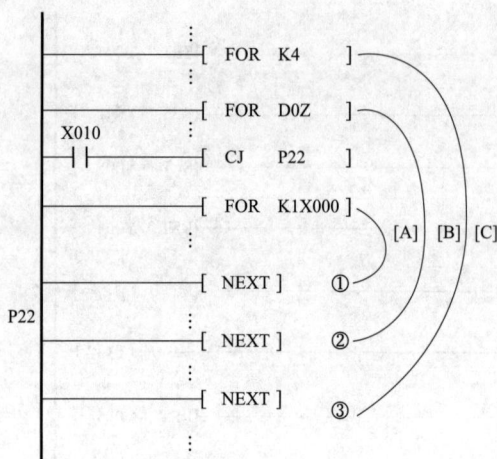

图 2-92　FOR、NEXT 指令

数值时，被当作 $n=1$ 处理。如图 2-92 所示的程序中，[C] 的程序执行 4 次后，向 NEXT 指令③以后的程序转移。

若在 [C] 执行一次程序的过程中，数据寄存器 D0Z 的内容为 6，则 [B] 的程序被执行 6 次。因此 [B] 的程序合计被执行了 24 次。若不想执行从 FOR 到 NEXT 间的程序，可以利用 CJ 指令进行跳转。当 X10=ON 时，若 X10 为 OFF，例如 K1X000 的内容为 7，则在 [B] 执行一次程序的过程中，[A] 被执行了 7 次。总计被执行了 $4×6×7=168$ 次，这样一共可以嵌套 5 层。需

要注意的是，循环次数多时，扫描周期会延长，有可能出现监视定时器错误。

此外，以下几种情况也会出错：①NEXT 指令出现在 FOR 指令之前；②FOR 指令与 NEXT 指令不匹配或无 NEXT 指令；③在 FEND、END 指令以后仍有 NEXT 指令，且个数不一致等。

循环指令 FOR 的操作软元件包括 K、H、KnH、KnY、KnM、KnS、T、C、D、V、Z；而 NEXT 无操作软元件。

【例 2-14】　用循环指令求和。

任务要求： 用循环指令实现求 $1+2+3+…+100$ 的和。

实施步骤：

循环指令求和梯形图具体如图 2-93 所示。

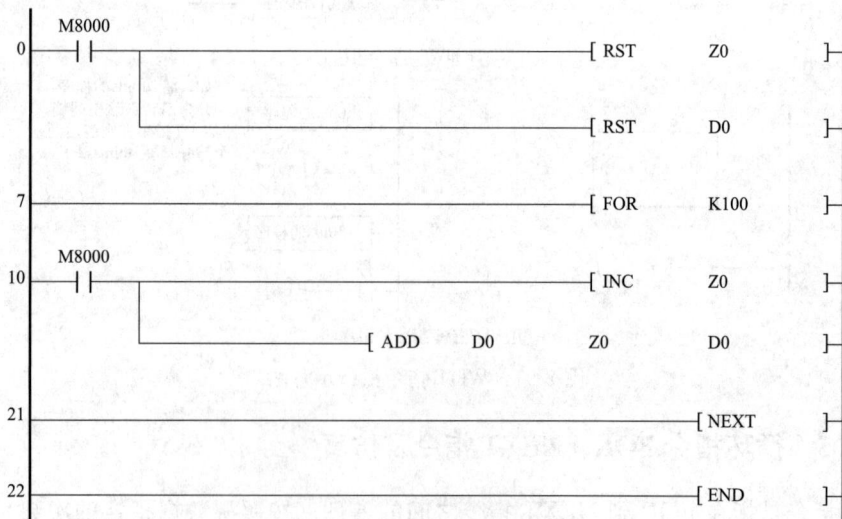

图 2-93　循环指令求和梯形图

📖 拓展阅读

　　工业是国民经济的重要支柱，也是技术创新的主战场。它是创新活动最活跃、创新成果最丰富、创新应用最集中和创新溢出效应最强的领域之一。过去，图纸定义产品、工艺约束制程、说明书描述功能，是工程惯例。一旦产品制造完成，想要调整其功能或性能格外困难。当前，人工智能与制造业深度融合，加速了"智改数转"的进程，形成现实生产力。被视为现代工业之魂的工业软件也在锻造竞争力，不仅改写了"以装备为核心的工业"的历史，而且加快推动了我国工业体系向"软件定义的工业"转型，助力构建现代化产业体系，加速实体经济数字化、智能化和绿色化的转型步伐。

　　在一家装备企业的智能生产车间的操作台，一台银色机械臂流畅地将"手"伸进料框，从中抓取合适的目标工件，并按正确的首尾方向将工件精准安装进入指定位置进行固定。全程动作丝滑、无一丝卡顿，仿佛能看得到工件一样。这台机械臂应用的是 3D 机器视觉技术，不仅能识别定位工件，灵活调整工件朝向，还能引导机械臂自动完成上料，实现高精度的智能化生产。

　　在如今的智能工厂，3D 机器视觉技术采用基于深度学习的目标检测定位算法，以及智能机械臂避障和轨迹规划算法，使机器在执行任务时有效定位识别和避开障碍物，增强设备的稳定性，提高工作效率，并降低成本。工业软件运行敏捷、丝滑、无卡顿的背后是工业操作系统的功劳。工业操作系统为工业应用软件的运行提供一个高适配、高可靠性的环境，能够满足工业母机、工业机器人的高实时、高精度控制需求。

🌐 任务评价

　　按要求完成本项目相关任务，评分标准见表 2-22，具体配分可以根据实际考评情况进行调整。

表 2-22　　　　　　　　　　　　评　分　标　准

序号	考核项目	考核内容及要求	配分	得分
1	职业道德与课程思政	遵守安全操作规程，设置安全措施； 认真负责，团结合作，对实操任务充满热情； 正确认识工业软件的重要性	15%	
2	系统方案制定	PLC 控制方案合理； 正确使用应用指令和流程控制指令	15%	
3	编程能力	独立完成 PLC 梯形图编程； 充分使用虚拟仿真的特点进行编程	20%	
4	操作能力	正确使用仿真软件； 正确输入梯形图程序并进行程序调试； 根据系统功能进行正确操作演示	20%	

续表

序号	考核项目	考核内容及要求	配分	得分
5	实践效果	系统工作可靠，满足工作要求； PLC 程序结构合理，仿真结果符合要求； 按规定的时间完成任务	20%	
6	创新实践	在本任务中有另辟蹊径、独树一帜的实践内容	10%	
		合计	100%	

思考与练习

2.1 请对 PLC 交通灯控制系统进行实际连线，并列出 I/O 表。

2.2 按要求完成一个单方向的信号灯的控制程序，绿灯时间 12s，黄灯 2s，红灯 15s。

2.3 按要求完成一个单方向的信号灯的控制程序，绿灯时间 15s，黄灯 2s，红灯 10s，绿灯在熄灭前闪动两下。

2.4 按要求完成一个单方向的绿灯时间可调的信号灯控制程序，系统启动时进入普通状态，绿灯时间 12s，黄灯 2s，红灯 15s；当按下应急按钮时，进入应急状态，绿灯时间 20s，黄灯 2s，红灯 7s。

2.5 请设计传送带大小物件分拣系统的 PLC 硬件线路。

2.6 完成三菱训练软件 FX-TRN 中的 E-1 项目、E-3 项目、E-4 项目、E-6 项目。

2.7 请设计大中小物件分拣与处理系统的 PLC 硬件图。

2.8 在 FX-TRN 软件进入中级挑战 E-5 中完成橘子包装生产线自动供给模式。具体要求如下：按下 X20，供给指令（Y0）变为 ON，机器人将箱子放在传送带上，传送带运行（Y1），当箱子到达装配设备下方时，传感器 X1 会变为 ON，这时需停止传送带以便装配。同时启动桔子供给指令（Y2），当有 4 个桔子到箱子里时，桔子供给指令（Y2）停止，同时传送带运行，箱子被传送到 X5 时，自动将供给指令（Y0）变为 ON，下一个包装流程开始。

2.9 在 FX-TRN 软件进入中级挑战 E-5 中完成橘子包装生产线手动供给模式。具体要求如下：按下 X20，供给指令（Y0）变为 ON，机器人将箱子放在传送带上，传送带运行，当箱子到达装配设备下方时，传感器 X1 会变为 ON，这时需停止传送带以便装配。同时启动桔子供给指令（Y2），当有 4 个桔子到箱子里时，桔子供给指令（Y2）停止，同时传送带运行，箱子被传送到回收装置时，传送带停止。当下一次按下 X20 时，自动将供给指令（Y0）变为 ON，下一个包装流程开始。但当前一个箱子流程还未结束时，X20 按下无效。

FX系列PLC的SFC编程

【导读】

顺序功能图（Sequential Function Chart，SFC）编程受到不少编程人员的喜爱，特别在顺序控制程序设计方面，因其编程思路简单，稳定性好，有着独特的优势。三菱编程软件 GX Works2 中，也提供了 SFC 编程方法。本项目主要对顺序功能图的编写和程序输入进行全面的介绍，内容涵盖了单流程结构编程方法和多流程结构编程方法，以大小球分类选择性传送和按钮式人行横道指示灯为例进行实际编程应用。

知识目标

了解顺序功能图的编程原理。

熟悉单流程结构编程方法。

熟悉多流程结构编程方法。

能力目标

能根据状态转移设计思路实现 SFC 编程。

能用编程软件完成程序图编写。

能进行单流程和多流程控制实例的编程。

素养目标

遵循电气安全操作规范和标准。

善于通过查阅图书文献等方式来拓展思维。

努力扎根岗位并发挥奉献精神。

3.1 顺序控制初步设计

3.1.1 顺序控制设计法

SFC 是一种新颖的图形化编程语言，它基于工艺流程图进行编程。SFC 符合国际电工委员会（IEC）的标准，被首选推荐为可编程控制器的通用编程语言，尤其在 PLC 应用领域中得到了广泛的应用和推广。

采用 SFC 进行 PLC 应用编程的优点包括：

（1）在程序中可以直观地看到设备的动作顺序。SFC 程序是按照设备（或工艺）的动作顺序编写的，因此程序的规律性较强，容易读懂，且具有一定的可视性。

（2）在设备发生故障时，能很容易地找出故障所在位置。

（3）不需要复杂的互锁电路，更容易设计和维护系统。

根据国际电工委员会（IEC）标准，SFC 的标准结构为：状态或步＋该步工序中的动作或命令＋有向线段＋转移和转移条件⇒SFC，如图 3-1 所示。

SFC 程序的运行规则是：从初始状态或步开始执行，当每步的转移条件成立时，由当前状态或步转为执行下一步；在遇到 END 时，结束所有状态或步的运行。

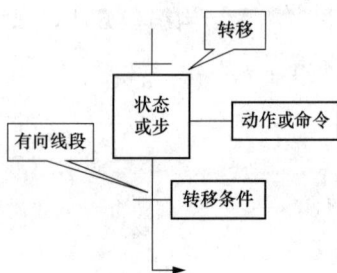

图 3-1 顺序功能图

SFC 最核心的部分就是状态或步、转移条件和转移方向，这三者为 SFC 的三要素。

状态或步是系统所处的阶段，根据输出量的状态变化划分。任何一步内，各个输出量状态保持不变，相邻的两步输出量总的状态不同。

转移条件是触发状态变化的条件，通常包括外部输入信号、内部编程元件触点信号和多个信号的逻辑组合等。

步与转移条件的示意图如图 3-2 所示。

3.1.2 顺序控制设计法举例

物件在传送带上移动的示意图如图 3-3 所示。控制要求是：物件在所示位置出发，传送带正转带动物件移动到右限位置，当物件碰到右限传感器时，传送带改变运行方向，传送带反转带动物件到达左限位置，停留在左限位置 3s，3s 后传送带正转物件又再次向右移动，到达传送带中间停止传感器处停下。

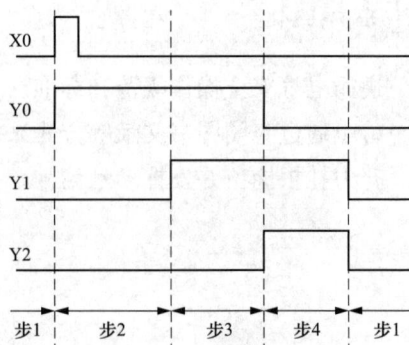

图 3-2 步与转移条件

图 3-3 物件移动示意图

这个例子可以使用梯形图编程的方法来完成。由于物件前两次在传送带上移动经过停止传感器时都没有停下，而最后一次却停下了，因此用梯形图编程有一定的难度。

这个例子是典型的顺序控制问题，很容易用顺序控制法编程。刚才提到的经过停止传感器却有不同操作的情况，在顺序控制编程中并非难题，为什么呢？编好程序后就会明白了。

使用顺序控制法编程，可以将这个控制要求分为几个工作状态或步，从一个工作状态或步到另一个工作状态或步，通过满足转移条件来实现，即按照图 3-1 所示的状态图来实现控制要求。

设置一个启动按钮，给它分配一个输入点 X0，其他 I/O 分配按图 3-2 所示。图 3-4 左边是按照状态转移法的设计思路来绘制状态转移图，将这个图按照 I/O 分配加入具体的元件，就成了右边的 SFC 顺序功能图。

这里 S 是状态寄存器，专门用于顺序功能图的编制，不用于状态存储时，也可以当作普通辅助寄存器使用。

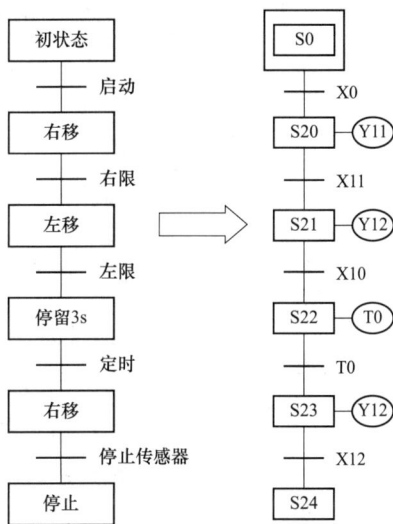

图 3-4 状态转移设计思路到 SFC 的实现

FX3U 系列 PLC 状态元件的分类及编号见表 3-1。

表 3-1 FX3U 系列 PLC 状态元件

类别	元件编号	点数	用途及特点
初始状态	S0～S9	10	用作顺序功能图（SFC）的初始状态
返回原点	S10～S19	10	多运行模式控制中，用作返回原点的状态
一般状态	S20～S499	480	用作顺序功能图（SFC）的中间状态
掉电保持状态	S500～S899	400	具有停电保持功能，用于停电恢复后需继续执行停电前状态的场合
信号报警状态	S900～S999	100	用作报警元件使用

每个状态后面的输出线圈即为进入该状态时要驱动的线圈，每个时刻只有一个状态称为工作状态，这时该状态所带的线圈得电动作。在该例中，每个状态仅带了一个输出线圈，但每个状态可以多个线圈并联。SFC 还有一个特点是不同状态可以输出同一个线

圈，这也很好地解决了在梯形图编程时要避免出现线圈多次输出的问题。

这样的物件移动程序就编写完成了，这是因为 PLC 有 SFC 编程法，可以将图 3-4 右边的 SFC 图输入到编程软件中，编程软件会将其自动转换为对应的梯形图。

3.2　SFC 单流程结构编程

3.2.1　单流程结构编程方法

单流程结构是顺序控制中最常见的一种流程结构，其结构特点是程序顺着工序步，步步为序地向后执行，中间没有任何的分支。图 3-5 为典型的单流程状态转移结构，即从初始状态 S2（可以在 S0～S9 选择任何一个状态寄存器），一路单向经过 S20、S21、S22、S23 后，再跳转至 S2，准备后续循环流程。单流程结构没有分支，因此控制相对简洁。

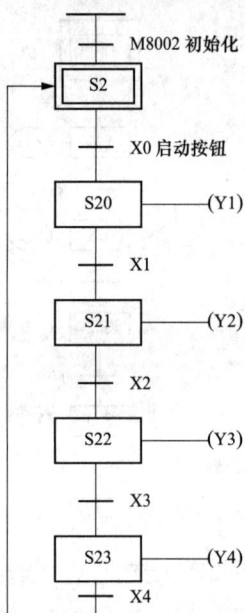

图 3-5　典型的单流程状态转移结构

3.2.2　工作台电动机控制 SFC 编程

微课 14

【例 3-1】　工作台电动机控制 SFC 编程。

任务要求：某工作台电动机用 FX3U 进行控制，示意图如图 3-6 所示，通过一启动按钮实现前进和后退功能，具体操作流程如下：

工作台电动机控制 SFC 编程

（1）按下启动按钮，电动机前进，当限位开关 SQ1 动作（动合触点动作为 ON）后，电动机立即后退。

（2）电动机后退触发限位开关 SQ2，停止 5s 后再次前进，电动机经过 SQ1 时不停机，到达 SQ3 位置，SQ3 动作后，电动机立即后退。

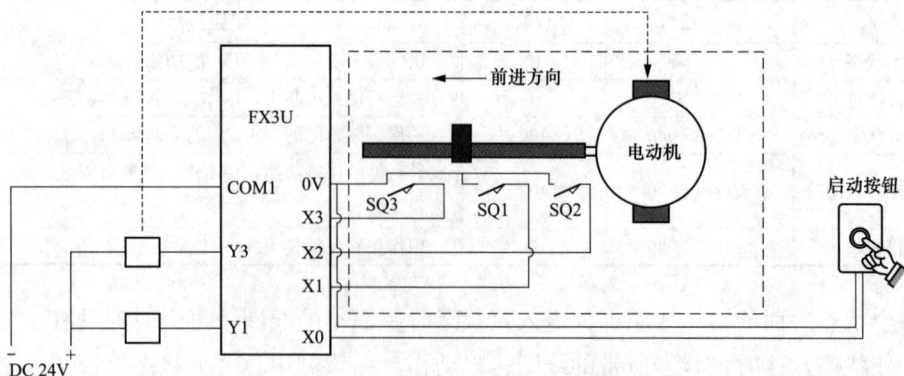

图 3-6　工作台电动机控制示意图

（3）后退到 SQ2 位置时，SQ2 动作，电动机停止运行。

（4）以上为一个循环动作（见图 3-7），如需要重复，则继续（1）～（4）的动作。

实施步骤：

步骤 1：建立 I/O 分配表，见表 3-2。

步骤 2：创建状态转移结构图。将本案例的动作分成各个状态和转移条件，创建状态转移结构图如图 3-8 所示。其中初始状态为 S0，中间状态为 S20～S24，转移条件分别为按钮、限位开关和定时器。

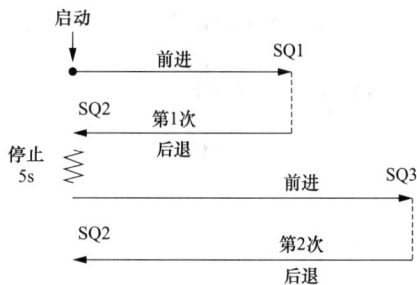

图 3-7　动作过程

表 3-2　　　　　　　　　　　例 3-1 I/O 分配表

输入	功能	输出	功能
X0	启动按钮	Y1	电动机前进
X1	LS1 限位开关	Y3	电动机后退
X2	LS2 限位开关		
X3	LS3 限位开关		

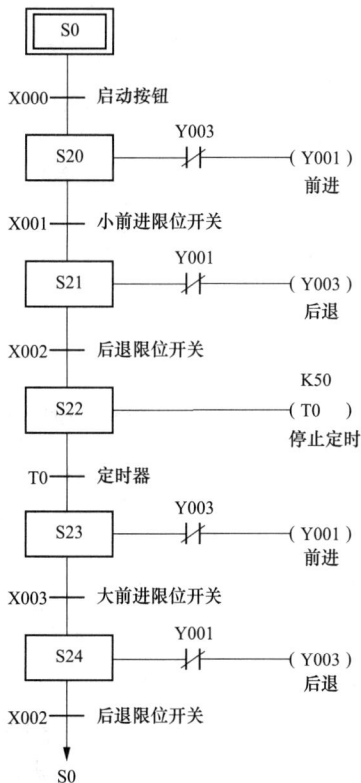

图 3-8　状态转移结构图

步骤 3：程序图编写。根据软元件的分配情况以及 SFC 程序的特殊情况，编写的程

图 3-9　用于使初始状态置 ON 的程序

序图共分两部分：第一部分为用于使初始状态置 ON 的程序，为梯形图块，如图 3-9 所示；第二部分为 SFC 块，包括状态编号及转移条件等，如图 3-10 所示。需要注意的是，X000 触点驱动的不是线圈，而是 TRAN 符号，意思是表示转移（Transfer）。在 SFC 程序中，所有的转移都用 TRAN 表示，不可以采用［SET S＊＊］语句表示，否则将告知出错。

步骤 4：SFC 程序软件操作。

（1）启动 GX Works2 编程软件，单击"工程"菜单，再单击"新建"命令，如图 3-11 所示。需要选择三菱系列的 CPU 和 PLC，以符合对应系列的编程代码，否则容易出错。同时，在程序语言中选择 SFC，而不是之前的梯形图。完成上述项目后单击"确定"按钮。

（2）如图 3-12 所示，在"块信息设置"窗口中，输入标题为"激活初始状态"。由于 SFC 程序由初始状态开始，因此初始状态必须激活，而激活的通用方法可以用一段梯形图来建立，且需要放在 SFC 程序的开头部分。在窗口中的块类型选择"梯形图块"，单击"执行"后进入下一步。

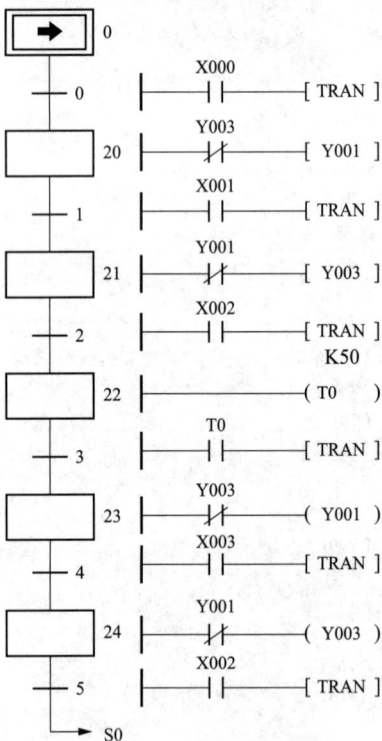

图 3-10　SFC 块

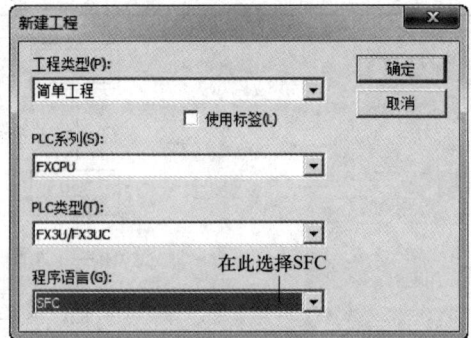

图 3-11　GX Works2 编程软件窗口

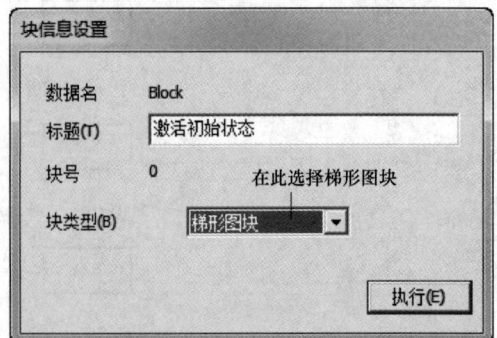

图 3-12　"块信息设置"窗口

（3）在图 3-13 所示的窗口中，编辑"激活初始状态"梯形图（见图 3-14），然后进行编译（F4 快捷键），直至看到程序块颜色从红色变为黑色。

程序块颜色从红色变为黑色

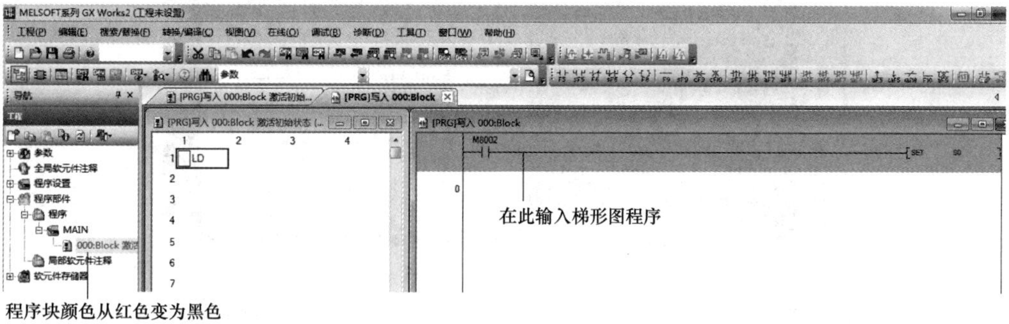

图 3-13　编辑"激活初始状态"梯形图

图 3-14　输入的梯形图程序

（4）在"工程"窗口中，右击 MAIN，出现如图 3-15 所示的菜单。然后选择"打开 SFC 块列表"，即出现如图 3-16 所示的块列表窗口，双击第二行，在弹出的"块信息设置"中对块号 1 进行设置，即选择块类型为"SFC 块"。接下来单击"执行"。

（5）在 SFC 程序编辑窗口中，窗口光标变成了空心矩形，如图 3-17 所示。然后编辑步号和转移号，此时出现的是左边的窗口光标和右边对应的程序光标，它们之间是一一对应的，即不同的步号和转移号有不同的程序。

（6）步号 0 没有程序，不需要编辑，将左侧窗口光标移至转移号"?0"，并在右侧窗口中输入转移条件 ┤X000├──────[TRAN]（见图 3-18），且只有选择［TRAN］（见图 3-19）。等编译通过后，转移号"?0"变成了"0"，即"?"消失。

图 3-15　打开 SFC 块列表

（7）如图 3-20 所示，左侧光标位置添加步号，跳出"SFC 符号输入"，图形符号选择 STEP，输入程序所需步号为 20，即 S20。单击"确定"后，即可插入步 S20。同时，输入该步的程序 ┤Y003├──────(Y001)，如图 3-21 所示，编译后进入下一步。

图 3-16　块信息设置

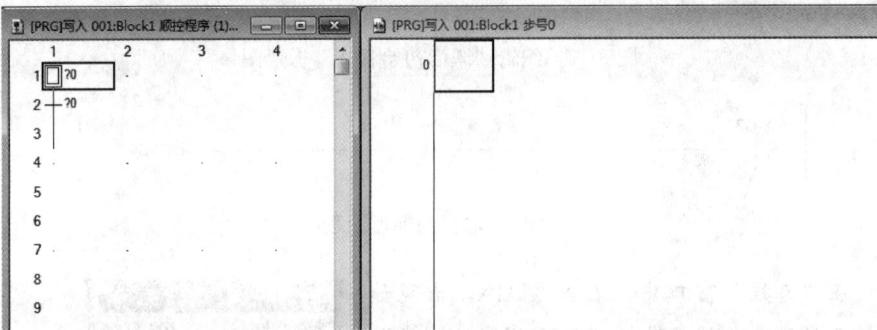

图 3-17　SFC 程序编辑窗口

图 3-18　输入转换条件

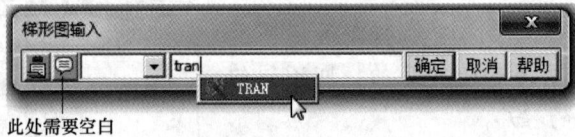

图 3-19　TRAN 输入

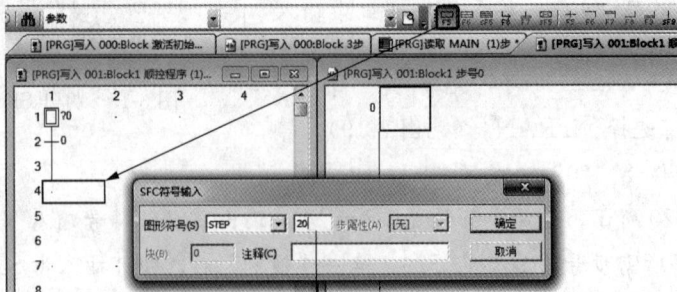

图 3-20　添加 S20

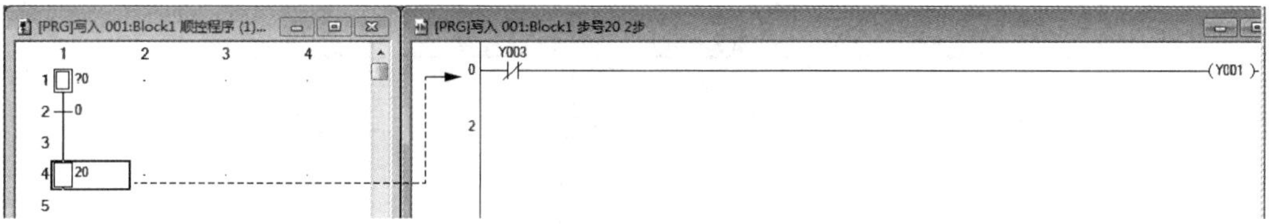

图 3-21　S20 的程序输入

（8）下移左侧窗口光标，添加转移号 TR1，如图 3-22 所示。并在右侧窗口中输入 TR1 的梯形图程序 ┤ X001 ├─────────┤ TRAN ├，如图 3-23 所示。

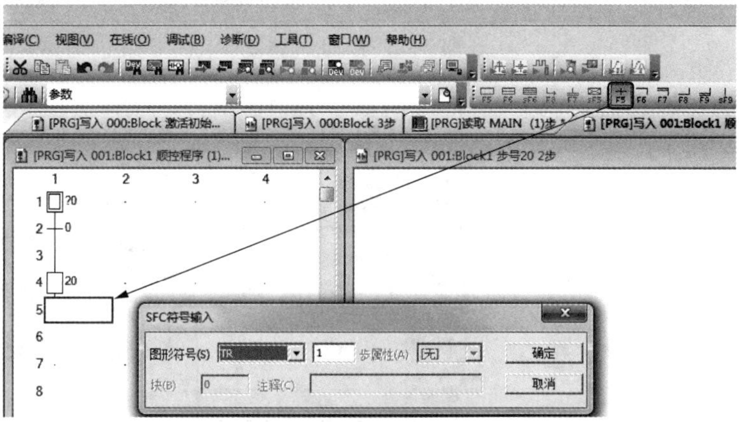

图 3-22　添加转移号 TR1

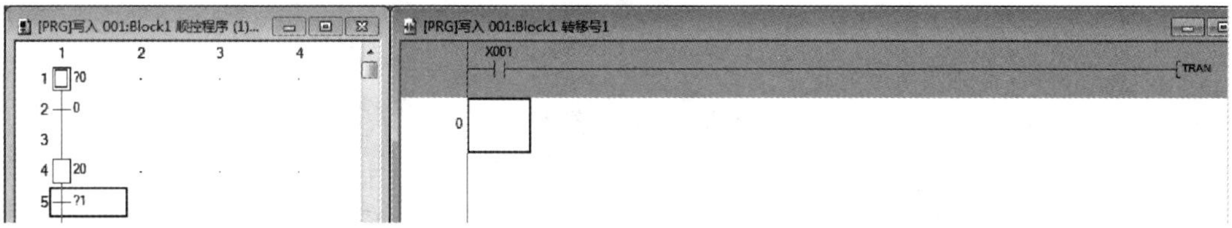

图 3-23　输入 TR1 的梯形图程序

（9）如图 3-24 所示，按照以上步骤依次添加 S21 及相关的程序 ┤ Y001 ├─────────（Y003）├。

（10）用相同的方法把控制系统一个周期内所有的通用状态编辑完毕，添加转移号 TR2、S22、TR3、S23、TR4、S24、TR5。最终在左边窗口中出现如图 3-25 所示的状态图。此时应该将 TR5 跳转到 S0，具体的操作步骤是单击菜单"编辑"→"SFC 符号"→"[JUMP] 跳转"，如图 3-26 所示。跳转的"SFC 符号的输入"如图 3-27 所示。

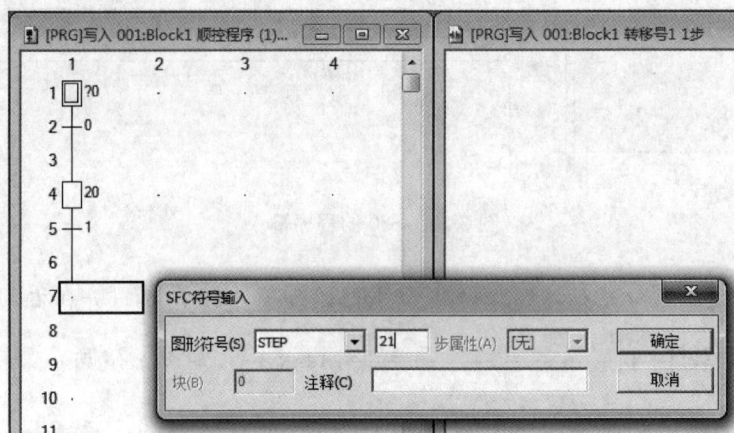

图 3-24　添加 S21

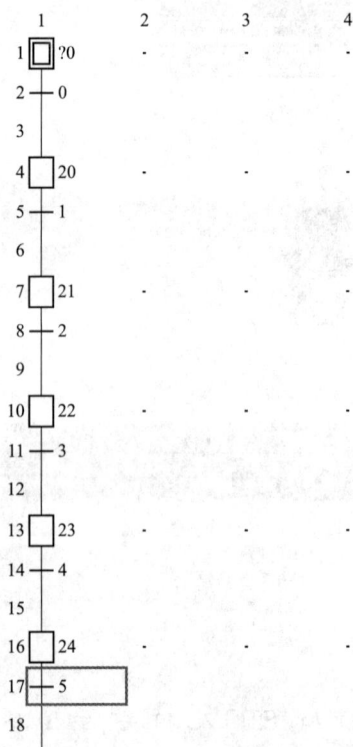

图 3-25　最终状态图

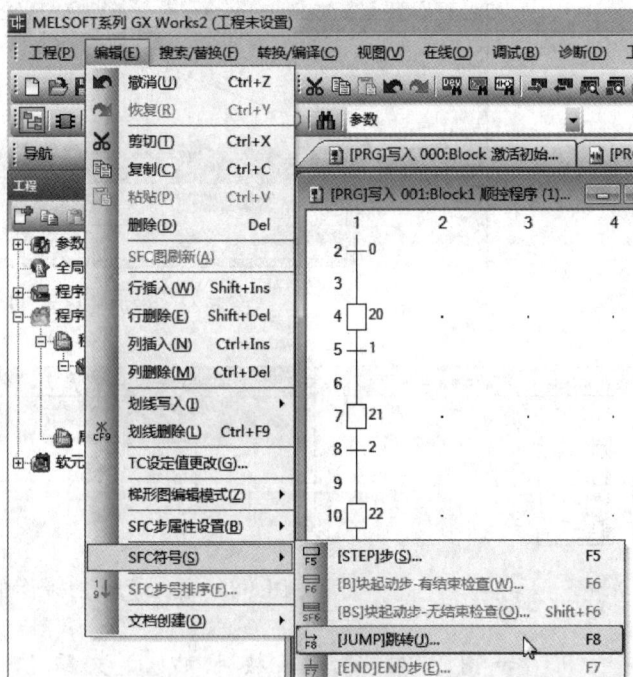

图 3-26　选择跳转

图 3-27　跳转的"SFC 符号输入"

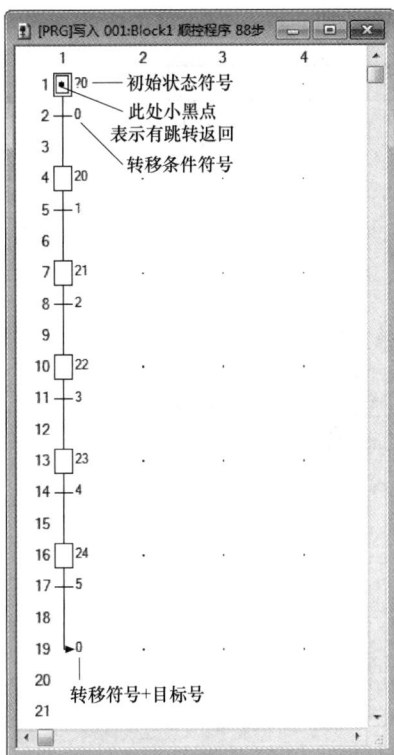

图 3-28　最终的 SFC 图

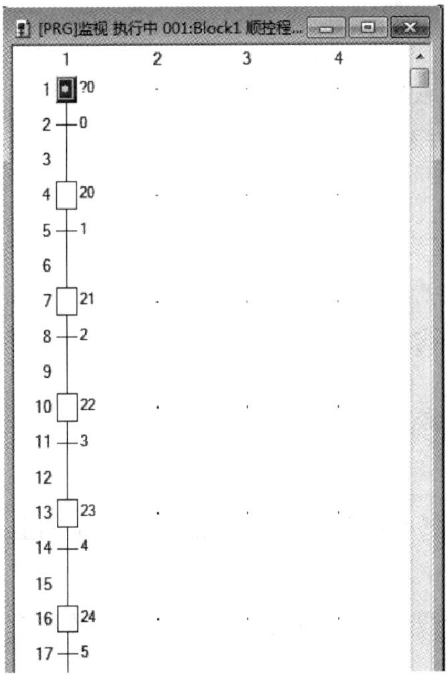

如图 3-28 所示，在有跳转返回指向的状态符号方框图中多出一个小黑点儿，这说明此工序步是跳转返回的目标步，这为阅读 SFC 程序提供了方便。

(11) 由于 SFC 程序块不同于梯形图，因此必须使用如图 3-29 所示的菜单命令，即单击“转换/编译”→“转换块”，其结果会在“输出”窗口中显示，如图 3-30 所示。

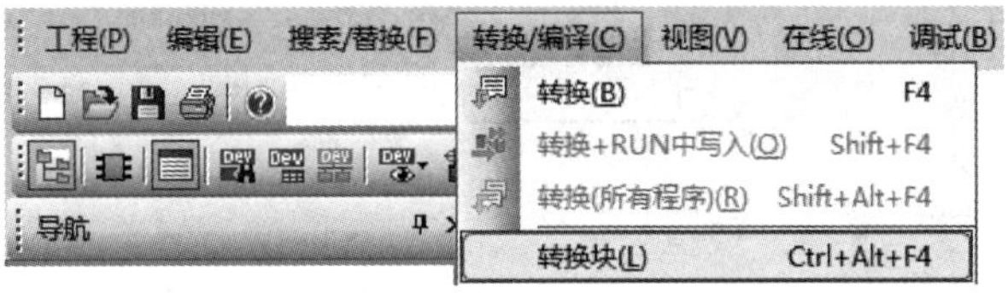

图 3-29　转换块菜单

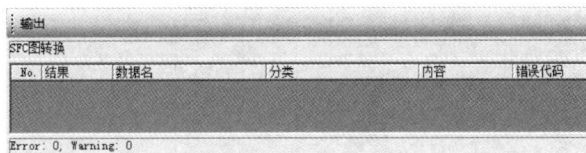

图 3-30　编译结果

图 3-31　SFC 中状态监控

(12) 在编译程序后即可下载程序到 PLC 中，并进行如图 3-31 所示的在线监控调试。其中的 S0 出现蓝色，即表示进入该步；当按下按钮，即 X0 接通后，则 ?0→20；X1 接通后，20→21；X2 接通后，21→22；开始 T0 定时，时间到后，22→23；X3 接通后，23→24；X2 接通后，24→?0，继续开始新一轮的状态控制。

3.2.3　电镀槽生产线 SFC 控制

【例 3-2】 电镀槽生产线 SFC 控制。

任务要求：

某电镀槽生产线示意图如图 3-32 所示，具体流程控制要求如下：

(1) 具有手动/自动切换功能，具有原点指示功能。

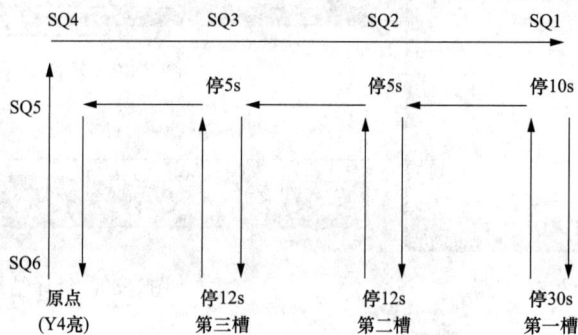

图 3-32　电镀槽生产线示意图

SQ1～SQ4—行车进退限位开关

SQ5、SQ6—吊钩上、下限位开关

（2）手动时，能实现吊钩上、下和行车左行、右行。

（3）自动时，按下自动位启动按钮后，能从原点开始按工作流程的箭头所指方向依次运行一个周期后回到原点，如需要下一个循环，则需要重新按下自动位启动按钮（见图 3-33）。

实施步骤：

步骤 1：建立 FX3U 的 I/O 分配表，见表 3-3。

步骤 2：程序编写。这里要建立两个程序，即主程序和自动程序，主程序用梯形图，自动程序用 SFC 块完成，如图 3-34 所示。

（1）主程序。如图 3-35 所示，主程序主要完成 S20～S37 的复位，手动方式的所有动作以及自动方式的 S0 触发。其中手动/自动采用 CJ 指令。

（2）自动程序。如图 3-36 所示，自动程序采用 SFC 块，都是单流程，图中的 S28～S29 不是跳转，而是直接一路向下。

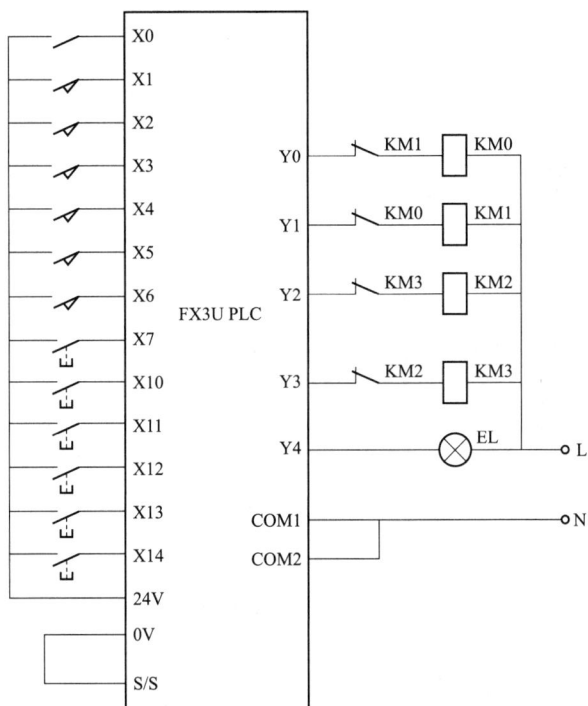

图 3-33   电镀槽生产线 I/O 接线图

表 3-3   例 3-2 I/O 分配表

输入	含义	输出	含义
X0	自动 ON/手动 OFF 切换	Y0	吊钩上
X1	SQ1 限位	Y1	吊钩下
X2	SQ2 限位	Y2	行车右行
X3	SQ3 限位	Y3	行车左行
X4	SQ4 限位	Y4	原点指示
X5	SQ5 限位		
X6	SQ6 限位		
X7	停止按钮		
X10	自动位启动按钮		
X11	手动向上		
X12	手动向下		
X13	手动向右		
X14	手动向左		

图 3-34   程序结构

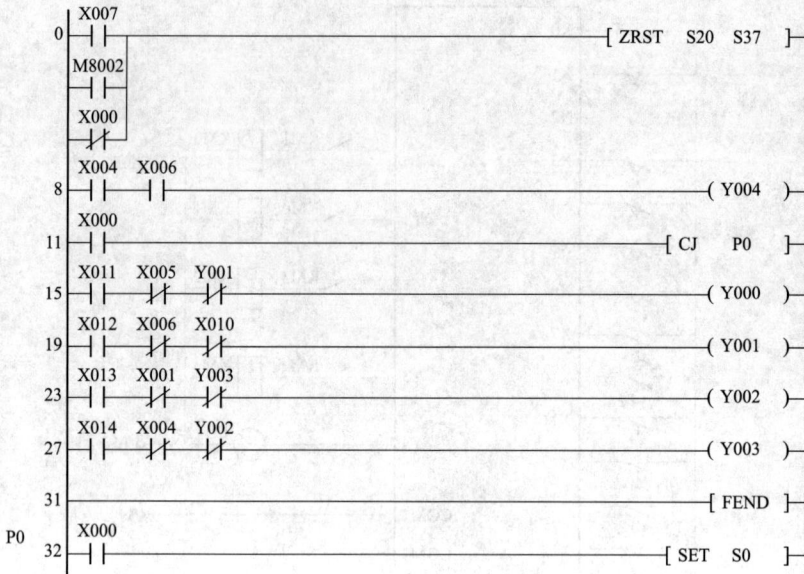

图 3-35　电镀槽生产线主程序

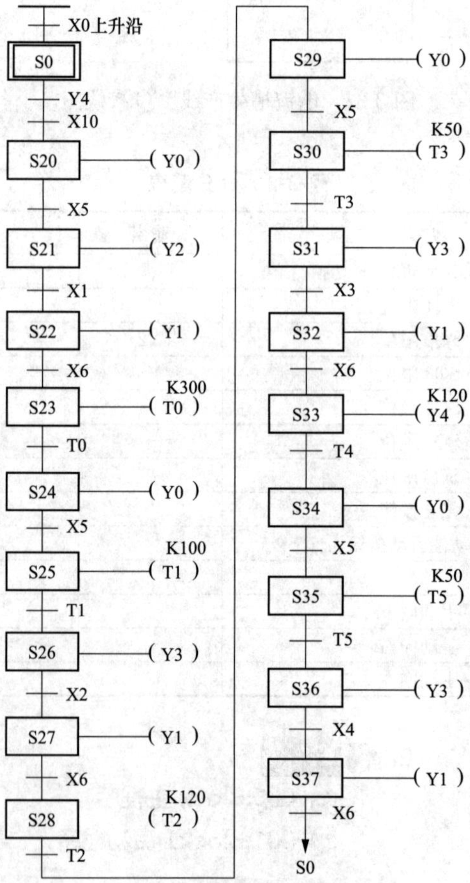

图 3-36　自动程序状态转移图

在电镀槽生产线中，单流程控制相对简洁，一般的转移多采用限位或定时器，状态的输出多是线圈与定时器。

3.3　SFC 多流程结构编程

3.3.1　多流程结构的编程方法

多流程结构是指状态与状态间有多个工作流程的 SFC 程序。多个工作流程之间通过并联方式进行连接，而并联连接的流程又可以分为选择性分支、并行分支、选择性汇合、并行汇合等几种连接方式。

1. 可选择的分支与汇合

当一个程序有多个分支时，各个分支之间是"或"关系。程序运行时，只选择运行其中的一个分支，而其他的分支不能运行，称为"可选择的分支"，它有选择条件。

图 3-37 中，分支选择条件 X1 和 X4 不能同时接通。在状态 S21 中，X1 和 X4 的状态决定了执行哪一条分支。当状态 S22 或 S24 接通时，S21 自动复位。状态 S26 由 S23 或 S25 转移置位，同时，前一状态 S23 或 S25 自动复位。

2. 并行的分支与汇合

当一个程序有多个分支时，各个分支之间是"和"关系，程序运行时，要运行完所有的分支，才能汇合。各程序之间没有选择条件，运行时可以不分先后。

图 3-38 中，当转移条件 X1 接通时，状态 S21 分两路同时进入 S22 和 S24，此后系统的两个分支并行工作，图中采用水平双线来强调并行工作的特性。

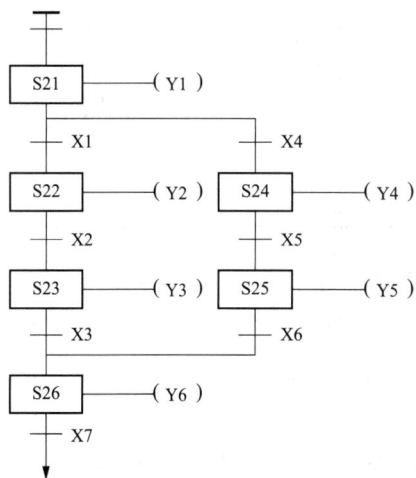

图 3-37　可选择的分支与汇合

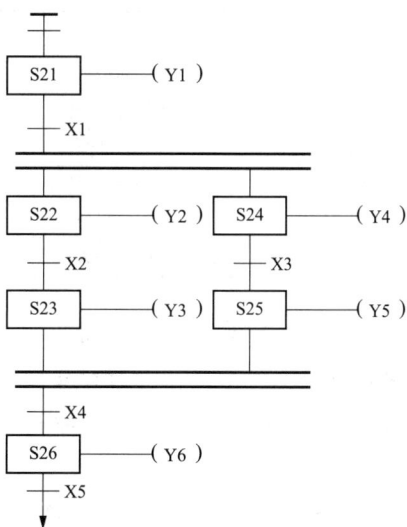

图 3-38　并行的分支与汇合

3.3.2 专用钻床 SFC 控制

【例 3-3】 专用钻床 SFC 控制。

任务要求： 如图 3-39 所示，某专用钻床用来加工圆盘状零件均匀分布的 3 对孔（6 个大小各异），操作人员放好工件后，按下启动按钮 X0，Y0 变为 ON 状态，随后工件被夹紧，夹紧后压力继电器 X1 为 ON 状态，Y1 和 Y3 使两个钻头同时开始工作，钻到由限位开关 X2 和 X4 设定的深度时，Y2 和 Y4 使两个钻头同时上行，升到由限位开关 X3 和 X5 设定的起始位置时停止上行。两个钻头都到位后，Y5 使工件旋转，旋转到位时，X6 为 ON 状态，同时设定值为 3 的计数器 C0 的当前值加 1，旋转结束后，又开始钻第二对孔。3 对孔都钻完后，计数器的当前值等于设定值 3，Y6 使工件松开，松开到位时，限位开关 X7 为 ON 状态，系统返回初始状态。

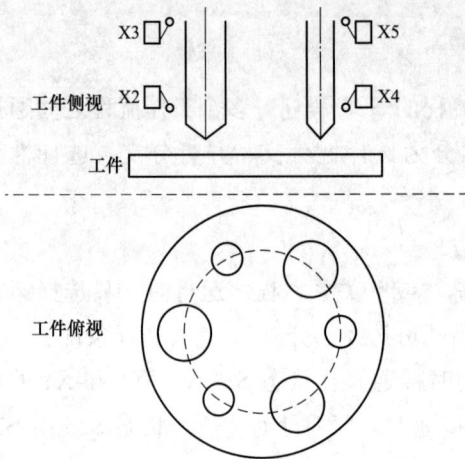

图 3-39 专用钻床

实施步骤：

步骤 1：列出 I/O 分配表。

根据例题要求写出输入/输出表，见表 3-4。

表 3-4   例 3-3 I/O 分配表

输入	功能	输出	功能
X0	启动按钮	Y0	工件夹紧
X1	压力继电器	Y1、Y3	两钻头下行
X2、X4	两钻孔限位	Y2、Y4	两钻头上行
X3、X5	两个钻头原始位	Y5	工作台旋转
X6	旋转限位	Y6	工作台松开
X7	工作松开限位		

步骤 2：分析 SFC 功能。如图 3-40 所示，需要同时采用并行分支结构和可选择分支结构，即从状态 S20 后进入并行分支结构，分别是 S21/S22/S23 与 S24/S25/S26；同时在 S27 后进入可选择分支结构，即一个分支 JUMP S20、一个分支进入状态 S28 后 JUMP S0。

步骤 3：SFC 程序编程。打开 GX Works2 软件，设置方法同单流程结构，建立两个块，如图 3-41 所示。

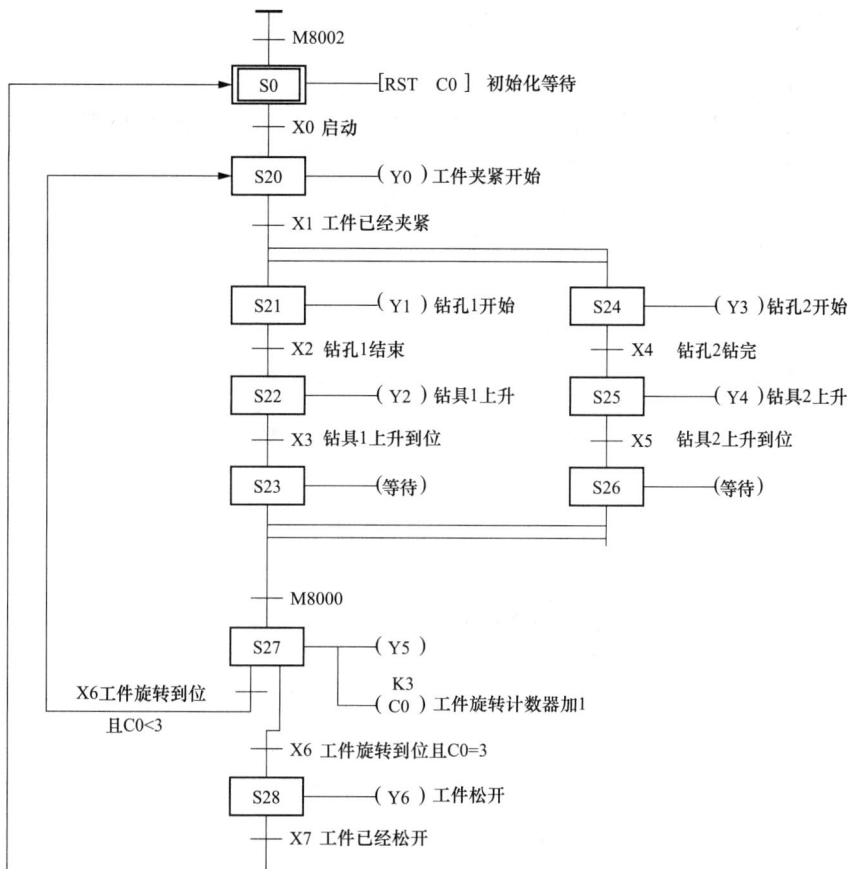

图 3-40 顺序控制功能图

本例中，利用 M8002 作为启动脉冲，在程序的第一块输入梯形图 ⊢—M8002—⊢———[SET S0]⊢ 。

要求初始状态时要做工作，复位 C0 计数器，因此对初始状态进行处理，将光标移到初始状态符号处，在右边窗口中输入梯形图（见图 3-42），接下来的状态转移程序输入与第一部分相同。

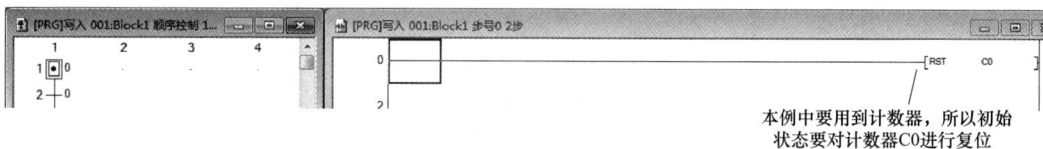

图 3-41 专用钻床程序块

图 3-42 初始状态 S0 编程

程序运行到 X1 为 ON 时（压力继电器动合触点闭合），要求两个钻头同时开始工作，程序开始分支（见图 3-43）。接下来输入并行分支，控制要求 X1 触点接通状态发生转移，将光标移到条件 1 方向线的下方，单击工具栏中的并行分支写入按钮 F7 ，就会跳

121

出"SFC 符号输入"窗口，选择"＝＝D"。

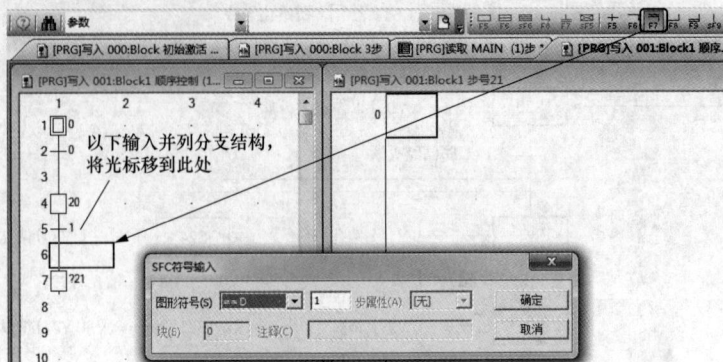

图 3-43　并行结构分支

并行分支线输入以后如图 3-44 所示。

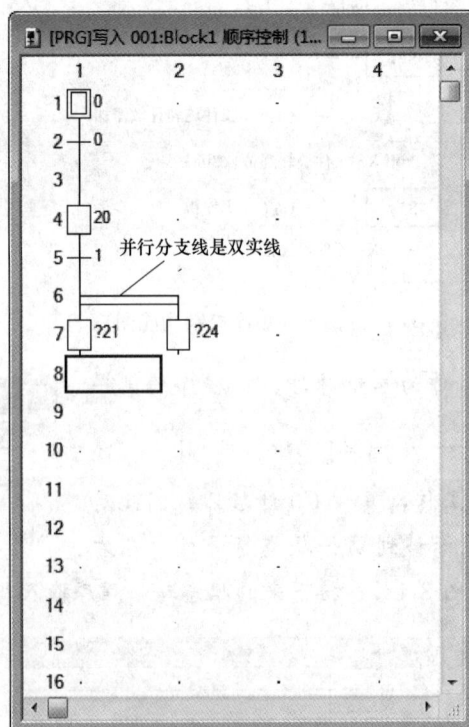

图 3-44　并行分支线输入后

接下来，分别在两个分支下面输入各自的状态符号和转移条件符号（见图 3-45）。图中每个分支表示一个钻头的工作状态。两个分支输入完成后要有分支汇合。将光标移到状态 S23 的下面，单击　弹出"SFC 符号输入"对话框，选择"＝＝C"项，单击"确定"按钮返回。

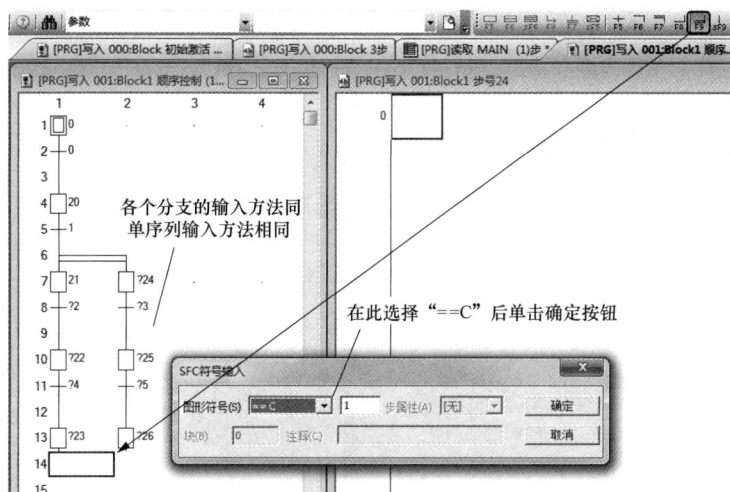

图 3-45　并行汇合符号的输入

继续输入程序，当两个并行分支汇合完毕后，此时钻头都已回到初始位置，接下来是工件旋转，程序如图 3-46 所示，输入完成后程序又出现了选择分支。将光标移到状态 S27 的下端，单击 F6 弹出 "SFC 符号输入" 对话框，在图标号下拉列表框中选择 "--D" 项，单击 "确定" 按钮返回 SFC 程序编辑区，这样可输入一个选择分支。

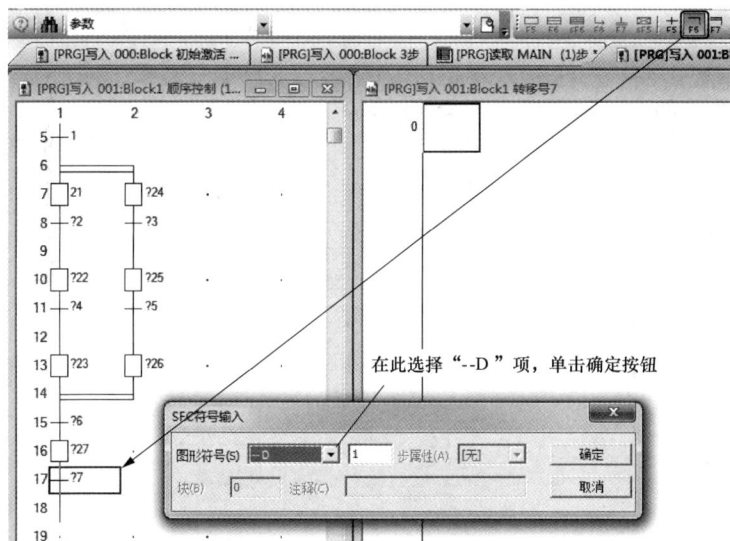

图 3-46　选择分支符号的输入

如图 3-47 所示，继续输入程序，在程序结尾处，看到本程序用到两个 JUMP 符号。在 SFC 程序中，状态的返回或跳转都用 JUMP 符号表示，因此在 SFC 程序中 符号可以多次使用，只需在 JUMP 符号后面加目的标号即可达到返回或跳转的目的。

完整的状态转移结构如图 3-48 所示。

这里仅列出重要的几个程序，如图 3-49 所示。

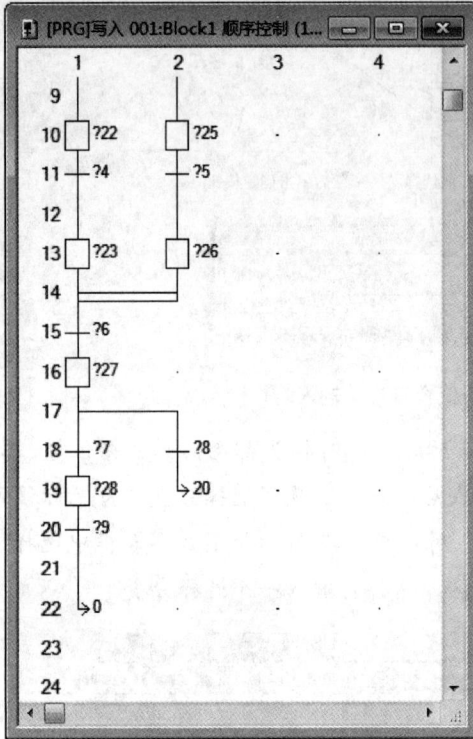

图 3-47　选择分支与 JUMP 符号

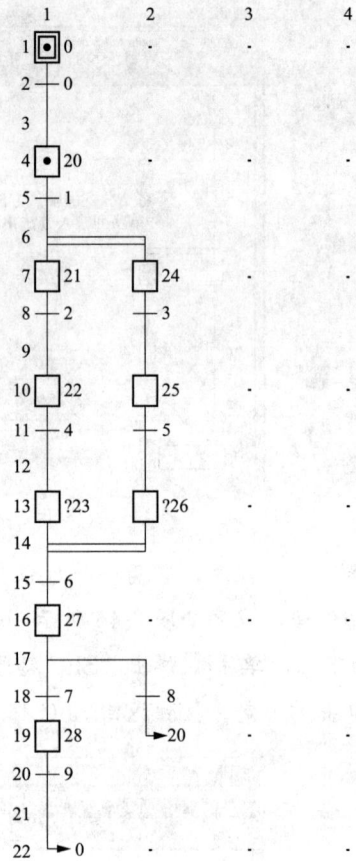

图 3-48　完整的程序

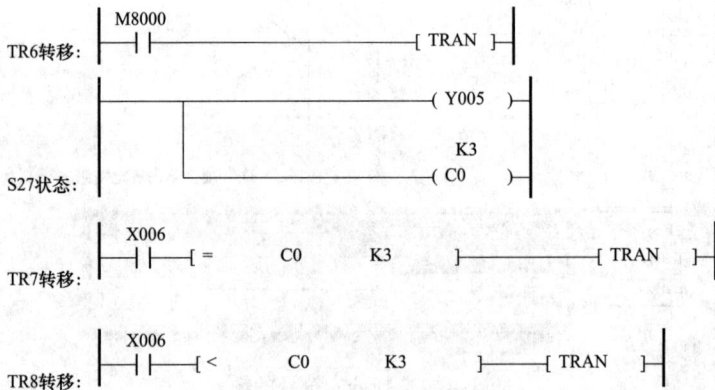

图 3-49　程序示例

步骤 4：SFC 程序的调试。由于采用了选择分支和并行分支，程序变得更加复杂。因此，在调试时，一定要注意记得编译，只有等所有的块编译成功之后才可以下载。

现在测试并行分支的进入情况。进入 S20 状态后的情况如图 3-50 所示。当 TR1 满足条件，即 X1 工件已经夹紧时，则同时进入 S21 和 S24 状态（见图 3-51）。

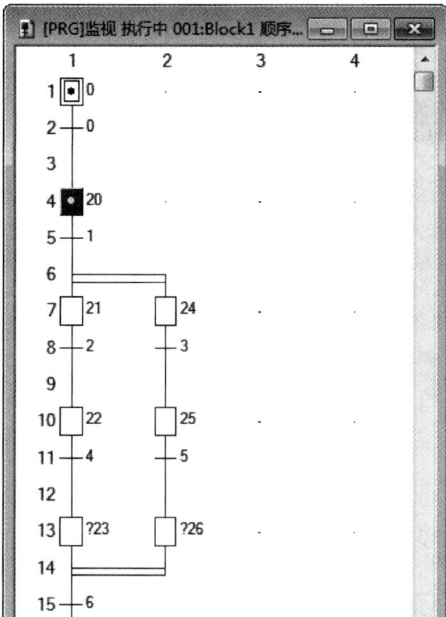

图 3-50　SFC 程序监控一

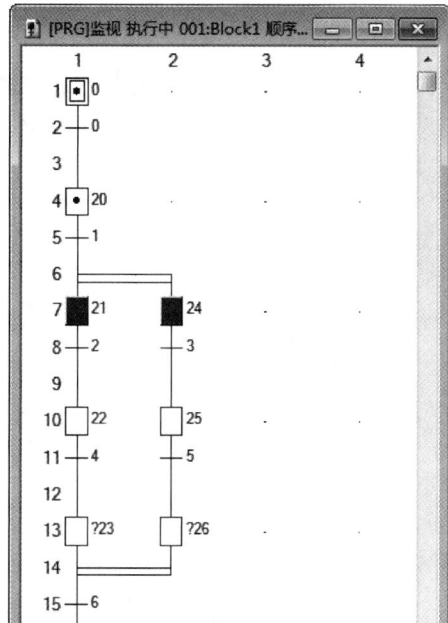

图 3-51　SFC 程序监控二

从图 3-52 可以看出，并行分支中的动作状态是不一致的。

待满足 S23 和 S26 都为 ON 条件的情况下，直接进入 TR6 后，再进入状态 S27（见图 3-53）。

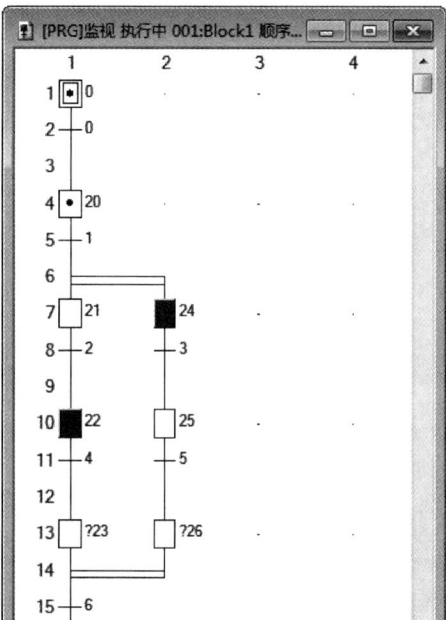

图 3-52　SFC 程序监控三

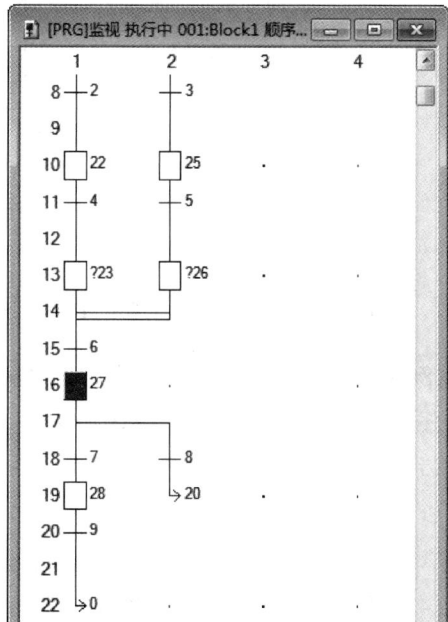

图 3-53　S27 SFC 程序监控四

S27 的程序监控如图 3-54 所示。满足 TR7 条件后移至 S28，如图 3-55 所示。

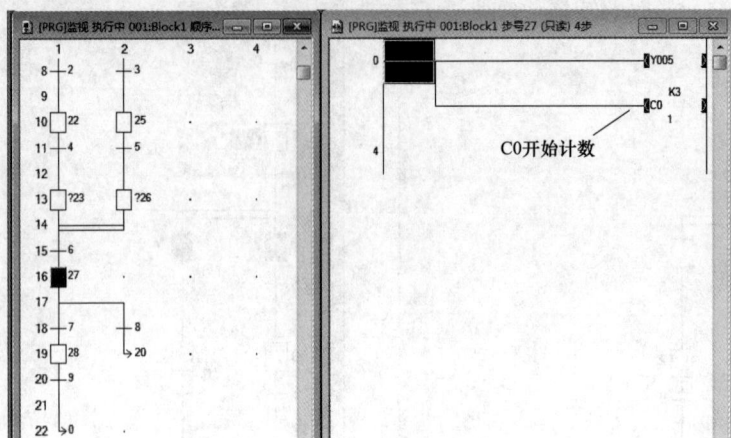

图 3-54　S27 的程序监控

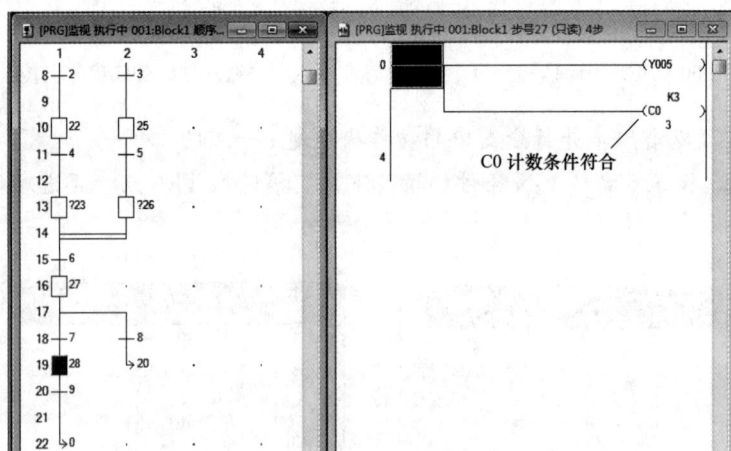

图 3-55　满足 TR7 条件后移至 S28

3.3.3　大小球分类选择性传送控制

【例 3-4】　大小球分类选择性传送控制。

任务要求： 大小球分类分拣传送控制示意图如图 3-56 所示，控制要求如下。

（1）在原点才能启动。

（2）动作顺序为下降、吸住球、上升、右行、下降、释放球、上升、左行、回原点。

（3）机械手下降且电磁铁压住大球时，下限位开关不通；压住小球时，下限位开关接通。

（4）有手动复位功能。

原点显示 ⊠

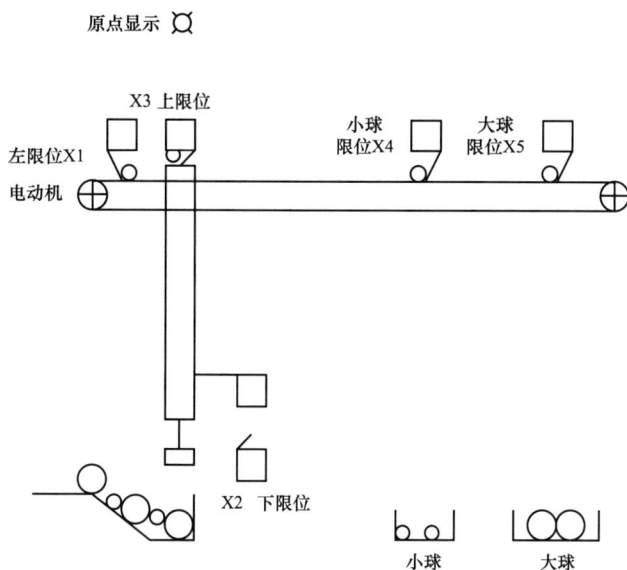

图 3-56 大小球分类选择传送控制图

实施步骤：

步骤 1：建立 I/O 分配表，见表 3-5。

表 3-5   例 3-4 I/O 分配表

输入	功能	输出	功能
X0	启动	Y0	下降
X1	左限位	Y1	抓球
X2	下限位	Y2	上升
X3	上限位	Y3	右移
X4	小球限位	Y4	左移
X5	大球限位	Y7	零位显示
X6	手动上升		
X7	手动左移		
X10	机械手松开		

步骤 2：建立状态转移图。图 3-57 为大小球分类选择传送 SFC 图，这里采用了选择分支，即在 S21 状态时，根据 T0 和 X2 的情况选择小球分拣或大球分拣，只能是 2 选 1；并在 S30 处汇合。

步骤 3：编写程序。按状态转移图编写程序，输入 PLC 运行，经调试和修改后，使运行的程序符合控制要求。

3.3.4 按钮式人行横道指示灯控制

【**例 3-5**】 按钮式人行横道指示灯控制。

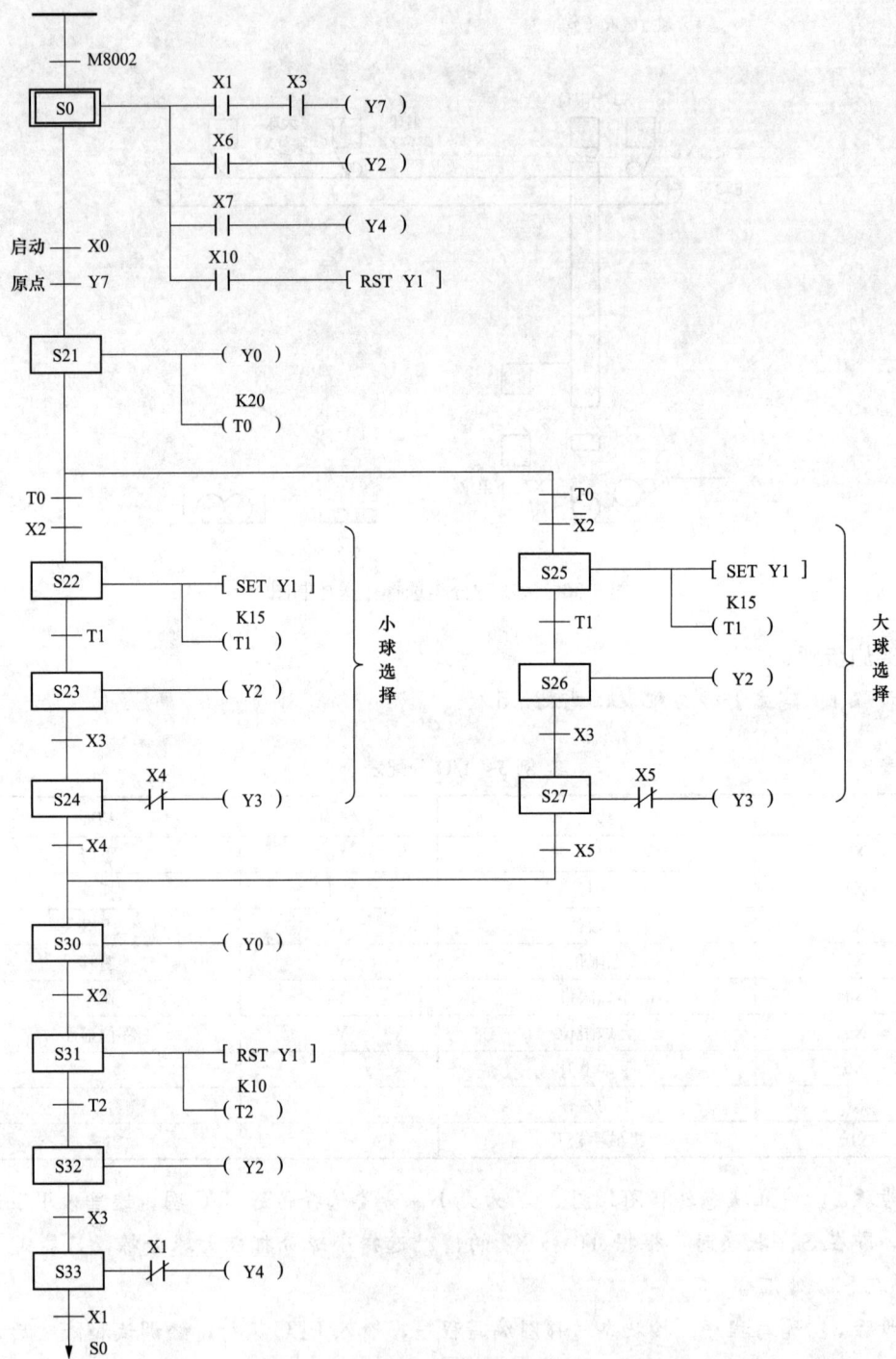

图 3-57　大小球分类选择传送 SFC 图

任务要求：按钮式人行横道指示灯示意图如图 3-58 所示。其中按钮为 X0 或 X1，交通灯按以下控制要求的顺序变化（见图 3-59），如交通灯已进入运行中，按钮将不起作用。

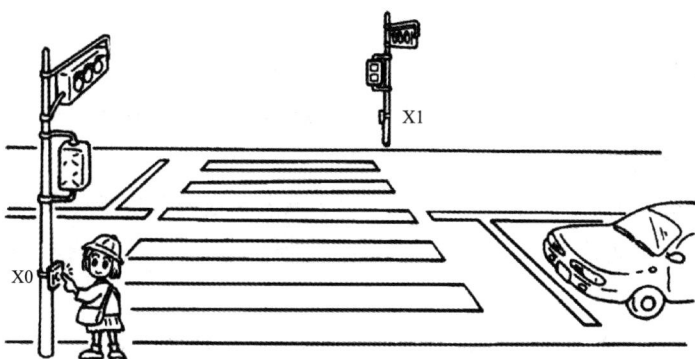

(a) 动作示意图

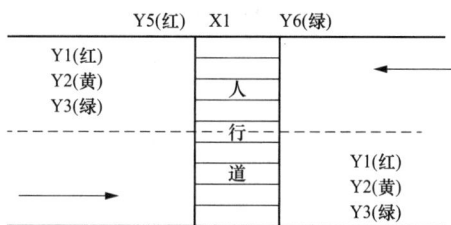

(b) 输入/输出示意图

图 3-58　按钮式人行横道指示灯示意图

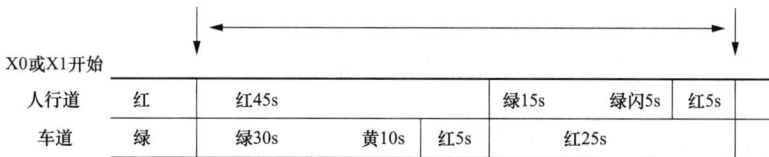

图 3-59　按钮式人行横道指示灯控制要求

实施步骤：

步骤 1：列出 I/O 分配表。按钮式人行横道指示灯控制输入/输出分配见表 3-6。

表 3-6　　　　　　　　　　　　　例 3-5 I/O 分配表

输入	功能	输出	功能
X0	右边按钮	Y1	车道红灯
X1	左边按钮	Y2	车道黄灯
		Y3	车道绿灯
		Y5	人行道红灯
		Y6	人行道绿灯

步骤 2：分析控制功能顺序。

(1) PLC 从 STOP 切换到 RUN 时，初始状态 S0 动作，通常车道为绿灯亮，人行道为红灯亮。

（2）若按人行横道按钮 X0 或 X1，则状态 S21 为车道绿灯亮，S30 为人行道红灯亮，此时的状态不变化。

（3）车道绿灯亮的时间 T0 为 30s，绿灯亮后车道变为黄灯亮的时间 T1 为 10s，黄灯后车道变为红灯亮。

（4）车道红灯亮的时间 T2 为 5s，5s 后 T2 触点接通人行道绿灯亮。

（5）人行道绿灯亮的时间 T3 为 15s，15s 后绿灯开始闪烁亮周期为 1s（S32＝暗，S33＝亮）。

（6）闪烁中 S32、S33 反复进行动作，计数器 C0 设定值为 5 次，当满足条件后，状态向 S34 转移，人行道变为红灯 5s 后，返回初始状态。

（7）在状态转移过程中，即使按动人行横道按钮 X0 或 X1 也无效。

步骤 3：绘制 SFC（见图 3-60）。本案例中采用了并行结构，即在 S0 开始后按下人行道按钮，分车道灯和人行道灯两种。同时在人行道中 S33 处又有选择结构，即根据计数器 C0 的次数，小于 5 次时跳转 S32 状态，等于 5 次时进入 S34 状态。

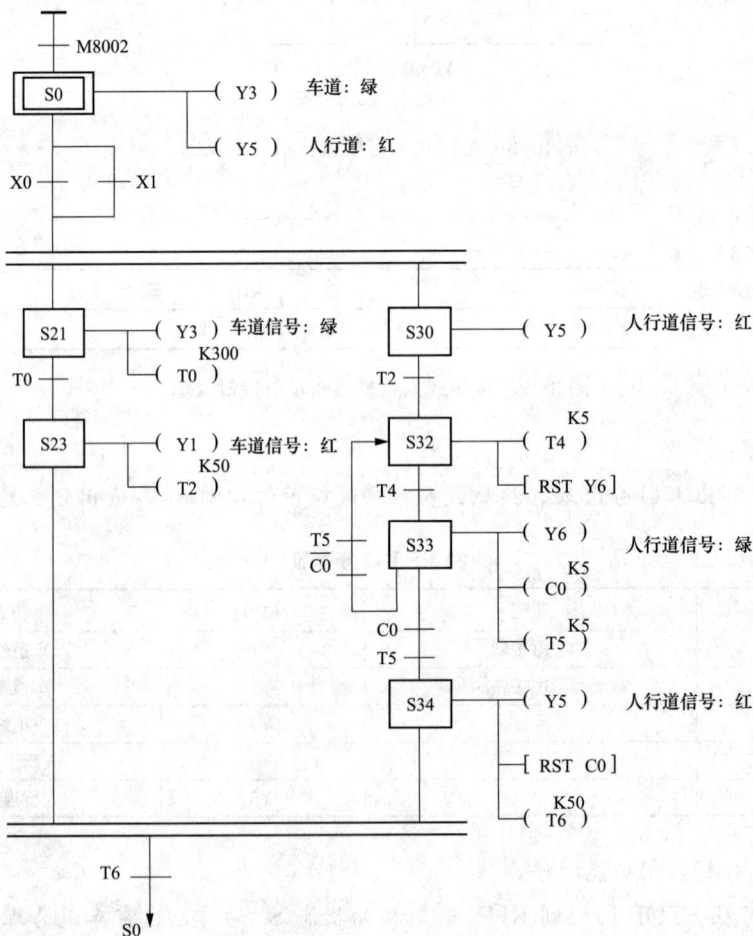

图 3-60　按钮式人行横道指示灯 SFC

3.3.5　多程序块的 SFC 编程

在实际工程案例中，经常会发现有多个不同的流程，这些流程相互之间可能有关联，也可能没有关联，这就会用到多程序块的 SFC 编程问题。图 3-61 为某应用中使用了 3 个程序块，即采用梯形图编程的初始化程序块、采用 SFC 编程的 SFC1 程序块和采用 SFC 编程的 SFC2 程序块。

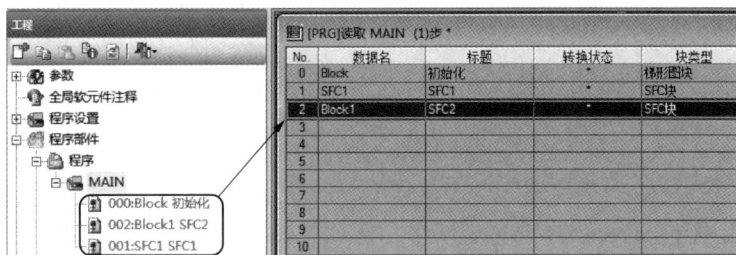

图 3-61　多程序块的 SFC 编程

其中初始化程序如图 3-62 所示，同时将 SFC1 程序块的初始状态 S0 和 SFC2 程序块的初始状态 S1 置位。

图 3-62　初始化程序

除了初始状态置位之外，还可以在梯形图程序块中进行编程，确保在某种条件下复位所有的状态，如图 3-63 所示。

图 3-63　复位程序

SFC1 程序块和 SFC2 程序块示意图如图 3-64 所示。

多程序块的 SFC 编程也可以应用在相互关联的 SFC 程序块之间，如图 3-65 所示。

📖 **拓展阅读**

HarmonyOS 的中文名"鸿蒙"有开天辟地的意思，英文名 Harmony 则象征着给世界带来更多的和平与方便。

2020 年，HarmonyOS 2 迎来了分布式软总线、分布式数据管理、分布式安全等能

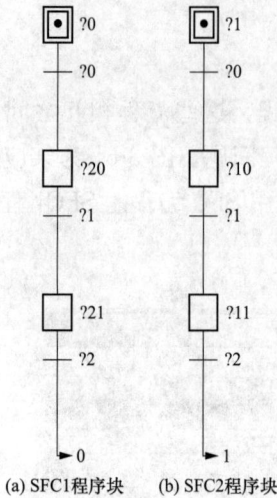

图 3-64　SFC1 程序块和 SFC2 程序块示意图

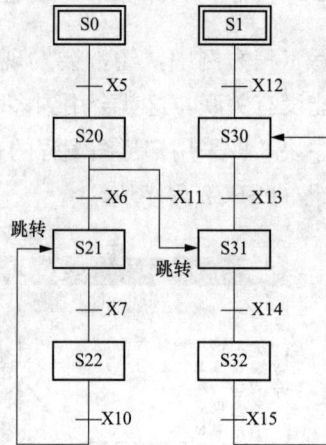

图 3-65　相互关联的 SFC 程序块

力的全面升级，同时发布了自适应的 UX 框架，大大提高了开发效率，并将系统的可靠性和安全性提升到了一个新高度，为后续新增的统一控制中心、超级终端一拉即合、万能卡片等全新特性奠定了基础。2021 年 6 月，搭载 HarmonyOS 2 的智能设备面世，开始确立了手机在鸿蒙全场景生态中的中心地位，全场景生态开始展现出惊人的潜力。

为了进一步拓展华为全场景生态能力，在 2022 年的 HDC 大会上，华为围绕智慧办公、智慧出行、智慧家居、运动健康和影音娱乐这五大场景，通过鸿蒙开发套件、领先的前沿技术与超过 30000 个开放 API，正式构建了鸿蒙新世界，并吸引全球开发者加入到鸿蒙生态中来。

到了 HarmonyOS 4，华为进一步强化了系统的 AI 能力，小艺智慧助手在 AI 的加持下更加智能，而华为方舟引擎的加入则提高了系统的流畅度。从手机系统的角度来看，HarmonyOS 4 已经近乎完美，但华为追求的始终是一个完全自研且独立于 iOS 和安卓的操作系统。于是，HarmonyOS NEXT 应运而生。

作为当前移动操作系统的第三级，HarmonyOS NEXT 有着众多独特之处。比如，鸿蒙内核架构和分布式技术能够在手机、平板、智能家居、车载系统等多个设备之间实现无缝协作。在多个系统中操作均有着统一的操作逻辑，不同设备之间的互联也更简便。例如，手机与车机的一碰连接、无缝流转，将全场景设备融合为一个整体，这和传统意义上的投屏、系统投屏等均有天壤之别。

🖥 任务评价

按要求完成考核任务，评分标准见表 3-7，具体配分可以根据实际考评情况进行调整。

表 3-7

评 分 标 准

序号	考核项目	考核内容及要求	配分	得分
1	职业道德与课程思政	遵守安全操作规程，设置安全措施； 认真负责，团结合作，对实操任务充满热情； 正确认识自研国产软件的重要性	15%	
2	系统方案制定	SFC 控制流程方案合理； PLC 控制电路图正确	15%	
3	编程能力	独立完成 SFC 单流程调试； 独立完成 SFC 多流程调试	20%	
4	操作能力	根据电气图正确接线，美观且可靠； 正确输入程序并进行程序调试； 根据系统功能进行正确操作演示	25%	
5	实践效果	系统工作可靠，满足工作要求； 按规定的时间完成任务	15%	
6	创新实践	在本任务中有另辟蹊径、独树一帜的实践内容	10%	
	合计		100%	

思考与练习

3.1 试使用 SFC 编程方法完成滑块在机械轴上的左右往返运动。滑块的左右运动通过一个电动机的正反转来完成；要求启动后，滑块从起始位置先向左滑动，到达左限位后，停 10s，后向右滑动，到达右限位后，停 10s，向左滑动，循环往复；当按下停止按钮，滑块停止。

3.2 试使用 SFC 编程方法完成全自动工业洗衣机的控制。工作流程由进水、洗衣、排水和脱水四个过程组成。打开进水阀，当水位传感器检测水位到位时，关闭进水阀开始洗衣，洗衣时洗衣电动机正转 1min 后反转 1min，依次交替 10 次，后进入排水。打开排水阀后，等待水位传感器检测水排净后进入脱水过程。脱水过程电动机正转 5min 停 1min，后又正转 5min，结束排水过程，蜂鸣器鸣叫 1min 结束。

3.3 冲床机械手的运动。在机械加工中经常使用冲床，某冲床机械手运动的示意如图 3-66 所示。初始状态时机械手在最左边（X4＝ON），冲头在最上面（X3＝ON），机械手松开（Y0＝OFF）。工作要求：按下启动按钮 X0，机械手夹紧，工件被夹紧并保持，2s 后机械手右行（Y1 被置位），直到碰到 X1，以后将顺序完成以下动作：冲头下行，冲头上行，机械手左行，机械手松开，延时 1s 后，系统返回初始状态。

试完成：

（1）写出 PLC 输入/输出分配表；

（2）画出状态转移图；

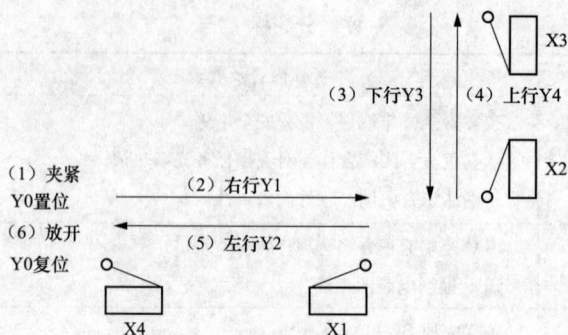

图 3-66　某冲床机械手运动的示意图

（3）编写步进梯形图和指令表程序。

3.4　有一小车运行过程如图 3-67 所示。小车原位在后退终端，当小车压下后限位开关 SQ1 时，按下启动按钮 SB1，小车前进，当运行至料斗下方时，前限位开关 SQ2 动作，此时打开料斗给小车加料，延时 8s 后关闭料斗，小车后退返回。SQ1 动作时，打开小车底门卸料，6s 后结束，完成一次动作。如此循环。按下停止按钮 SB2，所有驱动部件停止运行。

试完成：

（1）写出 PLC 输入/输出分配表；

（2）画出状态转移图；

（3）编写步进梯形图和指令表程序。

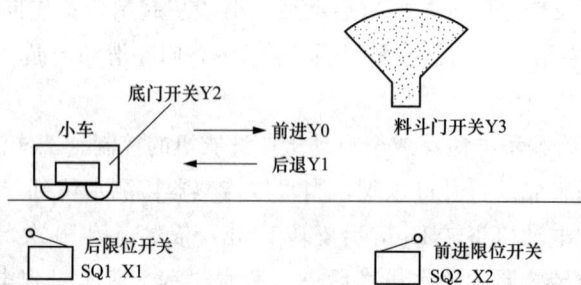

图 3-67　小车运行过程示意图

3.5　试设计一条用 PLC 控制的自动装卸线。自动线结构示意图如图 3-68 所示。装卸线操作过程：

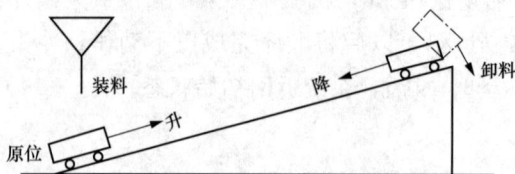

图 3-68　自动装卸线

（1）料车在原位，显示原位状态；按启动按钮，自动线开始工作；

（2）加料定时 5s，加料结束；

（3）延时 1s，料车上升；

（4）上升到位，自动停止移动；

（5）延时 1s，料车自动卸料；

（6）卸料 10s，料斗复位并下降；

（7）下降到原位，料车自动停止移动。

设计要求：

（1）具有单步、单周及连续循环操作；

（2）分配 PLC 地址，绘出 I/O 分配表、状态转移图、步进梯形图和指令表程序。

3.6　试完成机械手动作模拟的实验。实验面板图如图 3-69 所示，试列出 I/O 表，并进行实际连线，然后用 SFC 指令进行编制程序，最后进行调试。具体实验要求如下：

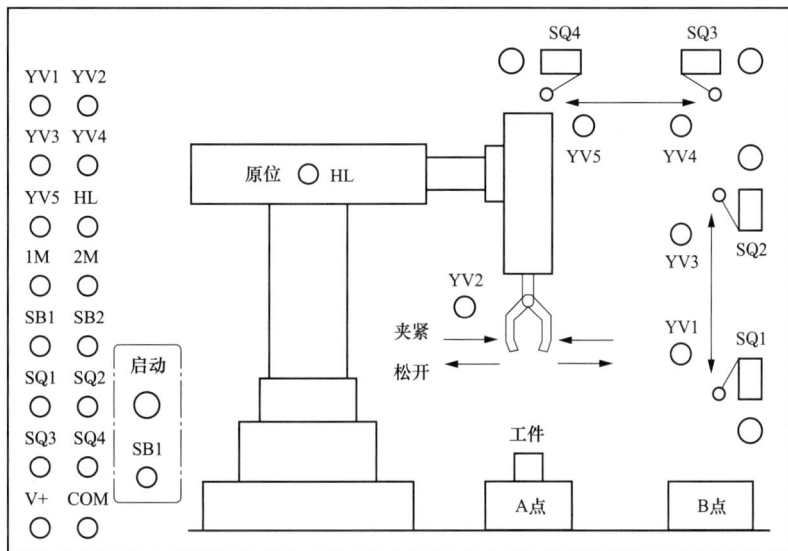

图 3-69　机械手动作模拟实验面板

本实验是将工件由 A 处传送到 B 处的机械手，上升/下降和左移/右移的执行用双线圈二位电磁阀推动气缸完成。当某个电磁阀线圈通电，就一直保持现有的机械动作。例如一旦下降的电磁阀线圈通电，机械手下降，即使线圈再断电，仍保持现有的下降动作状态，直到相反方向的线圈通电为止。另外，夹紧/放松由单线圈二位电磁阀推动气缸完成，线圈通电执行夹紧动作，线圈断电时执行放松动作。设备装有上、下限位和左、右限位开关，限位开关用钮子开关来模拟，所以在实验中应为点动。电磁阀和原位指示灯用发光二极管来模拟。本实验的起始状态应为原位（即 SQ2 与 SQ4 应为 ON，启动后马上打到 OFF），它的工作过程有八个动作，如图 3-70 所示。

3.7　试完成自动配料/四节传送带的实验内容。实验面板图如图 3-71 所示，请列出 I/O 表，并进行实际连线，然后用 SFC 指令进行编制程序，最后进行调试。具体实验要求如下：

本实验是一个用四条皮带运输机的传送系统，分别用四台电动机带动。启动时先启动最末一条皮带机，经过 1s 延时，再依次启动其他皮带机。停止时应先停止最前一条皮带机，待料运送完毕后再依次停止其他皮带机。当某条皮带机发生故障时，该皮带机及其前面的皮带机立即停止，而该皮带机以后的皮带机待运完后才停止。例如，M2 故障，M1、M2 立即停；经过 1s 延时后，M3 停；再过 1s，M4 停。当某条皮带机上有重物时，该皮带机前面的皮带机停止，该皮带机运行 1s 后停，而该皮带机以后的皮带机待料运完后才停止。例如，M3 上有重物，M1、M2 立即停，再过 1s，M4 停。

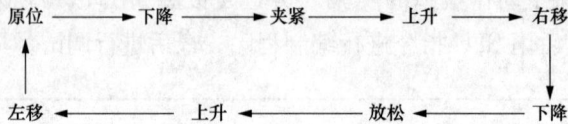

图 3-70　工作手工作过程

图 3-71　自动配料/四节传送带实验面板

FX系列PLC的步进与伺服控制

【导读】

PLC 作为一种典型的定位控制核心，主要归因于它具有高速脉冲输入、高速脉冲输出和定位控制模块等软硬件功能。一般而言，控制步进电动机或伺服电动机的脉冲由PLC 输出，并传送到相应的电动机驱动器（或放大器）后转化为轴向运动，以最终实现定位、定长等位置动作。三菱 FX3U 系列 PLC 实现定位控制的方式主要包括晶体管输出、定位模块等。通过多个工程实例，介绍了如何通过选择 PLC 的硬件方式、调用程序指令来实现对工作台电动机等负载对象的定位控制。

知识目标

了解步进控制的原理以及基本构成、接线方式。

了解定位控制指令的含义及应用。

掌握伺服驱动的原理以及驱动器与电动机的接线方式。

能力目标

能使用定位指令正确测试步进电动机运行。

根据控制要求，能进行步进控制系统的电气接线与编程。

根据控制要求，能进行伺服驱动器的电气接线与编程。

素养目标

培养认识新事物的能力，勇于尝试新技术解决工艺问题。

在增强学习的主动性和紧迫感的同时，更要懂得由浅入深、循序渐进。

了解我国自研的载人潜水器和空间机械臂，进一步增强民族自信心。

4.1 步进控制指令及应用

4.1.1 步进电动机分类及参数

步进电动机是利用电磁铁原理，将脉冲信号转换成线位移或角位移的电动机，即每来一个电平脉冲，电动机就转动一个角度，最终带动机械移动一小段距离（见图 4-1）。

通常按励磁方式可以将步进电动机分为三大类。

(1) 反应式：转子无绕组，定子开小齿，步距小，其应用最广。

(2) 永磁式：转子的极数等于每相定子极数，不开小齿，步距角较大，转矩较大。

(3) 感应子式（混合式）：开小齿，比永磁式转矩更大，动态性能更好，步距角更小。

如图 4-2 所示，步进电动机主要由两部分构成，即定子和转子，它们均由磁性材料构成。定子、转子铁心由软磁材料或硅钢片叠成凸极结构。步进电动机的定子、转子磁极上均有小齿，且齿数相等。

图 4-1 步进电动机工作原理   图 4-2 步进电动机拆解后的定子和转子

如图 4-3 所示，步进电动机为三相绕组，其定子有六个磁极，定子磁极上套有星形连接的三相控制绕组，每两个相对的磁极为一相并组成一相控制绕组。

1. 步进电动机的步距角

步进电动机的步距角表示控制系统每发送一个脉冲信号时电动机所转动的角度，也可以说，每输入一个脉冲信号，电动机转子转过的角度称为步距角，用 θ_s 表示。某两相步进电动机步距角 $\theta_s=1.8°$ 的示意图如图 4-4 所示。

步进电动机的特点是：来一个脉冲，转一个步距角，其角位移量或线位移量与电脉冲数成正比，即步进电动机的转动距离正比于施加到驱动器上的脉冲信号数（脉冲数）。步进电动机转动（电动机出力轴转动角度）和脉冲数的关系为

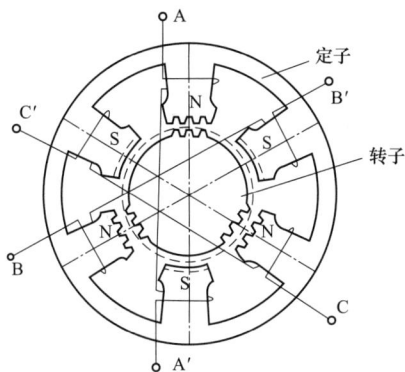

图 4-3　三相步进电动机　　　　图 4-4　步距角 1.8°（两相电动机）

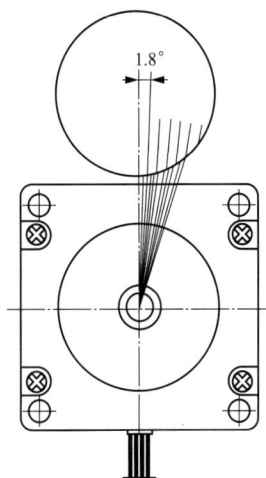

$$\theta = \theta_s A$$

式中：θ 为电动机出力轴转动角度（度）；θ_s 为步距角（度/步）；A 为脉冲数（个）。

根据这个公式，可以得出脉冲数与转动角度的关系，如图 4-5 所示。

图 4-5　脉冲数与转动角度的关系

2. 步进电动机的频率

控制脉冲频率，可控制步进电动机的转速，因为步进电动机的转速与施加到步进电动机驱动器上的脉冲信号频率成比例关系。

电动机的转速 N（r/min）与脉冲频率 f（Hz）的关系为（整步模式）

$$N = \frac{\theta_s}{360} \times f \times 60$$

根据这个公式，可以得出脉冲频率与转速的关系，如图 4-6 所示。

3. 步进电动机的选型与应用特点

一般而言，步进电动机的步距角、静转矩及电流三大要素确定之后，即可确定电动机的型号。目前市场上流行的步进电动机是以机座号（电动机外径）来划分的。根据机座号可分为 42BYG（BYG 为感应子式步进电动机代号）、57BYG、86BYG、110BYG 等

139

国际标准，而 70BYG、90BYG、130BYG 等均为国内标准。57 步进电动机外观及其接线端子如图 4-7 所示。

步进电动机转速越快，转矩越大，则要求电动机的电流越大，驱动电源的电压越高。电压对转矩的影响如图 4-8 所示。

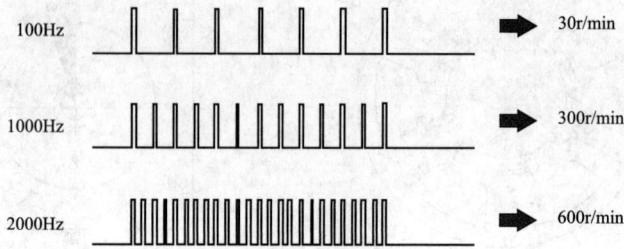

图 4-6　脉冲频率与转速的关系

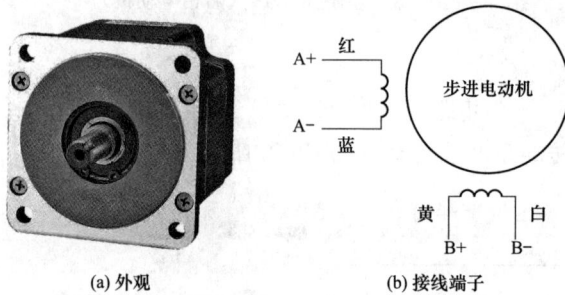

图 4-7　57 步进电动机外观及其接线端子

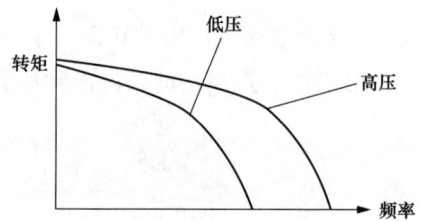

图 4-8　电压对转矩的影响

步进电动机的重要特征是高转矩、小体积。这些特征使得电动机具有优秀的加速性能和响应速度，非常适合应用在频繁启动和停止的场合（见图 4-9）。

绕组通电时，步进电动机具有全部的保持转矩，这就意味着步进电动机可以在不使用机械刹车的情况下保持在停止位置（见图 4-10）。

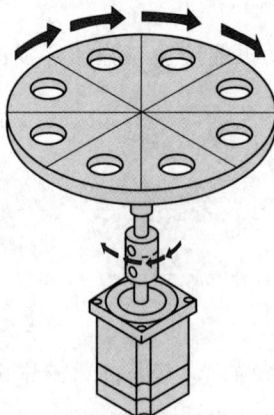

图 4-9　应用在频繁启动/停止场合

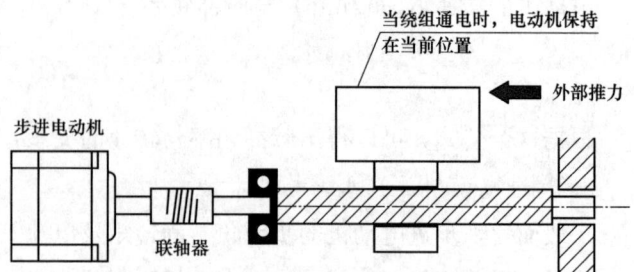

图 4-10　保持在停止位置

一旦电源被切断，步进电动机自身的保持转矩将丢失，电动机不能在垂直操作中或施加外力作用下保持在停止位置，此时在提升和其他相似应用中需要使用带电磁刹车的步进电动机（见图 4-11）。

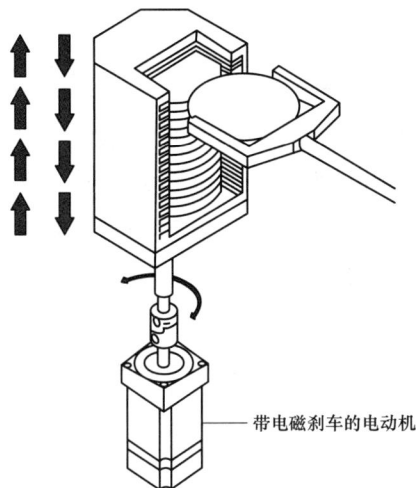

图 4-11　带电磁刹车的步进电动机

4.1.2　步进电动机驱动器的使用方法

步进电动机控制属于开环控制的范围，应用在定位精度一般的场合，比如机床的进刀、丝杠的定位等，这里简单介绍一下步进电动机驱动器的使用方法。

步进电动机驱动器的接线示意图如图 4-12 所示，其端子号及其含义见表 4-1。

图 4-12　步进电动机驱动器接线示意图

表 4-1　　　　　　　　　　　　　步进电动机驱动器端子号及其含义

端子号	含义
CP＋	脉冲正输入端
CP－	脉冲负输入端

续表

端子号	含义
DIR+	方向电平的正输入端
DIR−	方向电平的负输入端
PD+	脱机信号正输入端
PD−	脱机信号负输入端

步进电动机驱动器是将控制系统或控制器提供的弱电信号放大为步进电动机能够接收的强电流信号，控制系统提供给驱动器的信号主要有以下三种：

（1）步进脉冲信号 CP：CP 是最重要的信号，因为步进电动机驱动器的原理就是要将控制系统发出的脉冲信号转化为步进电动机的角位移。驱动器每接收一个脉冲信号 CP，就驱动步进电动机旋转一步距角，CP 的频率和步进电动机的转速成正比，CP 的脉冲个数决定了步进电动机旋转的角度。因此，通过脉冲信号 CP，控制系统可以达到电动机调速和定位的目的。

（2）方向电平信号 DIR：DIR 决定了电动机的旋转方向。比如，DIR 为高电平时，电动机为顺时针旋转；DIR 为低电平时，电动机为反方向逆时针旋转。此种换向方式又称为单脉冲方式。

（3）脱机信号 PD：PD 为选用信号，并不是必须要用的，而是只在一些特殊情况下使用。当输入一个 5V 电平时，电动机处于无转矩状态；当为高电平或悬空不接时，此功能无效，电动机可正常运行；若用户不需要此功能，只需将此端悬空即可。

4.1.3 FX3U 系列 PLC 实现定位控制的基础

FX3U 系列 PLC 可以实现定位控制的基础在于集成了高速计数口、高速脉冲输出口等硬件和相应的软件功能。如图 4-13 所示，PLC 输出脉冲和方向到驱动器（步进或伺服电动机），驱动器再将从 CPU 输入的给定值进行处理后，通过图 4-14 所示的三种方式输出到步进电动机或伺服电动机（包括晶体管输出、FX3U-2HSY-ADP、特殊功能模块），控制电动机加速、减速和移动到指定位置。

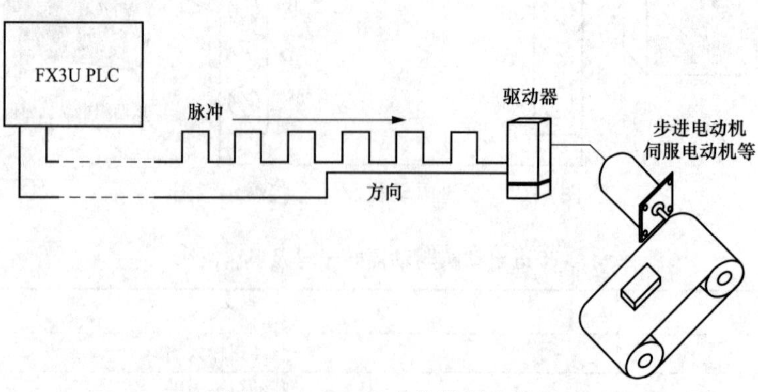

图 4-13　FX3U 定位控制应用

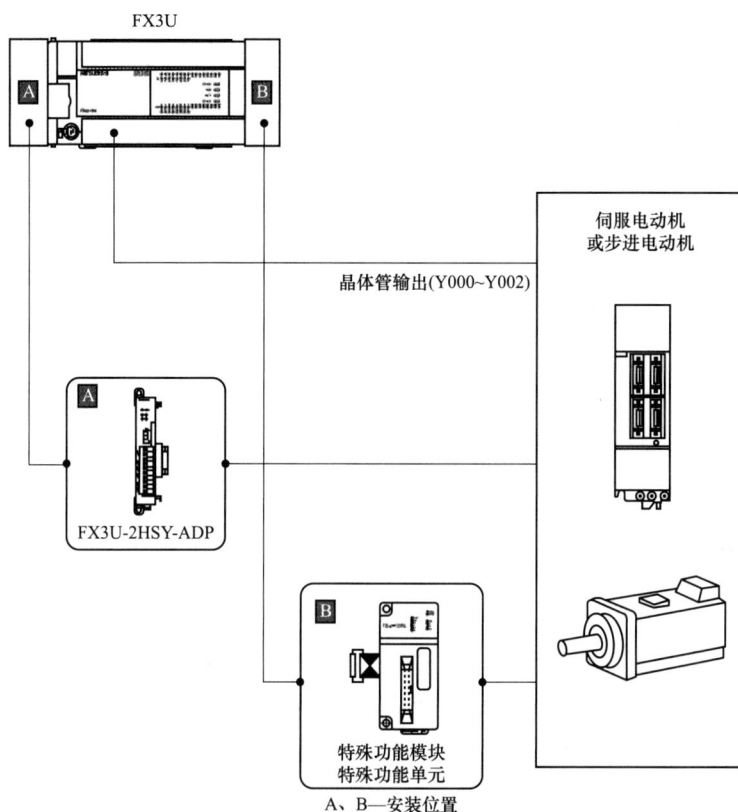

FX3U

伺服电动机
或步进电动机

晶体管输出(Y000~Y002)

FX3U-2HSY-ADP

特殊功能模块
特殊功能单元

A、B—安装位置

图 4-14　FX3U 定位控制的三种方式

其中，FX3U 晶体管输出和 FX3U-2HSY-ADP 的技术指标见表 4-2，特殊功能模块/单元的技术指标见表 4-3。

表 4-2　　　　　　　　　晶体管输出和 FX3U-2HSY-ADP 的技术指标

型号名称	轴数	频率（Hz）	控制单位	输出方式	输出形式	参考
FX3U 基本单元 （晶体管输出）	3 轴 （独立）	10～100000	脉冲	晶体管	脉冲＋方向	B 内置定位功能
特殊适配器 FX3U-2HSY-ADP	2 轴 （独立）	10～200000	脉冲	差动线性 驱动	脉冲＋方向或者 正、反转脉冲	B 内置定位功能

表 4-3　　　　　　　　　特殊功能模块/单元的技术指标

型号	轴数	频率（Hz）	控制单位	输出方式	输出形式
特殊功能模块					
FX3U-1PG	1 轴	1～200000	脉冲	晶体管	脉冲＋方向或者 正、反转脉冲
FX2N-1PG（-E）	1 轴	10～100000	脉冲	晶体管	脉冲＋方向或者 正、反转脉冲

型号	轴数	频率（Hz）	控制单位	输出方式	输出形式
FX2N-10PG	1 轴	1～100000	脉冲	差动线性驱动	脉冲＋方向或者正、反转脉冲
FX3U-20SSC-H	2 轴（独立/插补）	1～50000000	脉冲	SSCNET Ⅲ	
特殊功能单元					
FX2N-10GM	1 轴	1～200000	脉冲	晶体管	脉冲＋方向或者正、反转脉冲
FX2N-20GM	2 轴（独立/插补）	1～200000	脉冲	晶体管	脉冲＋方向或者正、反转脉冲

4.1.4 定位应用指令 PLSY

1. 实验装置

步进电动机与 PLC 的接线如图 4-15 所示，其中开关电源的选择与步进电动机驱动器有关，如果步进电动机驱动器是 5V，而开关电源为 DC 24V，建议在 Y0、Y1 输出端串接 2kΩ 电阻 R；FX3U 系列 PLC 选择晶体管输出，如 FX3U-32MT；注意步进电动机驱动器的接线与 PLC 端子对应，这里采用共阳接线方式；步进电动机驱动器与步进电动机采用两相或三相方式。以下案例中用到的实验装置及控制示意图如图 4-16 和图 4-17 所示。

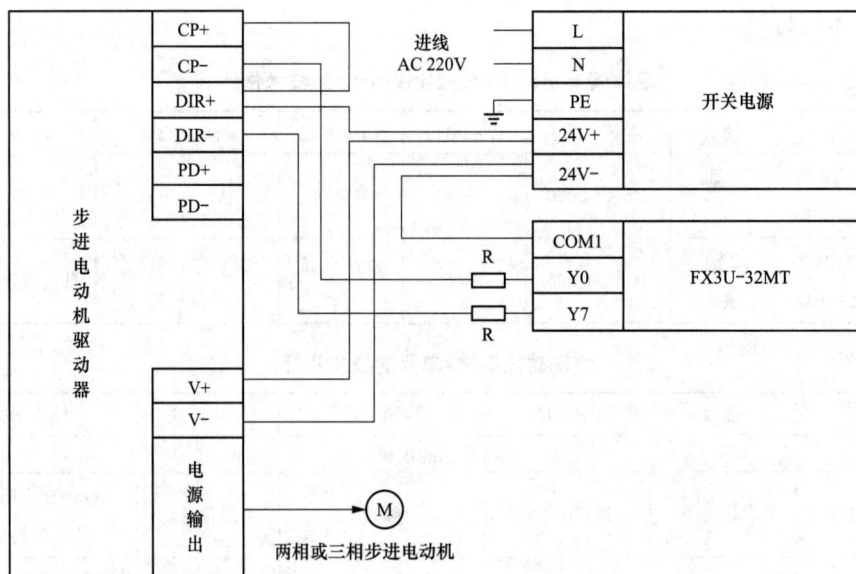

图 4-15　步进电动机与 PLC 的接线

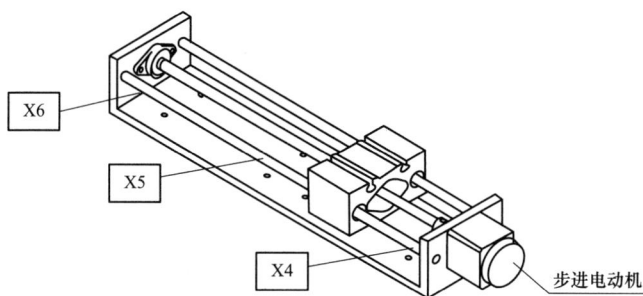

图 4-16　实验装置

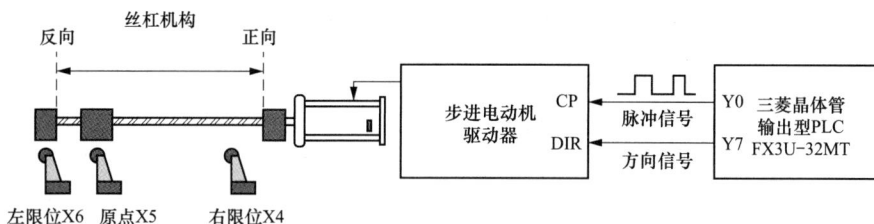

图 4-17　实验装置控制示意图

输入/输出表见表 4-4，如果正反转方向输出反了，可以直接交换步进电动机的相序。

表 4-4　　　　　　　　　　　　　　I/O 分配表

输入	功能	输出	功能
X0~X3	按钮 1~4	Y0	输出脉冲
X4/X6	右/左限位（位于原点右/左侧）	Y7	输出方向
X5	原点限位		

2. PLSY（发出脉冲信号）

PLSY（发出脉冲信号）指令的工作示意图如图 4-18 所示。

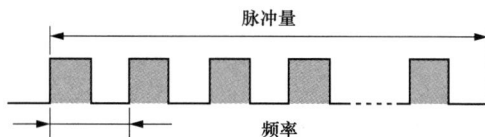

图 4-18　PLSY 工作示意图

PLSY 指令格式为：

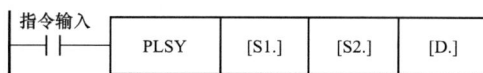

其中操作数说明见表 4-5，[S1.] 指定频率，允许设定范围为 $1 \sim 32767$Hz；[S2.] 指定发出的脉冲量，允许设定范围为 $1 \sim 32767$（PLS）；[D.] 指定有脉冲输出的 Y 编号，允许设定范围为 Y000、Y001。

145

表 4-5   PLSY 的操作数说明

操作数种类	内容
[S1.]	频率数据（Hz）或是保存数据的字软元件编号
[S2.]	脉冲量数据或是保存数据的字软元件编号
[D.]	输出脉冲的位软件元件（Y）编号

【例 4-1】 PLSY 指令实现正反转应用。

任务要求：在图 4-17 所示的实验装置中，FX3U-32MT 型 PLC 输出 Y0，Y7 为滑台电动机的脉冲和方向，输入 X0 为启动按钮，X1 为停止按钮，X2 为正反转切换按钮。请使用 PLSY 指令实现正反转控制。

实施步骤：

步骤 1：硬件接线。

硬件接线包括 PLC 与步进电动机、PLC 与限位开关、PLC 与按钮之间的接线，需要注意的是，由于限位开关有 NPN 和 PNP 两种，因此需要 S/S 接线。NPN 限位开关与 PLC 之间的接线如图 4-19 所示。

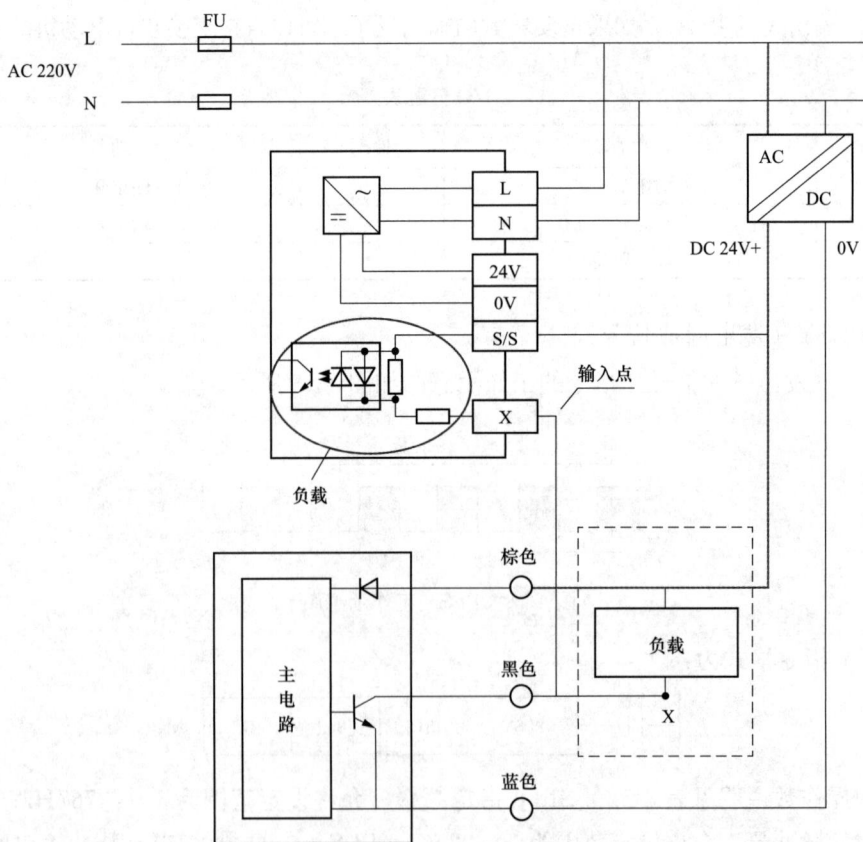

图 4-19 NPN 限位开关与 PLC 之间的接线

步骤 2：定位指令调用。

根据要求，用以下的梯形图来实现正反转功能（见图 4-20）。程序解释如下：M0 继电器是由按钮 X0 控制启动、按钮 X1 控制停止；当 M0＝ON 时，通过 ［PLSY K800 K3200 Y0］指令进行脉冲输出控制，其中每次动作为 3200 个脉冲，频率为 800Hz；通过按钮 X2 来切换输出方向 Y7，指令为 ALT。

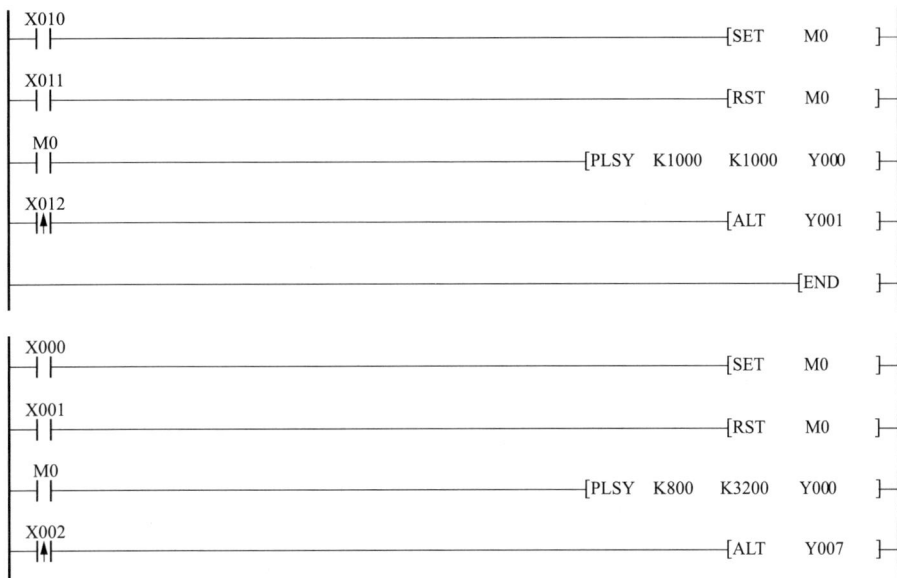

```
X010
 | |                                            [SET    M0  ]

X011
 | |                                            [RST    M0  ]

M0
 | |                            [PLSY   K1000    K1000   Y000 ]

X012
 |↑↓|                                           [ALT    Y001 ]

                                               [END        ]


X000
 | |                                            [SET    M0  ]

X001
 | |                                            [RST    M0  ]

M0
 | |                            [PLSY   K800     K3200   Y000 ]

X002
 |↑↓|                                           [ALT    Y007 ]
```

图 4-20　PLSY 指令实现正反转应用梯形图

在本次实例中发现一个问题，即当 1000 个脉冲发送完之后，无法进行第二次发送，必须重新将 M0 复位。为了解决这个问题，需要了解特殊辅助继电器和特殊数据寄存器。当 Y000、Y001、Y002、Y003 为脉冲输出端软元件时，其相关的特殊辅助继电器见表 4-6。

表 4-6　　　　　　　　　　　　　特 殊 辅 助 继 电 器

软元件编号				名称	属性	对象指令
Y000	Y001	Y002	Y003			
M8029				指令执行结束标志位	只读	PLSY/PLSR/DSZR/DVIT/ZRN/DRVI/DRVA 等
M8329				指令执行异常结束标志位	只读	PLSY/PLSR/DSZR/DVIT/ZRN/PLSV/DRVI/DRVA
M8338				加减速动作	可读可写	PLSV
M8336				中断输入指定功能有效	可读可写	DVIT

续表

软元件编号				名称	属性	对象指令
Y000	Y001	Y002	Y003			
M8340	M8350	M8360	M8370	脉冲输出中监控（BUSY/READY）	只读	PLSY/PLSR/DSZR/DVIT/ZRN/PLSV/DRVI/DRVA
M8341	M8351	M8361	M8371	清零信号输出功能有效	可读可写	DSZR/ZRN
M8342	M8352	M8362	M8372	原点回归方向指定	可读可写	DSZR
M8343	M8353	M8363	M8373	正转极限	可读可写	PLSY/PLSR/DSZR/DVIT/ZRN/PLSV/DRVI/DRVA
M8344	M8354	M8364	M8374	反转极限	可读可写	
M8345	M8355	M8365	M8375	近点信号逻辑反转	可读可写	DSZR
M8346	M8356	M8366	M8376	零点信号逻辑反转	可读可写	DSZR
M8347	M8357	M8367	M8377	中断信号逻辑反转	可读可写	DVIT
M8348	M8358	M8368	M8378	定位指令驱动中	只读	PLSY/PWM/PLSR/DSZR/DVIT/ZRN/PLSV/DRVI/DRVA
M8349	M8359	M8369	M8379	脉冲停止指令	可读可写	PLSY/PLSR/DSZR/DVIT/ZRN/PLSV/DRVI/DRVA
M8460	M8461	M8462	M8463	用户中断输入指令	可读可写	DVIT
M8464	M8465	M8466	M8467	清零信号软元件指定功能有效	可读可写	DSZR/ZRN

当 Y000、Y001、Y002、Y003 为脉冲输出端软元件时，其相关的特殊数据寄存器见表 4-7。

表 4-7　　　　特殊数据寄存器

软元件编号								名称	数据长	初始值	对象指令
Y000		Y001		Y002		Y003					
D8336								中断输入指定	16 位	—	DVIT
D8340	低位	D8350	低位	D8360	低位	D8370	低位	当前值寄存器［PLS］	32 位	0	DSZR/DVIT/ZRN/PLSV/DRVI/DRVA
D8341	高位	D8351	高位	D8361	高位	D8371	高位				
D8342		D8352		D8362		D8372		基底频率［Hz］	16 位	0	DSZR/DVIT/ZRN/PLSV/DRVI/DRVA
D8343	低位	D8353	低位	D8363	低位	D8373	低位	最高频率［Hz］	32 位	100000	DSZR/DVIT/ZRN/PLSV/DRVI/DRVA
D8344	高位	D8354	高位	D8364	高位	D8374	高位				

软元件编号								名称	数据长	初始值	对象指令
Y000		Y001		Y002		Y003					
D8345		D8355		D8365		D8375		爬行频率 [Hz]	16 位	1000	DSZR
D8346	低位	D8356	低位	D8366	低位	D8376	低位	原点回归频率 [Hz]	32 位	50000	DSZR
D8347	高位	D8357	高位	D8367	高位	D8377	高位				
D8348		D8358		D8368		D8378		加速时间 [ms]	16 位	100	DSZR/DVIT/ ZRN/PLSV/ DRVI/DRVA
D8349		D8359		D8369		D8379		减速时间 [ms]	16 位	100	DSZR/DVIT/ ZRN/PLSV/ DRVI/DRVA
D8464		D8465		D8466		D8467		清零信号 软元件指定	16 位	—	DSZR/ZRN

本例可以再增加一行，通过 M8029 的变化来复位 M0，这样就不用手动复位了，具体如图 4-21 所示。

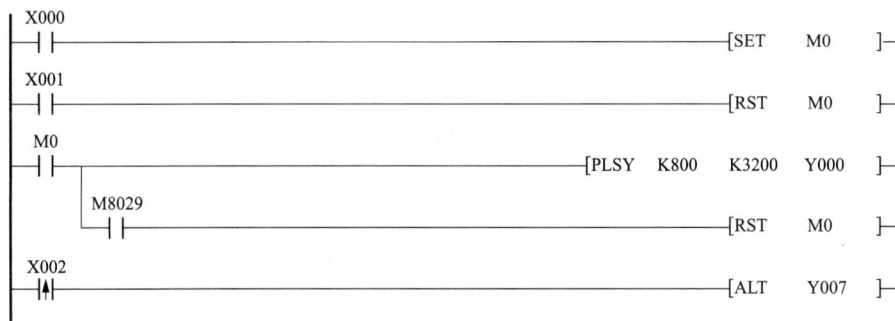

图 4-21　修改后的梯形图

通过在线监控可以看到，当 M0 为 ON 时，系统会进行脉冲输出；输出结束后，M8029 会被置位。需要注意的是，每条定位指令后面的 M8029 只对应该指令有效，且必须紧跟其后才有效，若隔一条指令，则 M8029 无效。

4.1.5　定位应用指令 PLSR、PLSV

1. PLSR（带加减速的脉冲输出）

PLSR（带加减速功能的脉冲输出）指令工作示意图如图 4-22 所示。

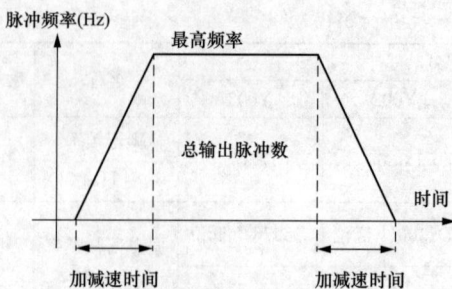

图 4-22　PLSR 工作示意图

PLSR 指令格式为：

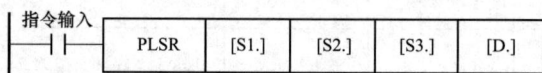

其中 PLSR 的操作数说明见表 4-8，［S1.］为最高频率，允许设定范围为 10～32，767Hz；［S2.］为总输出脉冲数（PLS），允许设定范围为 1～32，767（PLS）；［S3.］为加减速时间（ms），允许设定范围为 50～5000ms；［D.］为脉冲输出信号，允许设定范围为 Y000、Y001。

表 4-8　　　　　　　　　　　　　　PLSR 的操作数说明

操作数种类	内容	数据类型
［S1.］	保存最高频率（Hz）数据，或是数据的字软元件编号	BIN16/32 位
［S2.］	保存总的脉冲数（PLS）数据，或是数据的字软元件编号	BIN16/32 位
［S3.］	保存加减速时间（ms）数据，或是数据的字软元件编号	BIN16/32 位
［D.］	输出脉冲的软元件（Y）编号	1 位

【例 4-2】 PLSR 指令实现带加减速的脉冲输出应用。

任务要求： 在实验装置中，FX3U-32MT PLC 中输出 Y0，Y7 为滑台电动机的脉冲和方向，输入 X0 为启动按钮，X1 为停止按钮，X2 为正反转切换按钮，请使用 PLSR 指令实现带加减速的脉冲输出。

微课16

PLSR 指令实现带加减速的脉冲输出应用

实施步骤：

步骤 1：硬件接线同例 4-1。

步骤 2：PLSR 指令应用。

根据要求，用以下的梯形图来表示 PLSR 指令实现带加减速的脉冲输出应用（见图 4-23）。程序与上例唯一的区别在于指令不同，即用［PLSR K800 K3200 K500 Y000］替代了原来的 PLSY 指令，其中 K500 为加减速时间（即 500ms）。在运行中可以听到加速和减速的声音。

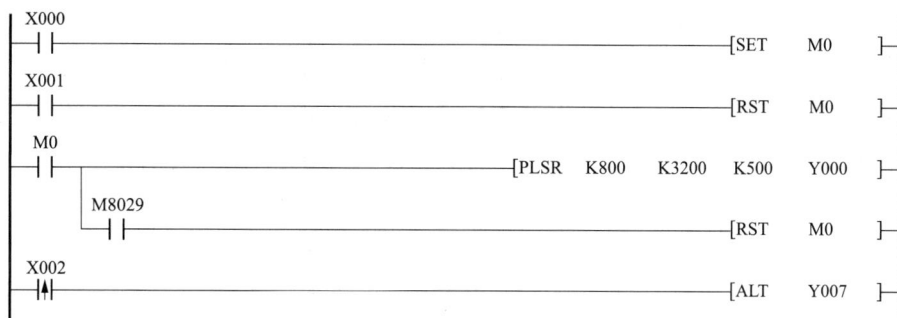

图 4-23　PLSR 指令实现带加减速的脉冲输出应用

为了使步进电动机一直转，只要将 PLSR 的第二个 K 值 K3200 改成 K999999 即可。

2. PLSV（可变速脉冲输出）

PLSV 是输出带旋转方向的可变速脉冲的指令。如图 4-24 所示，通过驱动 PLSV 指令，可以指定运行速度进行动作。如果运行速度发生变化，PLSV 将调整至新的速度运行。如果 PLSV 指令 OFF，则脉冲输出停止。在有加减速动作的情况下，PLSV 在速度变更时，执行加减速操作。

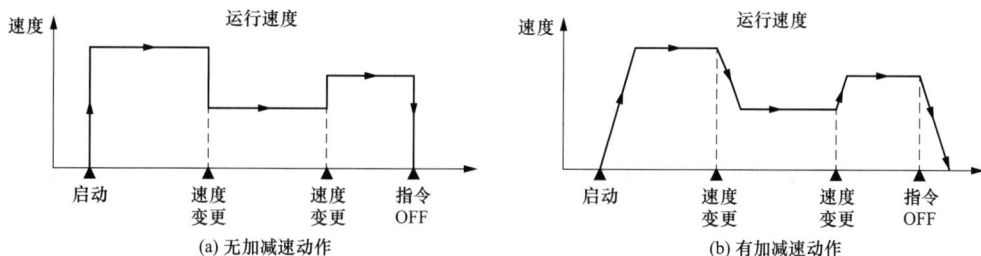

图 4-24　工作示意图

PLSV 的指令格式为

其中 PLSV 操作数说明见表 4-9，[D1.] 为需要指定基本单元的晶体管输出 Y000、Y001、Y002，或是高速输出特殊适配器 Y000、Y001、Y002、Y003。

表 4-9　　　　　　　　　　　　　　　　PLSV 操作数说明

操作数种类	内容	数据类型
[S1.]	指定输出脉冲频率的软元件编号	SIN16/32 位
[D1.]	指定输出脉冲的输出编号	1 位
[D2.]	指定旋转方向信号的输出对象编号	

【例 4-3】 PLSV 指令实现输出频率的变化。

任务要求： 在实验装置中，当工作台处于正转状态时，若其位于原点左侧位置，按下正转启动按钮，此时工作台以 1500Hz 的频率运行；当达到原点后，速度增加到 4000Hz，继续运行直至按下停止按钮；当工作台处于反转状态时，若其位于原点右侧位置，按下反转启动按钮，此时工作台以 4000Hz 的频率运行，当达到原点后，速度减到 1500Hz，继续运行直至按下停止按钮。

实施步骤：

步骤 1：硬件接线同例 4-1。其中正转启动按钮为 X0，反转启动按钮为 X2，停止按钮为 X1。

步骤 2：PLSV 指令应用。程序如图 4-25 所示，解释如下：

步 0～4：实现正转、反转按钮对中间变量 M0 和 M1 的控制，其中 M0 为正转，M1 为反转。

步 7：当限位开关 X5 触发时，置位 M2。

步 9～36：通过 M0 和 M2、M1 和 M2 的组合实现四种情况的变速运行，需要注意的是，Y1 方向的输出是受速度方向控制的，其中速度为正时，Y1 输出为 ON 状态。

步 45：当停机时，复位 M2。

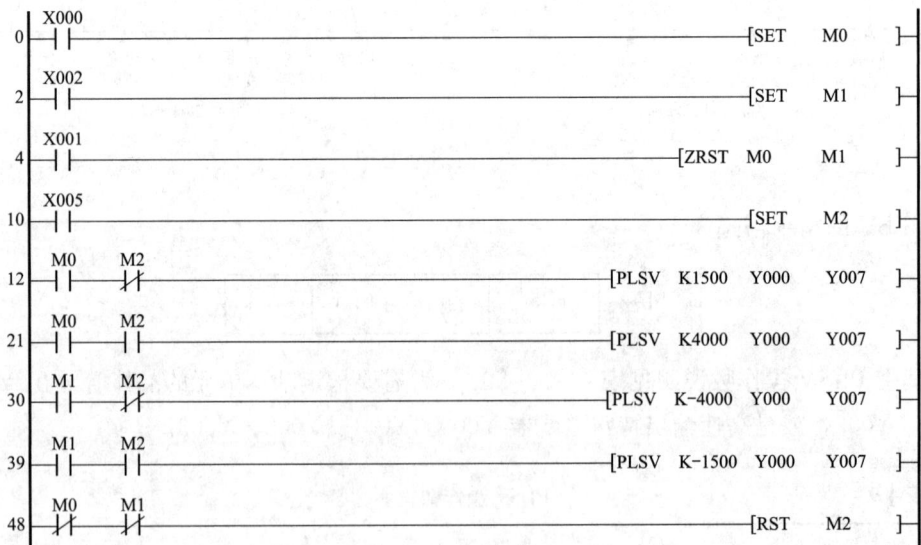

图 4-25　变速输出梯形图

正转低速运行梯形图如图 4-26 所示，正转高速运行梯形图如图 4-27 所示。

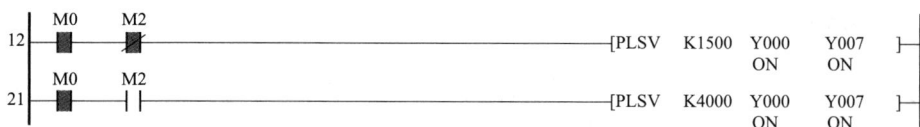

图 4-26　正转低速运行梯形图

图 4-27　正转高速运行梯形图

4.1.6　定位应用指令 DRVI、PLSV、DSZR、DRVA 和 DVIT

1. DRVI（相对定位）

DRVI 是以相对驱动的方式执行单速定位的指令。用带正/负的符号指定从当前位置开始的移动距离的方式，如图 4-28 所示。

DRVI 又称增量式定位，即以当前停止的位置为起点，指定移动方向和移动量进行定位，简单来说，就是以现在停的地方作为起点，指定向哪个方向移动多少距离，就移动多少。比如输入 500，就向前走 500；输入－1000，就往后退 1000。DRVI 移动量的计算如图 4-29 所示。图中，"·"表示起点，"→"表示终点。

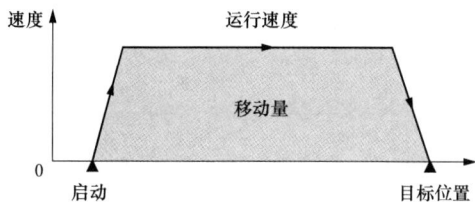

图 4-28　DRVI 工作示意图

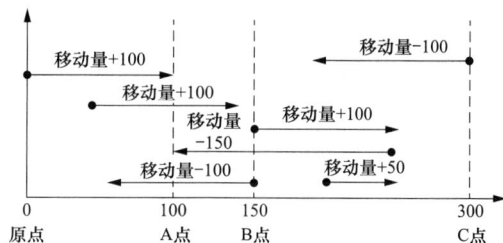

图 4-29　DRVI 移动量的计算

DRVI 的指令格式为：

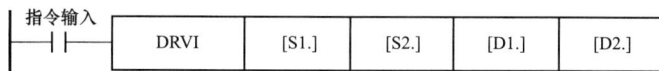

其中 DRVI 操作数说明见表 4-10。[S1.]指定输出脉冲数（相对地址），设定范围：16 位运算时为－32768～＋32767（0 除外），32 位运算时为－999999～＋999999（0 除外）；[S2.]指定输出脉冲频率，设定范围：16 位运算时为 10～32767Hz，32 位运算时为 10～200000Hz；[D1.]指定输出脉冲的输出编号，即指定基本单元的晶体管输出 Y000、Y001、Y002，或是高速输出特殊适配器 Y000、Y001、Y002、Y003；[D2.]指定旋转

153

方向信号的输出对象编号。

表 4-10   DRVI 的操作数说明

操作数种类	内容	数据类型
[S1.]	指定输出脉冲数（相对地址）	BIN16/32 位
[S2.]	指定输出脉冲频率	
[D1.]	指定输出脉冲的输出编号	1 位
[D2.]	指定旋转方向信号的输出对象编号	

需要注意的是，[S1.] 和 [S2.] 的位置跟指令类型有关，比如 DRVI 和 PLSY 位置刚好相反；另外，当 32 位运算时，采用 DDRVI 指令。

【例 4-4】 DRVI 指令实现相对定位控制。

任务要求： 在实验装置中进行正反转时，需分别输出频率为 1000Hz 的脉冲信号各 5000 个。

实施步骤：

步骤 1：硬件接线参考例 4-1。其中，X0 为正向定位控制按钮，X2 为反向定位控制按钮，X1 为停止按钮。

步骤 2：DRVI 定位指令的应用。程序如图 4-30 所示，解释如下：

步 0～8：实现按钮正反转控制，中间变量为 M0 和 M1。

步 10～22：正反转控制脉冲和方向输出，只需要改变脉冲的正负值即可，方向 Y7 会自动改变。

步 34：实时显示当前位置情况，包括 D8340（低位）和 D8341（高位）。

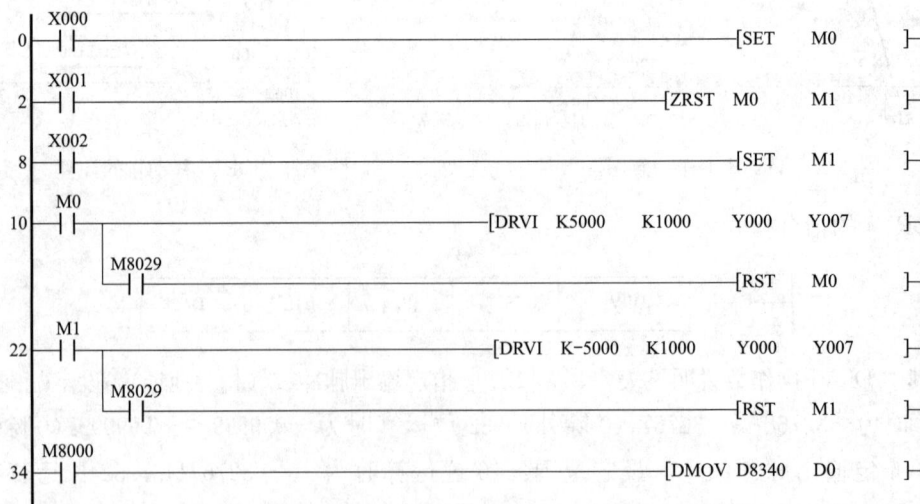

微课18

DRVI指令实现相对定位控制

图 4-30　DRVI 指令实现相对定位控制梯形图

正向定位时的监控数据如图 4-31 所示，此时 Y0、Y7 为 ON 状态，DRVI 真正动作，并实时显示 D8340 的数据。

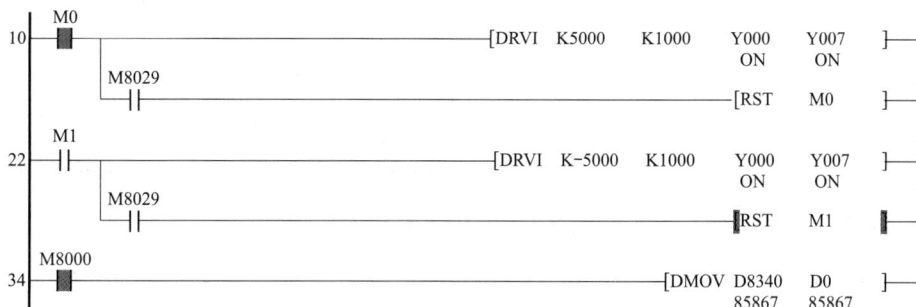

图 4-31　正向定位时的监控数据

2. DSZR（带 DOG 搜索的原点回归）

DSZR 是执行原点回归且能使机械位置与 PLC 内的当前值寄存器一致的指令。如图 4-32 所示，通过驱动 DSZR 指令，机械开始原点回归，并以指定的原点回归速度动作。如果 DOG 的传感器为 ON，则减速为爬行速度。当有零点信号输入时，机械停止，完成原点回归。

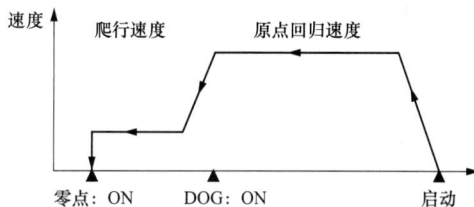

图 4-32　DSZR 动作示意图

DSZR 指令格式为：

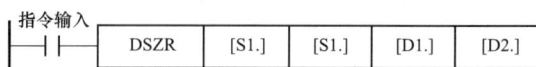

其中 DSIR 操作数说明见表 4-11。[S1.] 需要指定靠近原点信号（DOG）的软元件编号；[S2.] 需要指定 X000～X007；[D1.] 为基本单元的晶体管输出的 Y000、Y001、Y002，或是高速输出特殊适配器的 Y000、Y001、Y002、Y003；[D2.] 使用 FX3U 系列 PLC 的脉冲输出对象地址中高速输出特殊适配器时，旋转方向信号请使用表 4-12 中的输出，使用 FX3U 系列 PLC 的脉冲输出对象地址中内置的晶体管输出时，旋转方向信号请使用晶体管输出。

表 4-11　　　　　　　　　　　　　　　DSZR 操作数说明

操作数种类	内容
[S1.]	指定输入靠近原点信号（DOG）的软元件编号
[S2.]	指定输入零点信号的输入编号
[D1.]	指定输出脉冲的输出编号
[D2.]	指定旋转方向信号的输出对象编号

表 4-12　　　　　　　　　　　　　　　　高速输出特殊适配器

高速输出特殊适配器的连接位置	脉冲输出	旋转方向的输出
第 1 台	[D1.] = Y000	[D2.] = Y004
	[D1.] = Y001	[D2.] = Y005
第 2 台	[D1.] = Y002	[D2.] = Y006
	[D1.] = Y003	[D2.] = Y007

【例 4-5】 DSZR 指令实现带 DOG 搜索的原点回归。

任务要求： 在实验装置中，输出 Y0、Y7 为滑台电动机的脉冲和方向，输入 X4 调整为左侧靠近原点 X5 的 DOG 点，输入 X0 为正转启动按钮，X1 为停止按钮，X2 为反转启动按钮，X3 为原点回归按钮。通过 DSZR 指令实现带 DOG 搜索的原点回归。

实施步骤：

步骤 1：硬件接线同例 4-1，其中 X4 位置左移，调整为左侧靠近原点 X5 的 DOG 点。

步骤 2：DSZR 定位指令的应用。程序如图 4-33 所示，是在例 4-4 的基础上进行修改，具体解释如下：

步 0～34：即例 4-4 的内容，实现按钮正反转控制，并实现相对位置左移、右移及实时显示位置 D8340、D8341。

步 44：按下原点回归按钮后，置位中间变量 M2。

步 46：在原点回归动作中，要依次确定原点回归速度（D8346、D8347）和爬行速度（D8345），这里设定为 3000Hz、500Hz，并确定原点回归方向（M8342），执行 [DSZR X004 X005 Y000 Y007]，执行完毕后由完成信号 M8029 自动复位 M2。

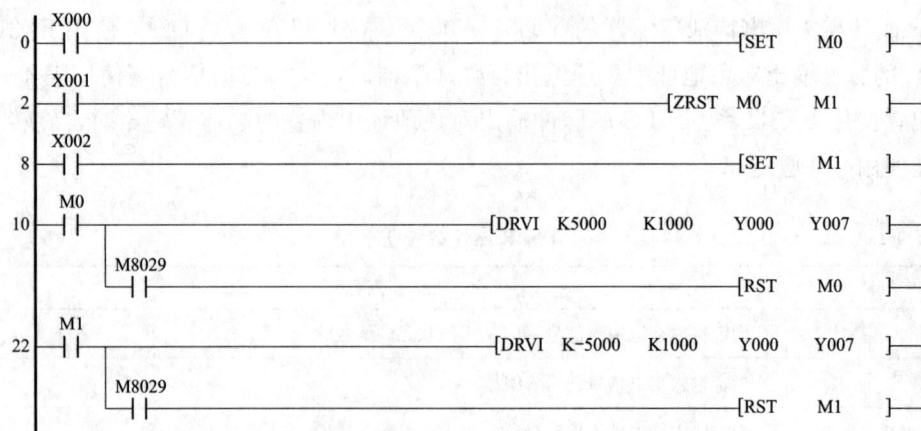

微课19

DSZR指令实现带DOG搜索的原点回归

图 4-33　DSZR 指令实现带 DOG 搜索的原点回归（一）

```
       M8000
34    ─┤├─────────────────────────────────────────[DMOV  D8340    D0  ]

       X003
44    ─┤├─────────────────────────────────────────────[SET      M2  ]

        M2
46    ─┤├──┬──────────────────────────────────────[DMOVP K3000  D8346 ]
           │
           ├──────────────────────────────────────[MOVP  K500   D8345 ]
           │
           ├─────────────────────────────────────────[SET      M8342 ]
           │
           ├──────────────────[DSZR  X004     X005    Y000    Y007 ]
           │
       M8029
        ─┤├─────────────────────────────────────────[RST      M2  ]
```

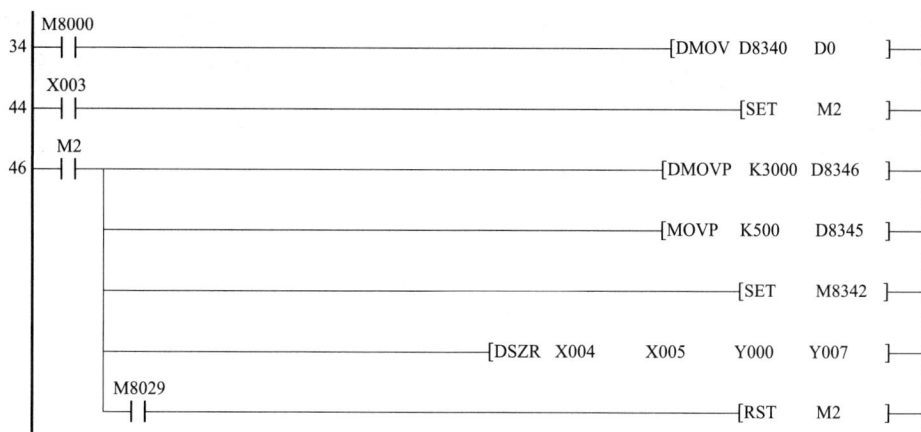

图 4-33　DSZR 指令实现带 DOG 搜索的原点回归（二）

本例中，原点回归速度、爬行速度和原点回归方向需要正确设定，否则将会出现无法回归的情况。当全部执行完毕后，当前位置 D8340、D8341 显示为 0，如图 4-34 所示。

```
       M8000
34    ─■─────────────────────────────────────────[DMOV  D8340    D0  ]
                                                         0        0
```

图 4-34　执行完成后的 D8340 值

3. ZRN（原点回归）

ZRN 是执行原点回归且使机械位置与 PLC 内的当前值寄存器一致的指令。ZRN 的动作示意图跟 DSZR 相同，在 DOG 传感器为 OFF 时停止。

ZRN 指令格式为：

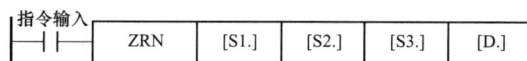

```
 ┌指令输入
─┤├──┤├─ [ ZRN ]  [S1.]  [S2.]  [S3.]  [D.]
```

其中 ZRN 操作数说明见表 4-13。[S1.] 指定开始原点回归时的速度，16 位运算时为 10～32767Hz，32 位运算时为 10～200000Hz。如果使用 32 位时，请使用指令 DZRN。

表 4-13　　　　　　　　　　　　　　　ZRN 操作数说明

操作数种类	内容	数据类型
[S1.]	指定开始原点回归时的速度	BIN16/32 位
[S2.]	指定爬行速度，[10～32767Hz]	
[S3.]	指定输入靠近原点信号（DOG）的软元件的编号	1 位
[D1.]	指定要输出脉冲的输出编号	

4. DRVA（绝对定位）

DRVA 是以绝对驱动方式执行单速定位的指令，通过指定从原点（零点）开始的移动距离来执行。因此，DRVA 又称绝对方式定位，其起点位置无关紧要，即与当前停留位置无关，只与原点作比较。比如，若当前在 100 的位置，则输入 100 不会移动；输入 500，会向前走 400；输入－500，会向后退 600。DRVA 移动量的计算如图 4-35 所示。图中，"·"表示起点，"→"表示终点。

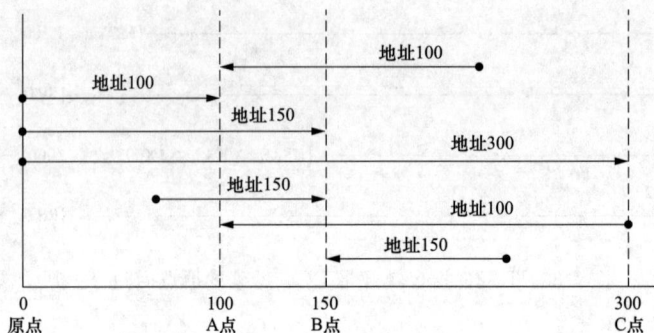

图 4-35　DRVA 移动量的计算

DRVA 指令格式为：

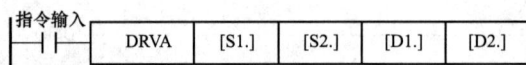

其中 DRVA 操作数说明见表 4-14。[S1.] 指定输出脉冲数（绝对地址），设定范围：16 位运算时为－32768～＋32767，32 位运算时为－999999～＋999999；[S2.] 指定输出脉冲频率，设定范围：16 位运算时为 10～32767Hz，32 位运算时为 10～200000Hz。

表 4-14　　　　　　　　　　　　　　DRVA 的操作数说明

操作数种类	内容	数据类型
[S1.]	指定输出脉冲数（绝对地址）	BIN16/32 位
[S2.]	指定输出脉冲频率	
[D1.]	指定输出脉冲的输出编号	1 位
[D2.]	指定旋转方向信号的输出对象编号	

【例 4-6】　DRVA 指令实现绝对位置定位。

任务要求：在实验装置中，输出 Y0、Y7 为滑台电动机的脉冲和方向，输入 X4 调整为左侧靠近原点 X5 的 DOG 点，输入 X0 为启动按钮，X1 为绝对位置"＋"按钮，X2 为绝对位置"－"按钮，X3 为原点回归按钮。初始状态时，绝对位置为 10000 个脉冲，通过 X1 和 X2 可以对当前的绝对位置加减 1000 个脉冲；运行频率为 1000Hz；当按下 X0 按钮后，滑台电动机移动到设定的绝对位置。

微课20

DRVA指令实现
绝对位置定位

实施步骤：

步骤 1：硬件接线同例 4-1，其中 X4 位置左移，调整为左侧靠近原点 X5 的 DOG 点。

步骤 2：DVRA 定位指令的应用。

程序如图 4-36 所示，是在 DSZR 的基础上进行修改，具体解释如下：

步 0：上电初始化，将绝对位置设定值 D10、D11 设定为 10000，注意是 32 位数据。

步 10：按下 X0 启动按钮，进行绝对位置定位。

步 12～26：X1 为绝对位置"＋"按钮，X2 为绝对位置"－"按钮，设定加减绝对位置值。

步 40：进行 [DDRVA D10 K1000 Y000 Y007] 绝对位置定位，当定位完成后，复位 M0，运行下一次定位。

步 60～72：执行 DSZR 指令相关程序，确保原点位置为正确值。由于步进电动机存在失步风险，因此务必进行正确原点定位。

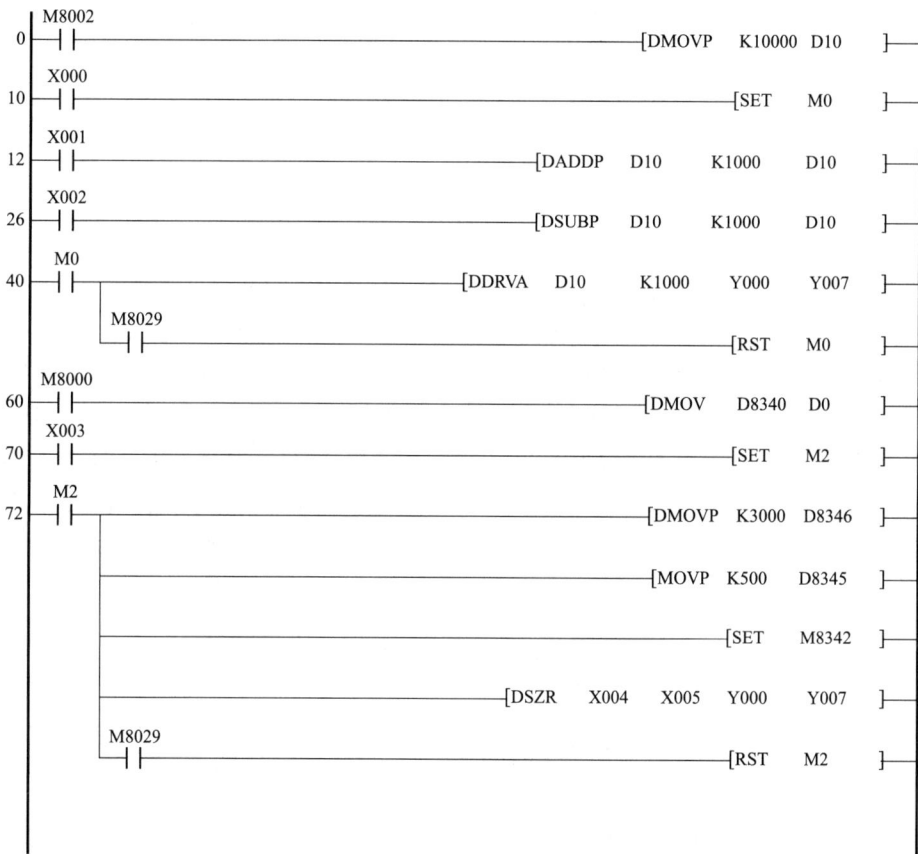

```
      M8002
  0   ┤├─────────────────────────────────────────[DMOVP    K10000  D10  ]

      X000
 10   ┤├──────────────────────────────────────────────────[SET      M0  ]

      X001
 12   ┤├──────────────────────────────[DADDP    D10      K1000    D10  ]

      X002
 26   ┤├──────────────────────────────[DSUBP    D10      K1000    D10  ]

      M0
 40   ┤├────────────────────[DDRVA    D10      K1000    Y000    Y007 ]
      M8029
      ┤├──────────────────────────────────────────────────[RST      M0  ]

      M8000
 60   ┤├─────────────────────────────────────────[DMOV     D8340   D0  ]
      X003
 70   ┤├──────────────────────────────────────────────────[SET      M2  ]
      M2
 72   ┤├─────────────────────────────────────────[DMOVP    K3000   D8346]
      │
      ├──────────────────────────────────────────[MOVP     K500    D8345]
      │
      ├──────────────────────────────────────────────────[SET      M8342]
      │
      ├────────────────────[DSZR     X004     X005     Y000    Y007 ]
      M8029
      ┤├──────────────────────────────────────────────────[RST      M2  ]
```

图 4-36　DRVA 指令实现绝对位置定位梯形图

DRVA 指令监控如图 4-37 所示，此时 DRVA 设定绝对位置值为－2000，完成后的实际值 D8340 为－2000，符合实际要求。

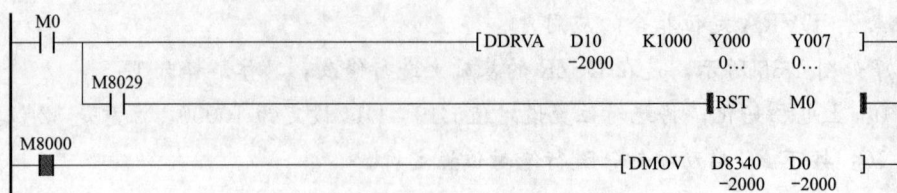

图 4-37　DRVA 指令监控

5. DVIT（中断定位）

DVIT 是执行单速中断定长进给的指令。如图 4-38 所示，通过驱动 DVIT 指令，以运行速度动作；如果中断输入为 ON，则运行指定的移动量后，减速停止。

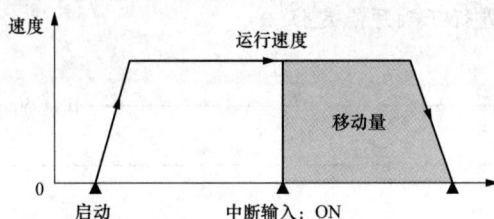

图 4-38　DVIT 工作示意图

DVIT 指令格式为：

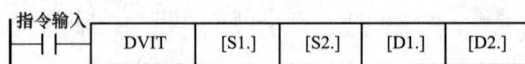

其中 DVIT 操作数说明见表 4-15。[S1.] 需要指定设定范围：16 位运算时为 -32768~+32767（0 除外），32 位运算时为 -999999~+999999（0 除外）；[S2.] 需要指定设定范围：16 位运算时为 10~32767Hz，32 位运算时见表 4-16；[D1.] 需要指定基本单元的晶体管输出 Y000、Y001、Y002，或是高速输出特殊适配器的 Y000、Y001、Y002、Y003；[D2.] 采用内置的晶体管输出时，旋转方向信号也要使用晶体管输出。

表 4-15　　　　　　　　　　　　　DVIT 操作数说明

操作数种类	内容	数据类型
[S1.]	指定中断后的输出脉冲数（相对地址）	BIN16/32 位
[S2.]	指定输出脉冲频率	
[D1.]	指定输出脉冲的输出编号	1 位
[D2.]	指定旋转方向信号的输出对象编号	

表 4-16　　　　　　　　　　[S2.] 32 位运算时设定范围

脉冲输出对象		设定范围（Hz）
FX3U 系列 PLC	高速输出特殊适配器	10~200000
FX3U、FX3UC PLC	基本单元（晶体管输出）	10~100000

4.2　复杂步进控制应用

4.2.1　表格设定定位

TBL 指令是预先将数据表格中预设指令动作转变为特定表格的一个动作。如表 4-17 所列，先用参数设定定位点。通过驱动 TBL 指令，向指定点移动。

表 4-17　　　　　　　　　　　　　位置、速度和指令表

编号	位置	速度	指令
1	1000	2000	DRVI
2	20000	5000	DRVA
3	50	1000	DVIT
4	800	10000	DRVA
⋮	⋮	⋮	⋮

TBL 指令格式为：

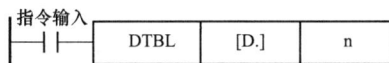

指令输入	DTBL	[D.]	n

其中 TBL 操作数说明见表 4-18，[D.] 指定输出脉冲的输出编号，即基本单元的晶体管输出 Y000、Y001、Y002，或是高速输出特殊适配器的 Y000、Y001、Y002、Y003；n 执行的表格编号为 [1～100]。

表 4-18　　　　　　　　　　　　　TBL 的操作数说明

操作数种类	内容	数据类型
[D.]	指定输出脉冲的输出编号	位
n	执行的表格编号 [1～100]	BIN32 位

【例 4-7】　使用 TBL 指令实现多个定位控制。

任务要求：某步进电动机控制系统中，输出 Y0、Y10 为滑台电动机的脉冲和方向，输入 X0 为左侧靠近原点 X2 的 DOG 点，输入 X10 为启动按钮，X13 为原点回归按钮。共设定 4 个定位控制：① 以 1000Hz 速度定位到绝对位置－3000 脉冲数；② 以 2000Hz 速度定位到绝对位置－5000 脉冲数；③ 以 500Hz 速度运行 10s；④ 进行中断定位，运行速度为 1500Hz，中断输入 X7，中断后运行－3000 脉冲数。

微课21

使用TBL指令实现多个定位控制

实施步骤：

步骤 1：硬件接线。接线参考例 4-1，其中新增 X7 为中断定位的输入信号（如选择开关，不能是按钮信号）。

步骤 2：参数设置。在 GX Works2 的导航中，选择"参数"→"PLC 参数"→"存储器容量设置"，并勾选"内置定位设置"，如图 4-39 所示。

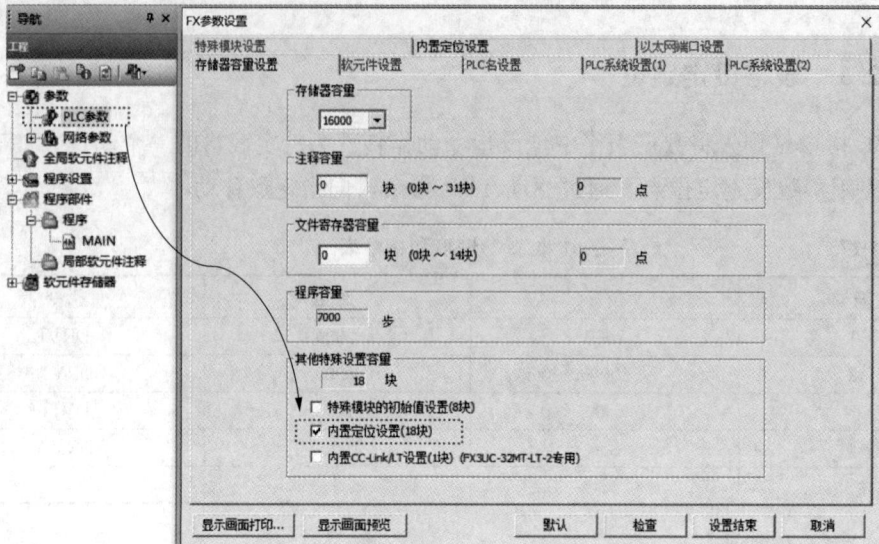

图 4-39 设置 PLC 参数

在"FX 参数设置"窗口中（见图 4-40），选择"内置定位设置"，针对本次定位控制的 Y0 进行相关参数设置，具体包括：偏置速度为 0Hz，最高速度为 5000Hz，爬行速度为 500Hz，原点回归速度为 1000Hz，加速时间为 100ms，减速时间为 100ms，DVIT 指令的中断输入为 X7。

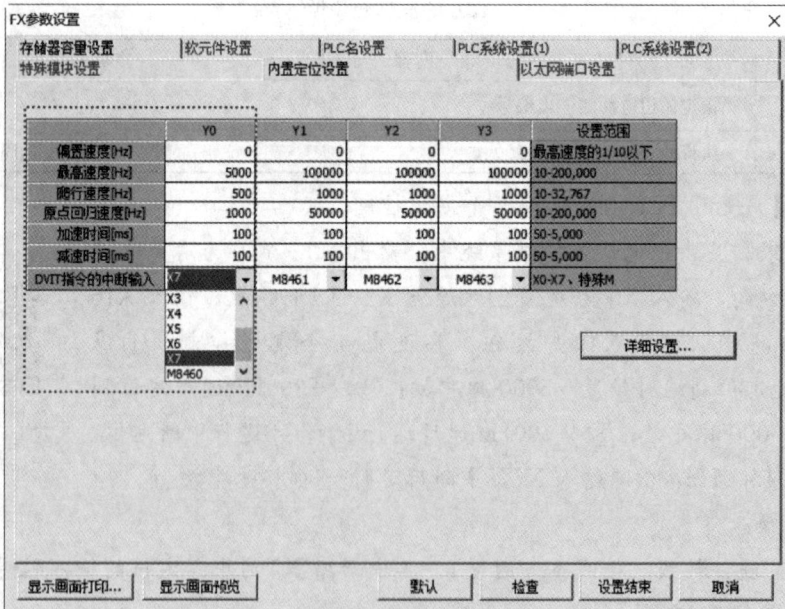

图 4-40 内置定位设置（Y0 设置）

步骤 3：定位表设置。单击"详细设置"，出现图 4-41 所示的窗口，设置 Y0 的旋转方向信号为 Y010，起始软元件为 R0，并将 4 个定位控制在"定位表"中进行选择并输入，共有 DDRVA（绝对定位）、DDVIT（中断定位）、DPLSV（可变速脉冲输出）和 DDRVI（相对定位）四种定位类型，最终定位表如图 4-42 所示。如果有 Y1、Y2、Y3 等脉冲输出，则在相应定位表中进行设置。

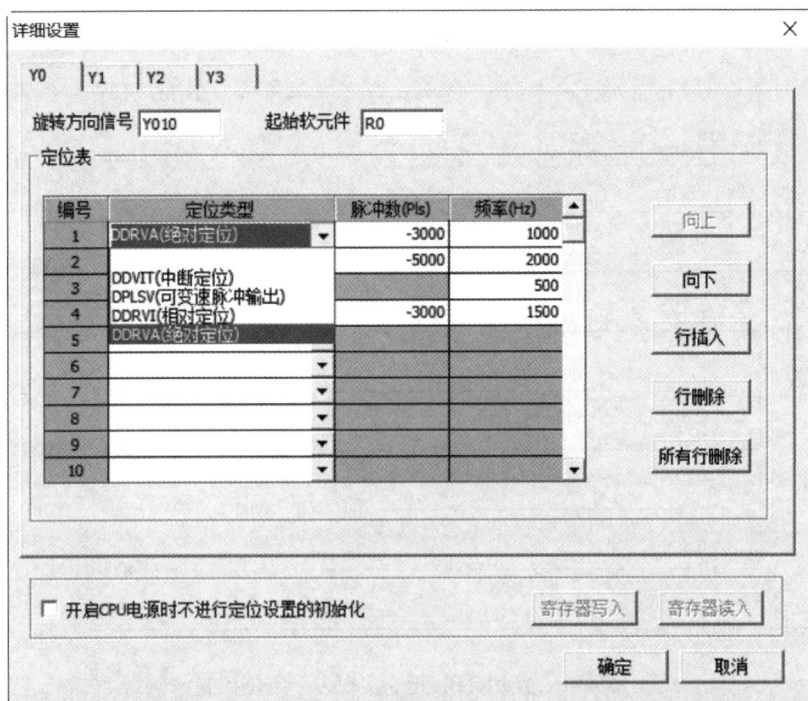

图 4-41　详细设置

编号	定位类型		脉冲数(Pls)	频率(Hz)
1	DDRVA(绝对定位)	▼	-3000	1000
2	DDRVA(绝对定位)	▼	-5000	2000
3	DPLSV(可变速脉冲输出)	▼		500
4	DDVIT(中断定位)	▼	-3000	1500

图 4-42　最终定位表

步骤 4：程序编制。程序如图 4-43 所示，具体解释如下：

步 0～2：启动按钮 X10 按下后，置位 M0 并定时 60s。

步 6：在定时 60s 内，按照分段依次控制定位表中的 1～4，指令非常简洁，即 [DTBL Y000 K1]，其中常数 K1 为定位表的序号，当定时结束后，复位 M0。

步 112：显示实时定位值。

步 122～124：DSZR 指令相关程序，确保原点位置为正确值。

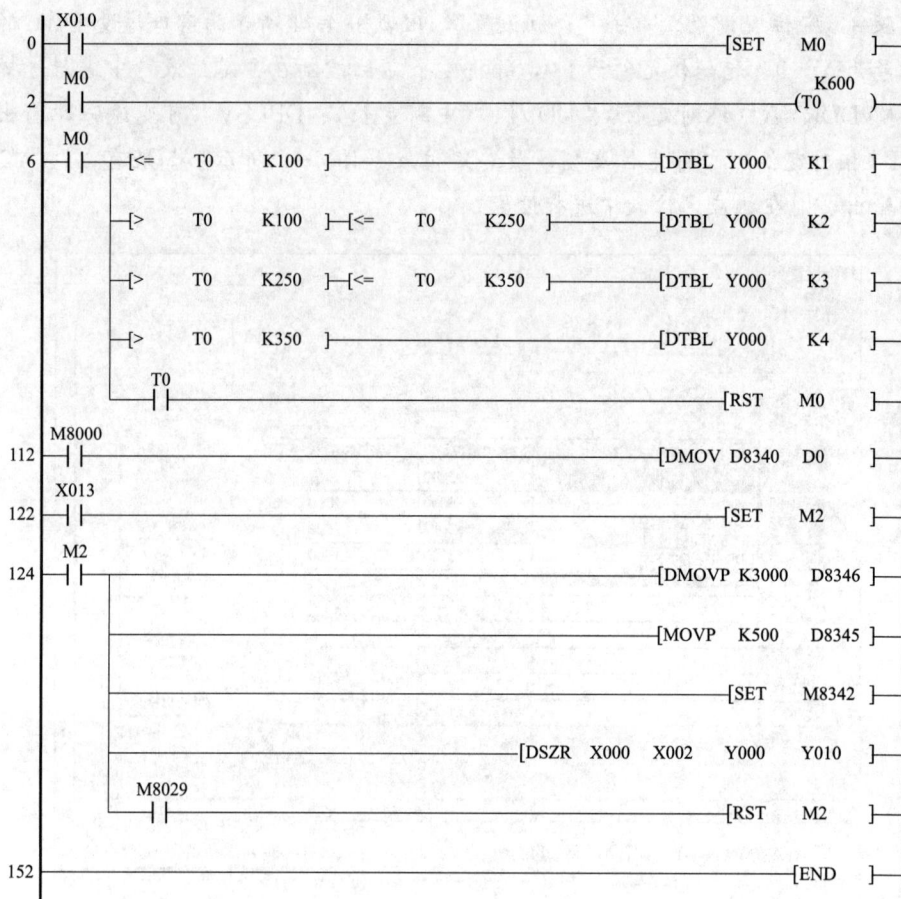

图 4-43　使用 TBL 指令实现多个定位控制

4.2.2　使用 SFC 指令实现步进电动机定位控制

【例 4-8】　使用 SFC 指令实现步进电动机定位控制。

微课22

使用SFC指令
实现步进电动
机定位控制

　　　　　　任务要求： FX3U-32MT 控制两相步进电动机，输出 Y0、Y1 为脉冲和方向，假设电动机一周需要 1000 个脉冲，请编制程序以满足如下要求：

（1）按下启动按钮 X10 后，电动机运转速度为 1r/s，电动机先正转 5 周，停止 5s。

（2）再反转 5 周，停止 5s。

（3）再正转、反转，如此循环。

（4）按下停止按钮 X11，步进电动机完成一个正反转周期后停机。

实施步骤：

步骤 1：硬件接线如图 4-44 所示，其中开关电源的选择与步进驱动器有关，如果步进驱动器是 5V，而开关电源为 DC 24V，建议在 Y0、Y1 输出端串接 2kΩ 电阻；FX3U

系列 PLC 选择晶体管输出，如本例中的 FX3U-32MT；步进驱动器的接线注意与 PLC 端子对应，本例采用共阳接线方式；步进驱动器与步进电动机采用两相方式。

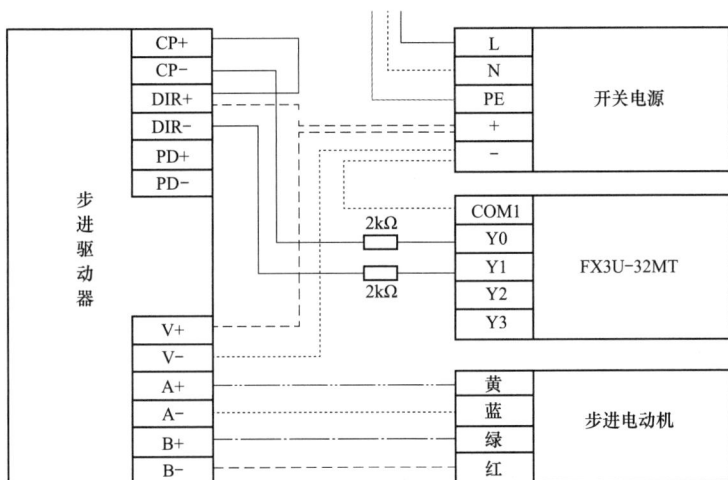

图 4-44　步进电动机与 PLC 的接线

I/O 分配表见表 4-19。

表 4-19　　　　　　　　　　　　　例 4-8 I/O 分配表

输入	功能	输出	功能
X1	左侧 DOG 点限位	Y0	输出脉冲
X2	原点	Y1	输出方向
X10	启动按钮		
X11	停止按钮		
X13	原点定位按钮		

步骤 2：程序编制。电动机的运行频率为 $1r/s=1000pul/s$，频率为 K1000。为了降低步进电动机的失步和过冲，采用 PLSR 指令输出脉冲。指令的各个操作数设置为：输出脉冲的最高频率为 K1000，输出脉冲个数为 $K1000×5=K5000$，加减速时间为 200ms。程序共包括梯形图编程和 SFC 编程两部分，具体如图 4-45 所示。

图 4-45　程序结构

（1）梯形图编程。如图 4-46 所示，采用梯形图编程。具体解释如下。

步 0～4：由 X10 和 X11 构成自锁回路，输出 M0，由 M0 的上升沿脉冲激活状态 S0。

步 8：由于 PLSR 无法通过 D8340/D8341 显示脉冲绝对值的当前值，因此采用 D8140 显示实际脉冲累计数。

步 14～17：进行 DSZR 原点定位控制。

步 45：当 M1 或 M2 满足时使用，通过 PLSR 指令和相应的 Y1 信号进行正反转步进控制。

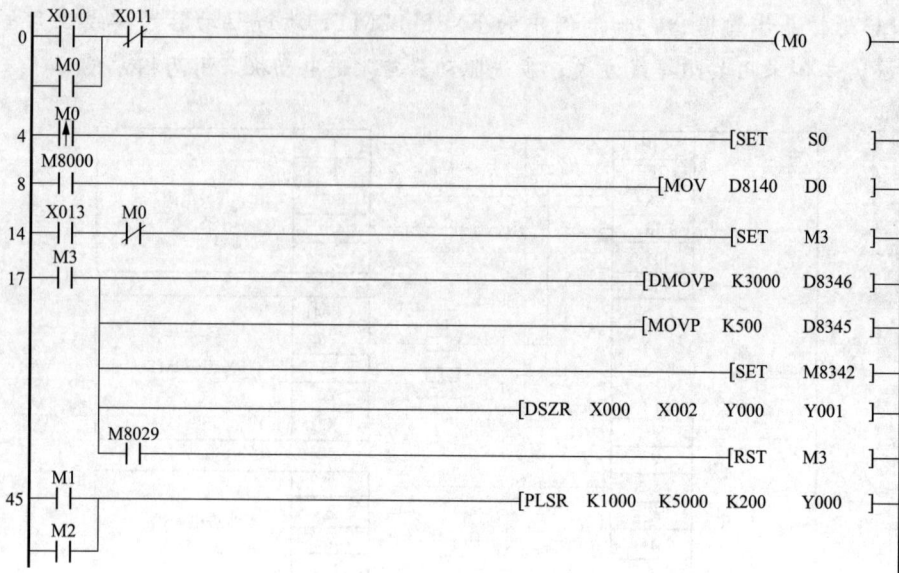

图 4-46　梯形图程序

（2）SFC 编程。SFC 具体如图 4-47 所示，其中跳转 TR 和状态编程如图 4-48 所示。

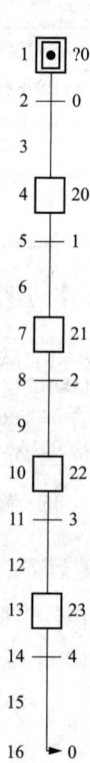

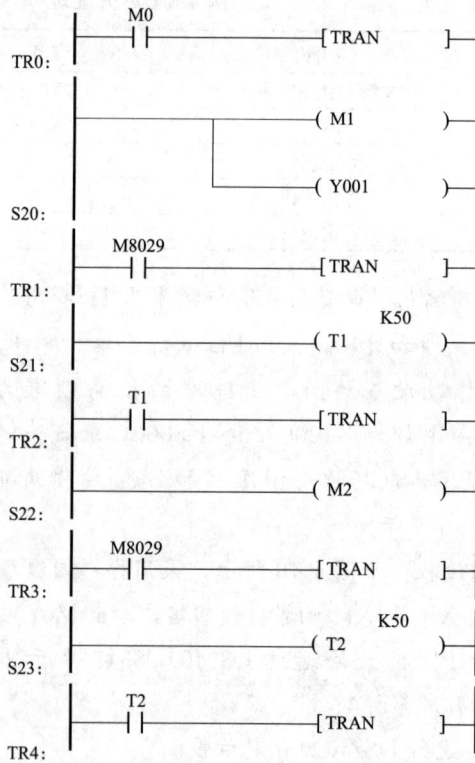

图 4-47　SFC 图　　　　　图 4-48　跳转 TR 和状态编程

4.3 FX 系列 PLC 的伺服控制

4.3.1 伺服控制系统

1. 伺服控制系统的原理

伺服控制系统专指被控制量（系统的输出量）是机械位移、位移速度或加速度的反馈控制系统，其作用是使输出的机械位移（或转角）准确地跟踪输入的位移（或转角）。伺服控制系统的结构组成和其他形式的反馈控制系统没有本质上的区别。

伺服控制系统组成原理图如图 4-49 所示，它包括控制器、伺服驱动器、伺服电动机和位置检测反馈元件。伺服驱动器通过执行控制器的指令来控制伺服电动机，进而驱动机械装备的运动部件（这里指的是丝杠工作台），实现对装备速度、转矩和位置的控制。

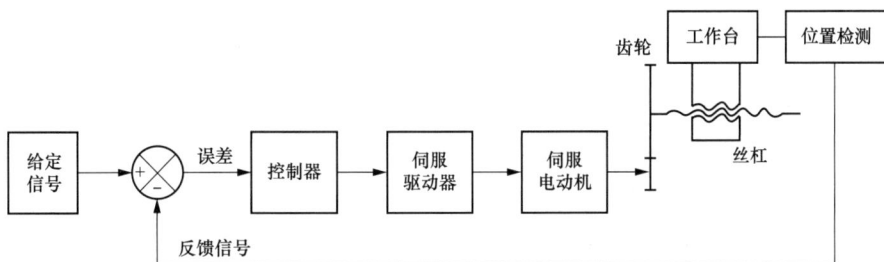

图 4-49 伺服控制系统组成原理图

从自动控制理论的角度分析，伺服控制系统一般包括比较环节、控制器、执行环节、被控对象和检测环节五部分。

（1）比较环节。比较环节是将输入的指令信号与系统的反馈信号进行比较，以获得输出与输入间的偏差信号的环节，通常由专门的电路或计算机来实现。

（2）控制器。控制器通常是 PLC、计算机或 PID 控制电路，其主要任务是对比较元件输出的偏差信号进行变换处理，以控制执行元件按要求动作。

（3）执行环节。执行环节的作用是按控制信号的要求，将输入的各种形式的能量转化成机械能，驱动被控对象工作，这里一般指各种电动机、液压、气动伺服机构等。

（4）被控对象。被控对象的机械参数包括位移、速度、加速度、力、转矩等。

（5）检测环节。检测环节是指能够对输出进行测量，并转换成比较环节所需要的量纲的装置，一般包括传感器和转换电路。

2. 伺服电动机的原理与结构

伺服电动机与步进电动机不同的是，伺服电动机是将输入的电压信号变换成转轴的角位移或角速度输出，其控制速度和位置精度非常准确。

167

按电源性质的不同，伺服电动机可以分为直流伺服电动机和交流伺服电动机两种。直流伺服电动机存在如下缺点：电枢绕组在转子上不利于散热；绕组在转子上，转子惯量较大，不利于高速响应；电刷和换向器易磨损，需要经常维护，且限制电动机速度；换向时会产生电火花等。因此，直流伺服电动机逐渐被交流伺服电动机所替代。

交流伺服电动机一般是指永磁同步型电动机，它主要由定子、转子及测量转子位置的传感器构成，定子和一般的三相感应电动机类似，采用三相对称绕组结构，它们的轴线在空间彼此相差 $120°$（见图 4-50）；转子上贴有磁性体，一般有两对以上的磁极；位置传感器一般为光电编码器或旋转变压器。

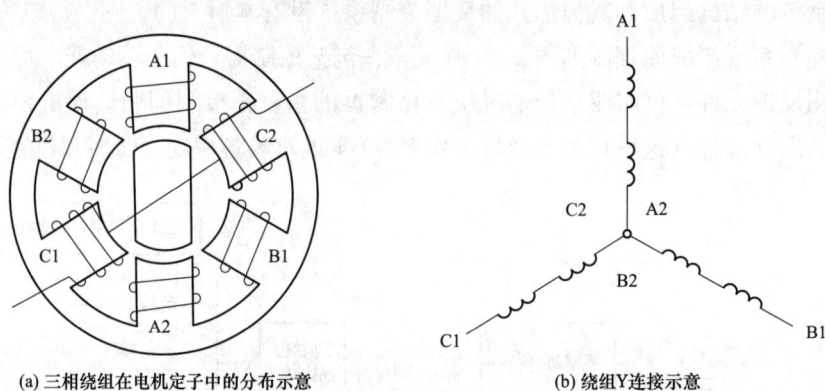

(a) 三相绕组在电机定子中的分布示意　　　　　(b) 绕组Y连接示意

图 4-50　永磁同步型交流伺服电动机的定子结构

在实际应用中，伺服电动机的结构通常会采用如图 4-51 所示的方式，它包括电动机定子、转子、轴承、编码器、编码器连接线和伺服电动机连接线等。

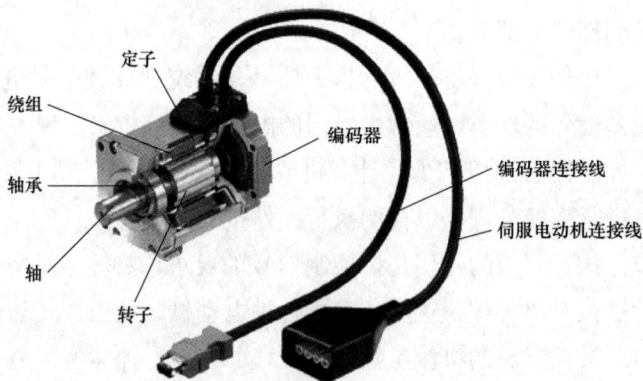

图 4-51　伺服电动机的通用结构

3. 伺服驱动器的结构

伺服驱动器又称功率放大器，其作用是将工频交流电源转换成幅度和频率均可变的交流电源提供给伺服电动机。其内部结构如图 4-52 所示，主要包括主电路和控制电路。

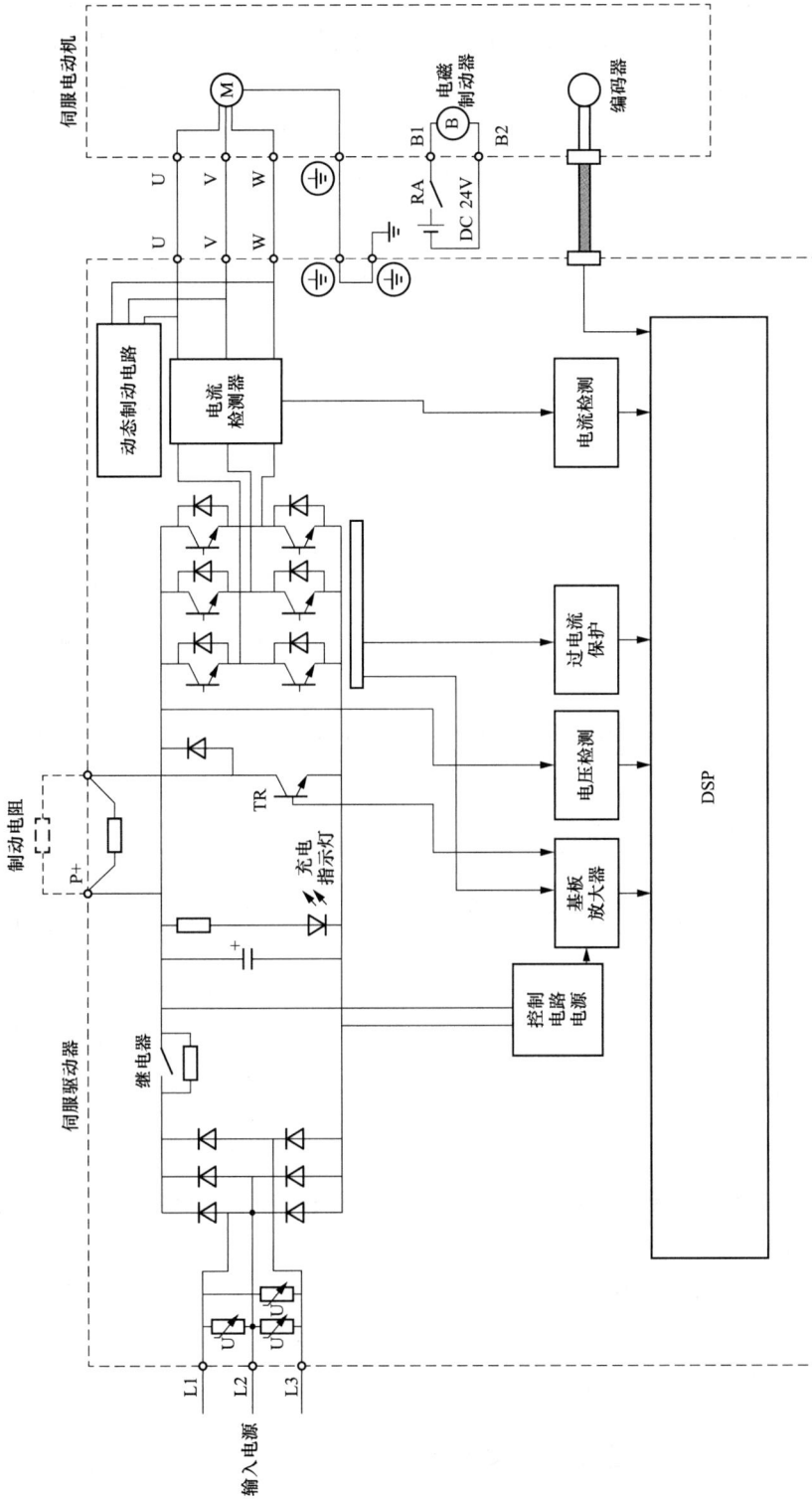

图 4-52　伺服驱动器内部结构

伺服驱动器的主电路包括整流电路、充电保护电路、滤波电路、再生制动电路（能耗制动电路）、逆变电路和动态制动电路。与变频器的主电路相比，伺服驱动器的主电路增加了动态制动电路，即在逆变电路基极断路时，在伺服电动机和端子间加上适当的电阻器进行制动。电流检测器用于检测伺服驱动器输出电流的大小，并通过电流检测电路反馈给 DSP 控制电路。部分伺服电动机除了编码器之外，还配备有电磁制动器，在制动线圈未通电时，伺服电动机被抱闸制动，线圈通电后抱闸松开，电动机方可正常运行。

控制电路有单独的电源，除了为 DSP 以及检测保护等电路提供电源外，对于大功率伺服驱动器来说，还提供散热风机电源。

4. 伺服驱动器的控制模式

交流伺服驱动器通常包含位置回路、速度回路和转矩回路。使用时，可将驱动器、电动机和运动控制器结合起来，组合成不同的工作模式，以满足不同的应用要求。伺服驱动器控制模式主要有速度控制、转矩控制和位置控制三种。

（1）速度控制模式。如图 4-53 所示，伺服驱动器的速度控制采取跟变频调速一致的方式，即通过控制输出电源的频率来调节电动机的速度。此时，伺服电动机工作在速度控制闭环中，编码器将速度信号检测反馈到伺服驱动器，并与设定信号（如多段速、电位器设定等）进行比较，然后进行速度 PID 控制。

（2）转矩控制模式。如图 4-54 所示，伺服驱动器转矩控制模式是通过外部模拟量输入来控制伺服电动机的输出转矩。

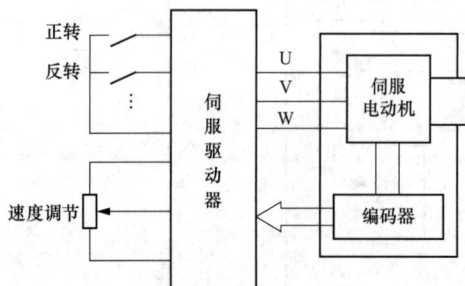

图 4-53　速度控制模式　　　　　　　　图 4-54　转矩控制模式

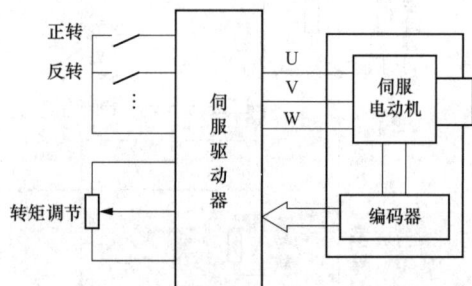

（3）位置控制模式。如图 4-55 所示，驱动器位置控制模式可以接收 PLC 或定位模块等运动控制器送来的位置指令信号。以脉冲及方向指令信号形式为例，其脉冲个数决定了电动机的运动位置，其脉冲频率决定了电动机的运动速度，而方向信号电平的高低决定了伺服电动机的运动方向。这与步进电动机的控制有相似之处，但脉冲的频率要高很多，以适应伺服电动机的高转速。

4.3.2　MR-JE 伺服定位控制模式接线

三菱 MR-JE 伺服定位控制模式接线图如图 4-56 所示，需要接收脉冲信号进行定位。

指令脉冲串能够以集电极漏型、集电极源型和差动线驱动三种形态输入，同时可以选择正逻辑或者负逻辑。其中指令脉冲串形态在［Pr. PA13］中进行设置。

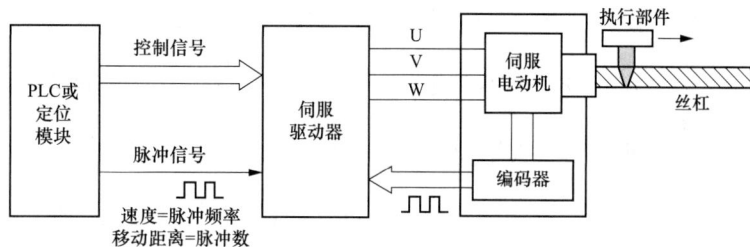

图 4-55　位置控制模式

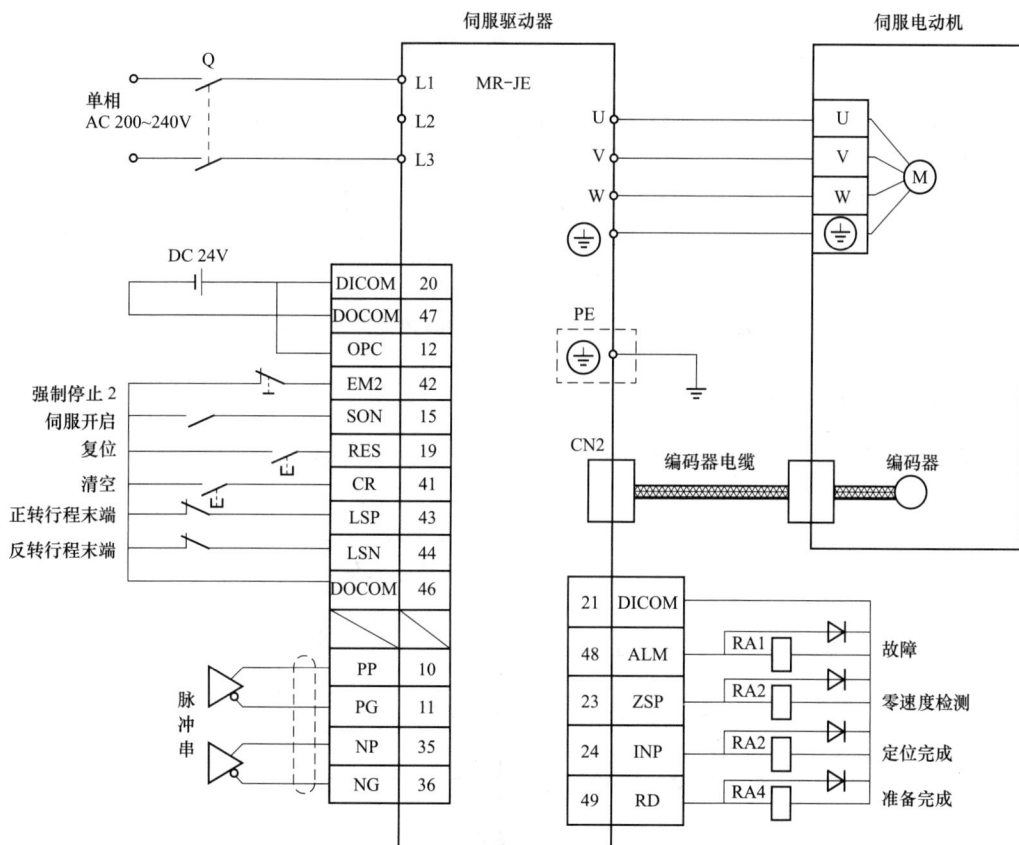

图 4-56　位置控制接线图

1. 集电极开路方式

集电极开路方式如图 4-57 所示。

将［Pr. PA13］设置为"＿＿１０"，将输入波形设置为负逻辑，其正转脉冲串和反转脉冲串如图 4-58 所示。

171

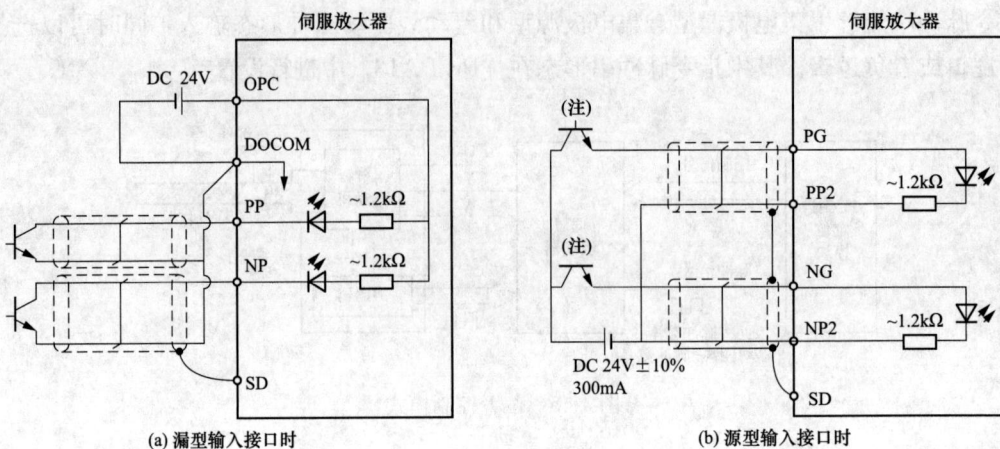

(a) 漏型输入接口时   (b) 源型输入接口时

图 4-57　集电极开路方式

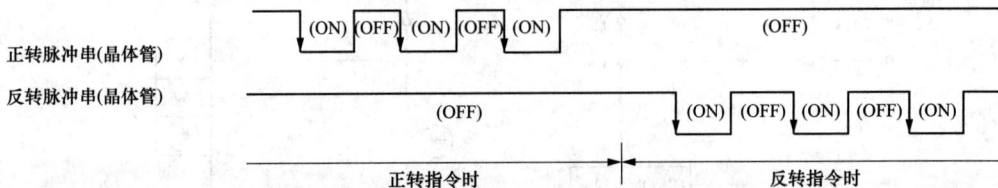

图 4-58　负逻辑时的正转脉冲串和反转脉冲串

2. 差动线驱动方式

差动线驱动方式如图 4-59 所示。

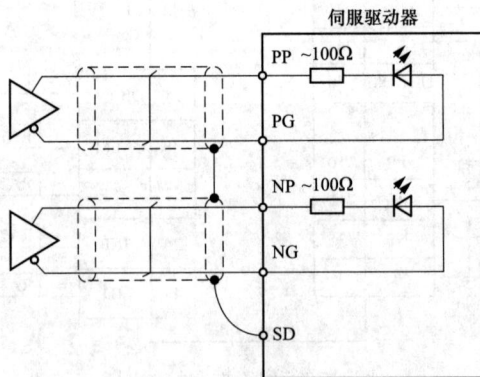

图 4-59　差动线驱动方式

该方式下，将 [Pr. PA13] 设置为 "＿＿１０"，其正转脉冲串和反转脉冲串如图 4-60 所示。

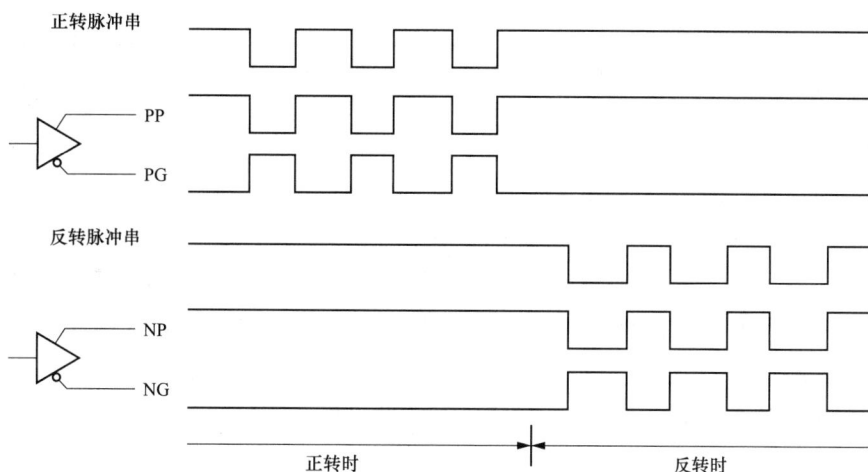

图 4-60 负逻辑时差动线驱动方式下的正转脉冲串和反转脉冲串

4.3.3 丝杠机构的位置控制

【例 4-9】 FX3U 控制滑台运行。

任务要求： 如图 4-61 所示，FX3U 控制 MR-JE 伺服驱动丝杠滑台运行，旋转 1 周为 10000 个脉冲。在手动情况下，按下按钮 SB1，以 2000Hz 正向运行 1 周；按下按钮 SB2，以 2000Hz 反向运行 1 周。在自动情况下，按下按钮 SB1，伺服电动机带动滑台以 5000Hz 反向运行 5 周，然后以 3000Hz 正向运行 3 周，接着停止 5s，最后以 2000Hz 正向运行 2 周后停机。

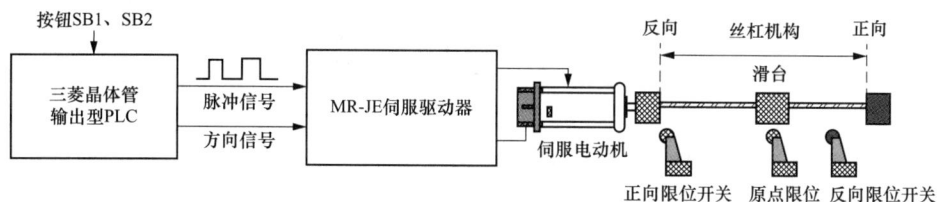

微课 23

FX3U 控制滑台运行

图 4-61 FX3U 控制滑台运行示意图

实施步骤：

步骤 1：选择合理的实操设备。FX3U-32MT PLC 一台、三菱 MR-JE-20A 伺服驱动器一台和相对应的伺服电动机 HG-JN23J-S100 一台。三菱 FX3U-32MT PLC 进行 I/O 分配，见表 4-20。其中方向控制 Y2＝0，表示正向；Y2＝1，表示反向。

表 4-20 例 4-9 I/O 分配表

输入继电器	输入元件	功能	输出继电器	伺服 CN1 引脚	功能
X0	SW1	选择开关	Y0	PP	脉冲信号
X1	SQ0	原点限位	Y2	NP	方向控制

输入继电器	输入元件	功能	输出继电器	伺服CN1引脚	功能
X2	SQ2	正向限位	Y3	SON	伺服开启
X3	SQ3	反向限位	Y4	LSP	正向限位
X4	SB1	按钮1	Y5	LSN	反向限位
X5	SB2	按钮2			

步骤2：完成如图4-62所示的接线图。其中，位置控制模式下需要将24V电源的正极和OPC（集电极开路电源输入）连接在一起。为了节约PLC的输入点数，将RES复位引脚通过按钮SB3直接与DOCOM连接在一起，为了保证伺服电动机能正常工作，急停EM2引脚必须连接至DOCOM（0V），PP（脉冲输入）和NP（方向控制）分别接在PLC的Y0和Y2上。

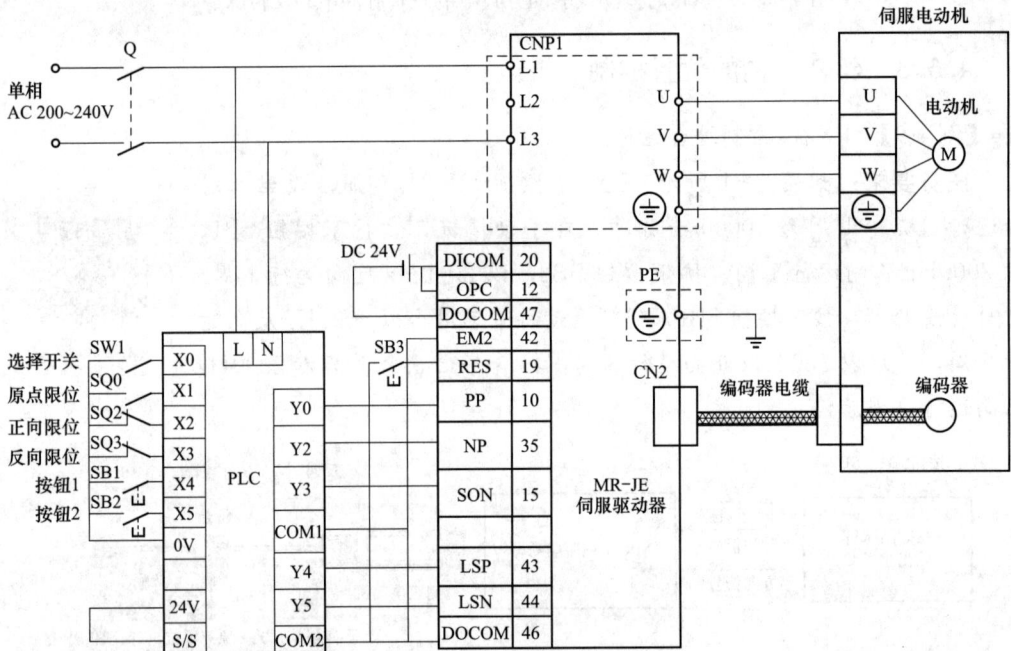

图4-62　FX3U控制滑台运行接线图

步骤3：伺服驱动器参数设置见表4-21。

表4-21　　　　　　丝杠机构的位置控制伺服驱动器参数

编号	简称	名称	初始值	设定值	说明
PA01	STY	运行模式	1000h	1000h	选择位置控制模式
PA05	FBP	每转指令输入脉冲数	10000	10000	根据设定的指令输入脉冲伺服电动机旋转1转（即10000个脉冲）
PA13	PLSS	指令脉冲输入形态	0100h	0001h	用于选择脉冲串输入信号，具体为：正逻辑，脉冲列＋方向信号

编号	简称	名称	初始值	设定值	说明
PA21	AOP3	功能选择 A-3	0001h	1000h	1 转的指令输入脉冲数
PD03	DI1L	输入软元件选择 1L	0202h	_ _ 0 2	在位置模式将 CN1-15 引脚改为 SON
PD11	DI5L	输入软元件选择 5L	0703h	_ _ 0 3	在位置模式将 CN1-19 引脚改为 RES
PD17	DI8L	输入软元件选择 8L	0A0Ah	_ _ 0 A	在位置模式将 CN1-43 引脚改为 LSP
PD19	DI9L	输入软元件选择 9L	0B0Bh	_ _ 0 B	在位置模式将 CN1-44 引脚改为 LSN

步骤 4：三菱 PLC 梯形图程序设计。

FX3U 控制滑台运行梯形图如图 4-63 所示，共有手动和自动两部分组成。手动开关 SW1 闭合，即手动状态时，执行该程序中第 6～17 步的程序；手动开关 SW1 不闭合，

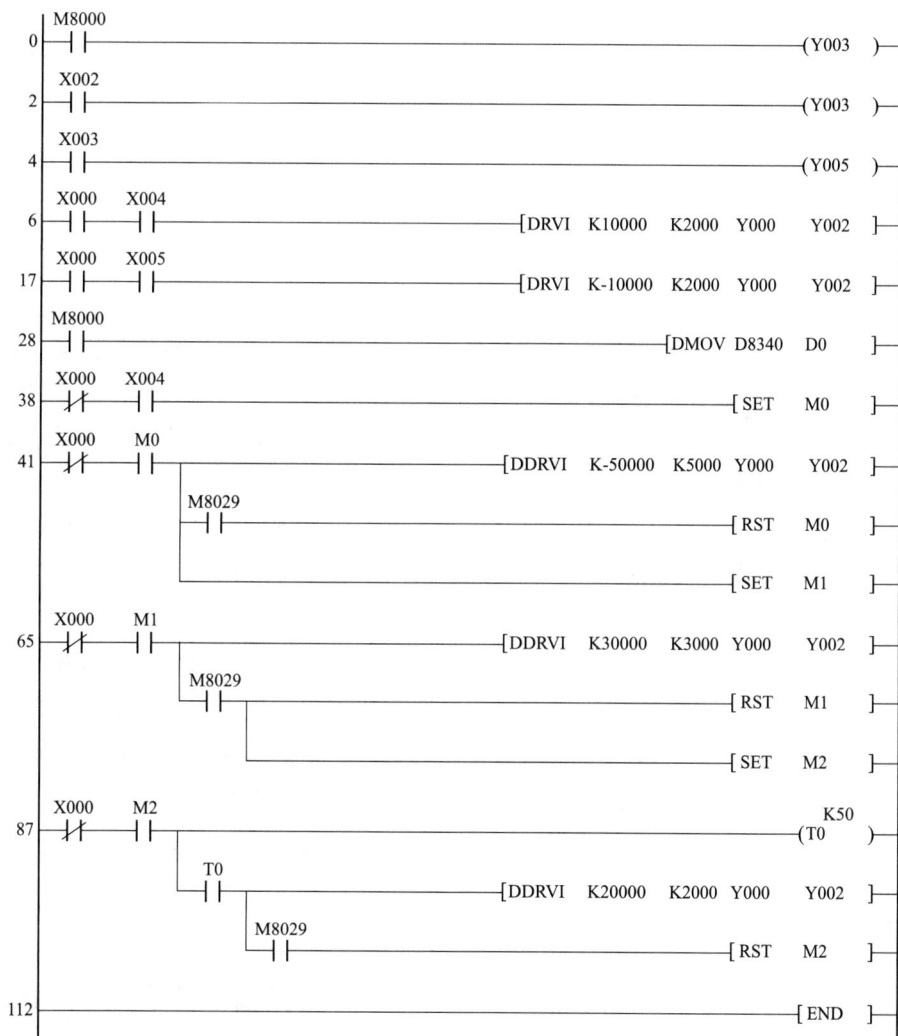

图 4-63 FX3U 控制滑台运行梯形图

即自动状态时，执行第 38～87 步的程序。具体解释如下。

步 0：始终输出 SON 为 ON，保证 MR-JE 能随时接收脉冲信号。

步 2～4：将正向限位 SQ2 和 SQ3 输出到 LSP 和 LSN。

步 6～17：在手动情况下，进行 DDRVI 相对定位指令，以 2000Hz 输出 10000 个脉冲（即 1 周）。

步 28：显示目前的滑台实时位置信号。

步 38：自动情况下，按下按钮 SB1，置位 M0。

步 41：在 M0 为 ON 的情况下，反向 5 周，等 DDRVI 指令结束后复位 M0，并置位 M1。

步 65：在 M1 为 ON 的情况下，正向 3 周，等 DDRVI 指令结束后复位 M1，并置位 M2。

步 87：在 M2 为 ON 的情况下，等待 5s，然后正向 2 周，等 DDRVI 指令结束后复位 M2 后停机。

为保证精确定位，即在原点时 D8340/D8341 显示为 0，可以在近原点位置增加限位 SQ1 为 DOG 点，然后采取 DSZR 指令找原点。

📖 拓展阅读

2022 年 1 月 6 日，我国空间站的机械臂完成了一项重大试验，机械臂自动抓住天舟二号货运飞船，成功进行了转位试验。在这次试验中，天和核心舱机械臂的一端对接到天舟二号上的目标适配器，完成了捕获。在机械臂自动完成舱段转位试验之后，航天员还会手动操控机械臂，进行舱段转位试验。此次机械臂成功自动转位天舟二号，完成了一系列的精准操控，为之后的空间站建造奠定了坚实的基础。我国空间站的机械臂是集成一系列高精尖技术的高端航天装备，它自身的质量约 0.74t，但它的"臂力"高达 25t。即便问天、梦天每段实验舱都是重达 20t，机械臂也能轻松完成空间大挪移。除了转移舱段之外，机械臂还能用于转移航天员。机械臂具有 7 个自由度，可以精准完成一系列复杂的转移任务。在出舱时，如果航天员要到比较远的地方开展任务，可以使航天员固定在机械臂的一端，由机械臂将航天员转移过去。虽然机械臂的长度有限，但它不是被完全固定住的。机械臂的两端都经过了特别设计，可以实现头尾互换，在空间站的外表面前后爬行，这样机械臂就能移动到空间站的各个地方开展作业。

👤 任务评价

按要求完成考核任务，评分标准见表 4-22，具体配分可以根据实际考评情况进行调整。

表 4-22　　　　　　　　　　　　评　分　标　准

序号	考核项目	考核内容及要求	配分	得分
1	职业道德与课程思政	遵守安全操作规程，设置安全措施； 认真负责，团结合作，对实操任务充满热情； 正确认识我国空间站机械臂的功用	15％	
2	系统方案制定	PLC 控制步进方案合理； PLC 控制伺服电路图正确	15％	
3	编程能力	独立完成定位控制指令应用； 独立完成 PLC 梯形图编程	20％	
4	操作能力	根据电气图正确接线，美观且可靠； 正确输入程序并进行定位程序调试； 根据系统功能进行正确操作演示	25％	
5	实践效果	系统工作可靠，满足工作要求； 按规定的时间完成任务	15％	
6	创新实践	在本任务中有另辟蹊径、独树一帜的实践内容	10％	
合计			100％	

📡 思考与练习

4.1　试说明指令［PLSV D0 Y0 4］的执行含义，并画出其运行时序图。

4.2　FX3U 系列 PLC 脉冲输出端为 Y0、Y2 时，请说出其正转限位标志位和反转限位标志位。

4.3　请写出 FX3U 系列 PLC 脉冲输出端 Y000 的清零信号指定为 Y010 的程序。

4.4　如图 4-64 所示，有正转限位、反转限位时，可以执行使用带 DOG 搜索功能的原点回归。此时，因原点回归的开始位置不同，原定回归动作也各不同。请阐述在以

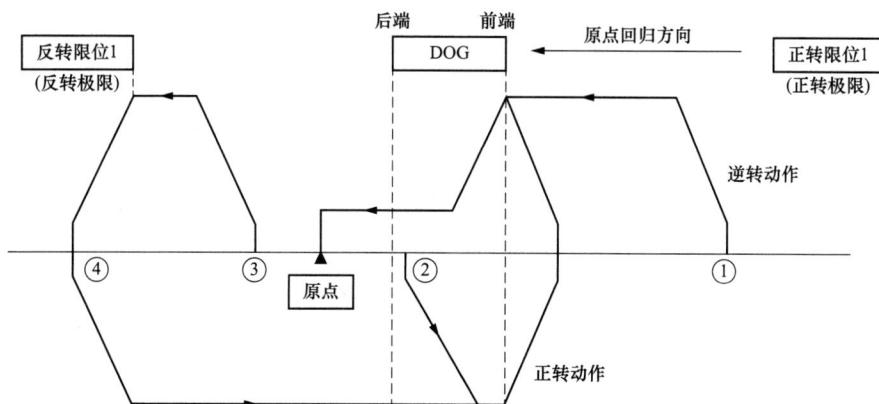

图 4-64　题 4.4 图

下四种位置时的工作示意图：①开始位置在通过 DOG 前时；②开始位置在通过 DOG 内时；③开始位置在靠近原点信号 OFF（通过 DOG 后）时；④原点回归方向的限位开关（正转限位 1 或者反转限位 1）为 ON 时。

4.5　图 4-65 为某独立步进双轴（X 轴和 Y 轴）定位控制系统工作循环示意图，控制要求如下：

（1）能单独进行双轴的回原点及电动 DOG 正反转操作。按"原点回归"后先 X 轴后 Y 轴的顺序进行原点回归，原点回归指示灯亮。

（2）回原点后，按下"启动"按钮，实现工作循环，具体为：X 轴运行到绝对位置 3000 处停止；暂停 1s 后，X 轴继续运行到绝对位置 6000 处停止；暂停 1s 后，Y 轴运行到绝对位置 1000 处停止；暂停 1s 后，X 轴返回到绝对位置 3000 处停止；暂停 1s 后，Y 轴返回到原点停止；暂停 100ms 后，X 轴返回到原点停止。

（3）要求设置"手动/自动"选择，手动为每一次工作循环后，X 轴和 Y 轴均处于原点待命；仅按下"启动"按钮后才进行一次工作循环；自动则为反复循环，直到按下"停止"按钮。

（4）上述循环中，均可以通过按下"暂停"按钮停止，按"启动"按钮后继续当前动作。

请画出 FX3U 系列 PLC 与外部电气元件的接线图、I/O 地址分配，最后进行程序编制。

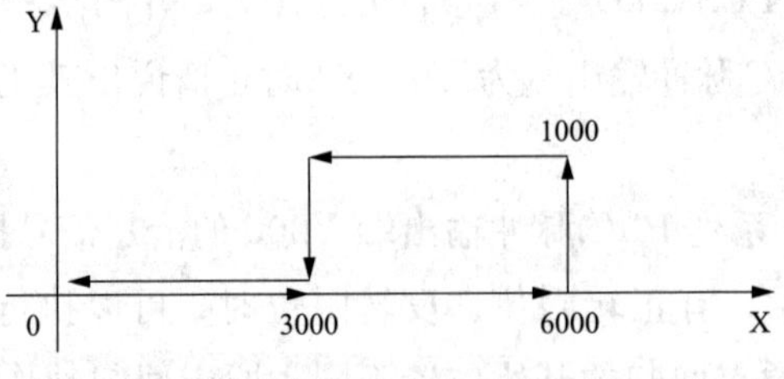

图 4-65　题 4.5 图

项目5

FX系列PLC的工程应用

【导读】

以 PLC 为中心，加上触摸屏、步进电动机与伺服系统，或者更多的 PLC，就可以组成复杂的 PLC 控制系统。对于 PLC 综合应用来说，其设计一般都要从工艺过程出发，分析其控制要求，确定用户的输入/输出元件，然后选择 PLC 和相应的自动化产品。接下来是进行 PLC 程序设计和触摸屏组态。PLC 作为工业自动化系统的核心，它与其他设备的通信能力对于系统的正常运行至关重要。通过选择合适的通信方式、遵循相应的通信协议、进行正确的通信配置以及注意通信过程中的问题，可以确保 PLC 与其他设备之间的稳定通信和数据交换。

知识目标

掌握 PLC 控制系统设计的基本原则及步骤。

掌握 PLC 工程应用中的软元件注释方法。

掌握 PLC 通信常用的理论知识。

掌握触摸屏的工作原理。

能力目标

能够对生产现场的各类机械设备进行电气控制要求的分析。

能提出 PLC 通信方案并进行系统设计与调试。

能够进行触摸屏组态并与 PLC 进行通信。

素养目标

弘扬钱学森精神，培养技术报国的情怀。

深刻把握"两弹一星"精神新的时代内涵。

弘扬大胆假设、严密求证的科学精神。

5.1 FX 系列 PLC 的逻辑控制应用

5.1.1 PLC 控制系统设计的步骤

PLC 控制系统设计的一般步骤如图 5-1 所示。它从工艺过程出发，分析控制要求、确定用户的 I/O 设备并选择 PLC，然后分配 I/O，设计 I/O 连接图。接下来分两路进行：一路是 PLC 程序设计，包括绘制流程图、设计梯形图、编制程序清单、输入程序并

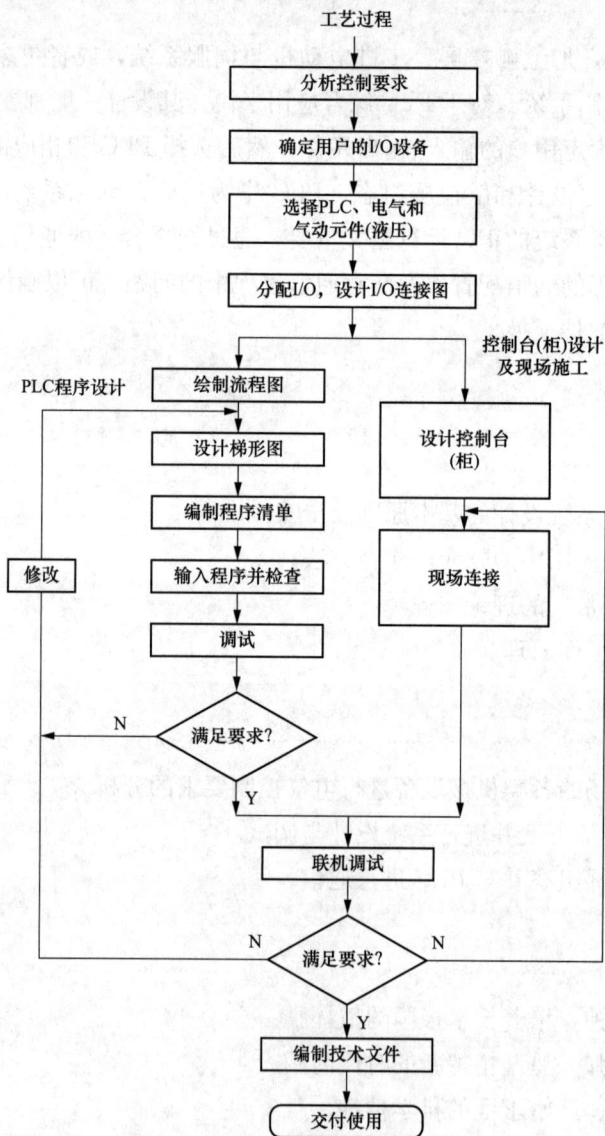

图 5-1 PLC 控制系统设计的一般步骤

180

检查、调试与修改；一路是控制台（柜）设计及现场施工，完成电气接线。然后联机调试，满足用户要求后，编制技术文件，交付用户使用。

下面对 PLC 控制系统设计中的关键步骤进行说明。

1. 选择 PLC 和相关执行元件

PLC 控制系统是由 PLC、用户输入及输出设备等连接而成。需要认真选择用户输入设备（如按钮、开关、限位开关和传感器等）和输出设备（如继电器、接触器、信号灯、气动元件、液压元件等执行元件）。同时，要求进行电气元件和相关执行元件的选用说明，必要时应设计完成系统主电路图。

根据选用的输入/输出设备的数量和电气特性，选择合适的 PLC。PLC 是控制系统的核心部件，对于保证整个控制系统的技术经济性能指标起着重要作用。选择 PLC 时，应考虑机型、容量、I/O 点数、输入/输出模块（类型）、电源模块以及特殊功能模块等因素。

2. 分配 I/O 点，设计 I/O 连接图

根据选用的输入/输出设备和控制要求，确定 PLC 外部 I/O 端口分配。

（1）制定 I/O 分配表，对各 I/O 点功能做出说明（即输入/输出定义）。对于输入信号，要明确是 NC 还是 NO，对 NPN 或 PNP 传感器要正确区分。对于输出信号，则要说明电压等级，若需要进行中间继电器转换，则要特别说明。

（2）依据输入/输出设备和 I/O 点分配关系，画出 PLC 外部 I/O 接线图，接线图中各元件应有代号或编号说明。

（3）必要时列出电气元件明细表，并注明规格数量等详细信息。

3. 绘制流程图

绘制 PLC 控制系统程序设计流程图，完成程序设计过程的分析说明，尤其是步序控制流程图中，需将相关的转移条件和执行列出。

4. 设计梯形图

利用编程软件编写控制系统的梯形图程序，在满足系统技术要求和工作情况的前提下，应尽量简化程序，按照 IEC 61131-3 进行编程。同时尽量减少 PLC 的输入/输出点，设计简单、可靠的梯形图程序。另外，注意安全保护，检查自锁和联锁要求、防误操作功能等是否实现。

IEC 61131-3 标准推动了 PLC 在软件方面的平台化发展，进一步促进了工程设计的自动化和智能化，具体体现在：

（1）编程的标准化，促进了工控编程从语言到工具性平台的开放，同时为工控程序在不同硬件平台间的移植创造了前提条件。

（2）为控制系统创立统一的工程应用软环境打下坚实基础。从应用工程程序设计的管理，到提供逻辑和顺序控制、过程控制、批量控制、运动控制、传动、人机界面等统

一的设计平台，甚至调试、投运和投产后的维护等，统一纳入工程平台。

（3）应用程序的自动生成工具和仿真工具。

5. 调试

（1）利用在计算机上仿真运行调试 PLC 控制程序。

（2）与 PLC 仅输入及输出设备联机进行程序调试。调试中对设计的系统工作原理进行分析，审查控制实现的可靠性，检查系统功能，完善控制程序。控制程序必须经过反复调试、修改，直到满意为止。

6. 编制技术文件

技术文件应有控制要求、系统分析、主电路、控制流程图、I/O 分配表、I/O 接线图、内部元件分配表、系统电气原理图、PLC 程序、程序说明、操作说明和结论等内容。技术文件要重点突出，图文并茂，文字表述通畅。

5.1.2　软元件注释

对 PLC 程序添加注释、声明、注解是 PLC 开发者自身的一个标记。对开发者本身来说，特别是在大型的程序中，这些标记能帮助他们及时找到问题进行维护、修改或者拓展；对程序阅读者或者接手人来说，这些标记起到解释的作用，能让他们更快更透彻地了解程序和开发者的思路。

注释：描述软元件的意义。

声明：描述梯形图功能的文字描述。

注解：描述应用指令的文字描述。

编程软件 GX Works2 里有"注释""声明"和"注解"的快捷键，其符号如图 5-2 所示。

图 5-2　"注释""声明"和"注解"快捷键

1. 注释的操作步骤

（1）如图 5-3（a）所示，选中"注释"快捷键并单击。

（2）在需要注释的软元件中双击。

（3）如图 5-3（b）所示，进行软元件/标签注释后，单击"确认"完成。

对于已经完成注释的梯形图，可以通过选择菜单"视图"→"注释显示"来选择显示或不显示注释（见图 5-4）。完成后的梯形图注释如图 5-5 所示。

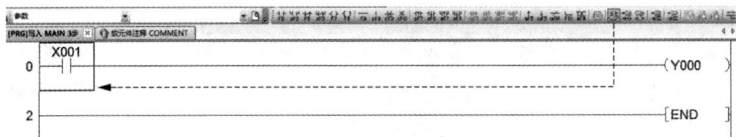

(a) "注释"快捷键

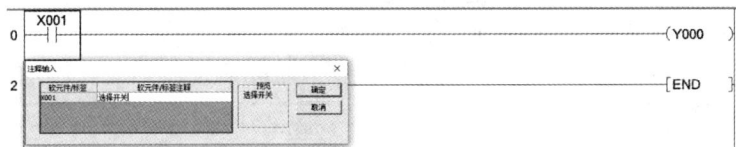

(b) 注释输入

图 5-3　注释快捷键注释输入

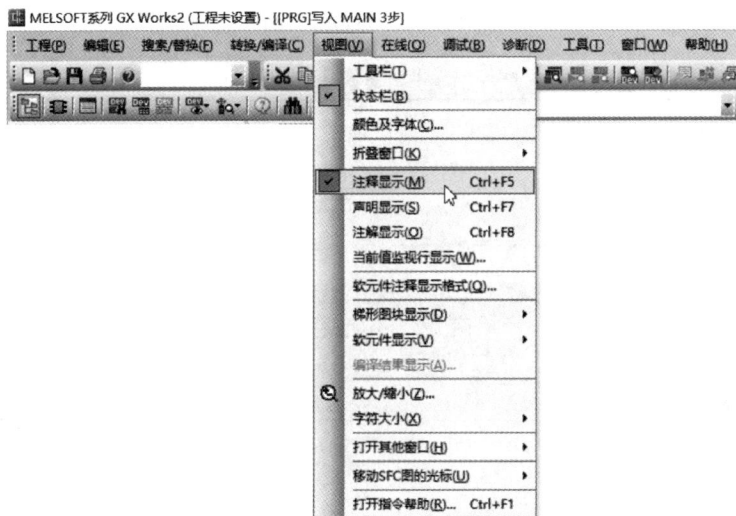

图 5-4　注释显示选项

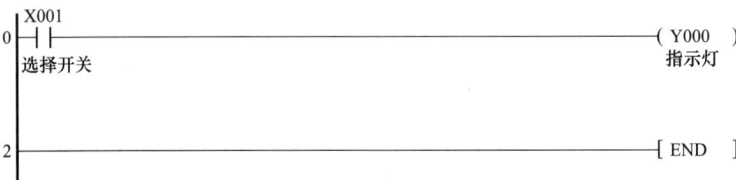

图 5-5　完成后的梯形图注释

完成后的注释也可以在"全局软元件注释"中找到，如图 5-6 所示。

2. 声明的操作步骤

(1) 选中"声明"快捷键并单击（见图 5-7）。

(2) 在需要添加行间注释的程序位置双击。

(3) 编辑声明后单击"确认"完成（见图 5-8）。

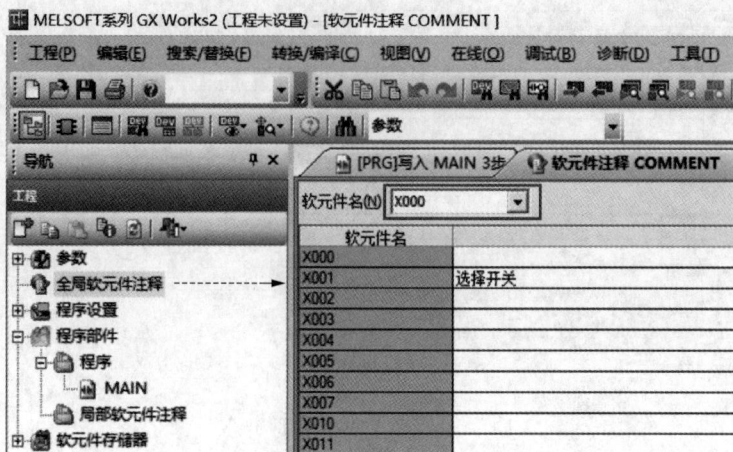

图 5-6　全局软元件注释

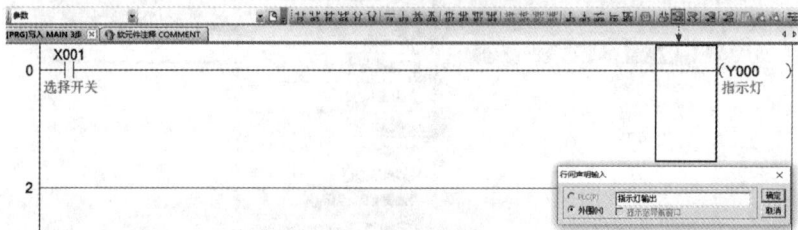

图 5-7　声明快捷键

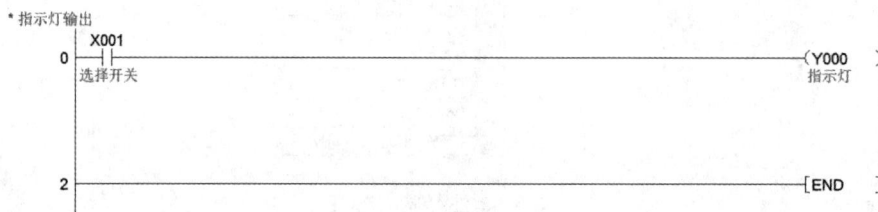

图 5-8　完成后的声明

3. 注解的操作步骤

（1）选中"注解"快捷键并单击（见图 5-9）。

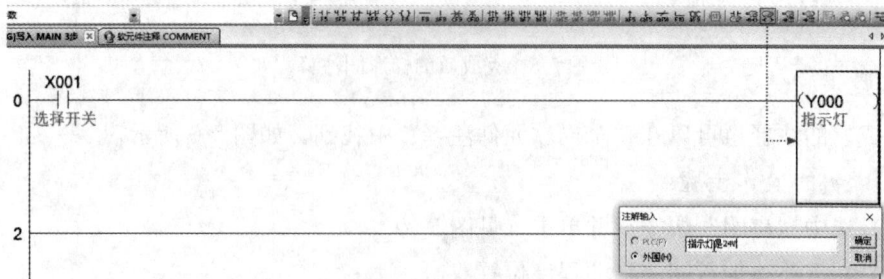

图 5-9　注解快捷键

（2）在需要添加注解的地方双击。

（3）编辑注解后单击"确认"完成（见图 5-10）。

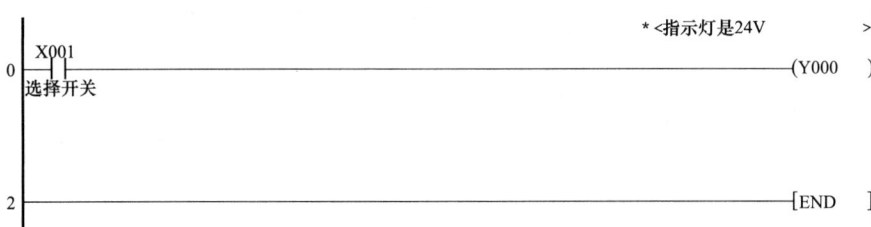

图 5-10　完成后的注解

5.1.3　逻辑控制的工程应用

【例 5-1】　六工位小车控制。

任务要求： 如图 5-11 所示，某生产线上布置了六工位进行生产作业，小车通过限位或行程开关 SQ1～SQ6 来定位工位 1～工位 6，通过设置每个工位上的呼叫开关 SB2～SB7 来实现车辆定位服务，同时设置启动（复位）按钮 SB0 和急停按钮 SB1。小车的正转和反转运行通过 KM1 和 KM2 来实现。请用 FX3U 编程实现六工位小车控制。

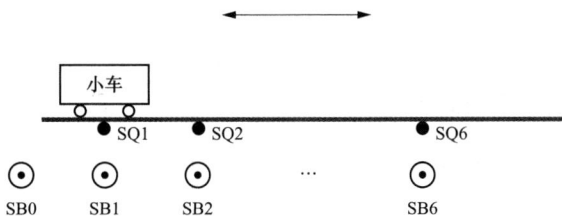

图 5-11　六工位小车控制示意图

实施步骤：

步骤 1：I/O 分配表见表 5-1。

表 5-1　　　　　　　　　六工位小车 I/O 分配表

输入	功能	输出	功能
X000	启动（复位）按钮 SB0	Y000	右行，电机正转 KM1
X001	急停按钮 SB1	Y001	左行，电机反转 KM2
X002	1 号位呼叫开关 SB2		
X003	2 号位呼叫开关 SB3		
X004	3 号位呼叫开关 SB4		
X005	4 号位呼叫开关 SB5		

输入	功能	输出	功能
X006	5 号位呼叫开关 SB6		
X007	6 号呼叫开关 SB7		
X010	1 号位限位 SQ1		
X011	2 号位行程开关 SQ2		
X012	3 号位行程开关 SQ3		
X013	4 号位行程开关 SQ4		
X014	5 号位行程开关 SQ5		
X015	6 号工位限位 SQ6		

步骤 2：绘制 PLC 电气接线图（见图 5-12）。

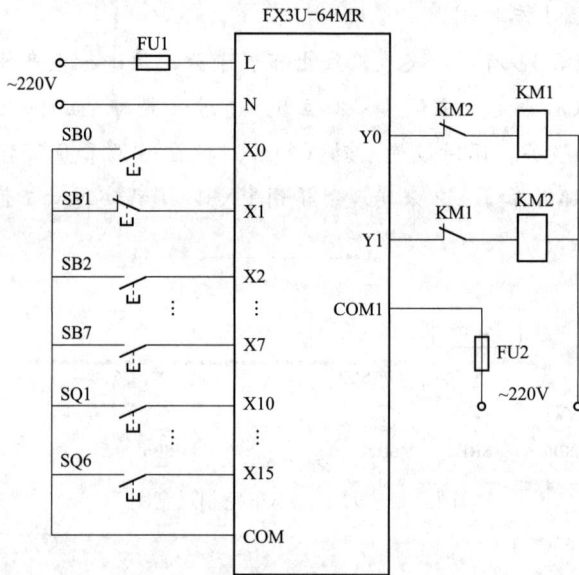

图 5-12　PLC 电气接线图

步骤 3：梯形图编程（见图 5-13）。

图 5-13　带注释、声明和注解的梯形图（一）

186

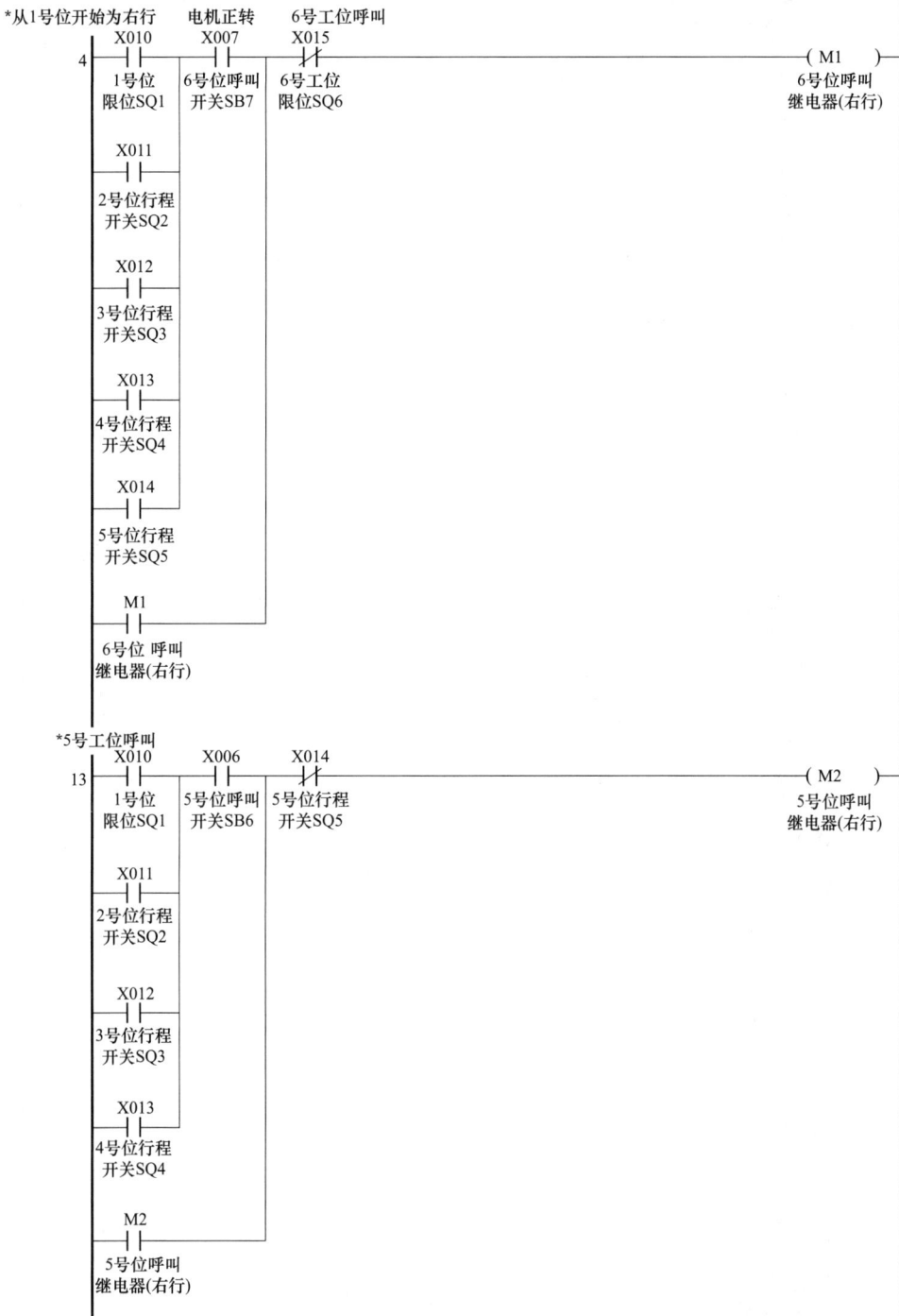

图 5-13 带注释、声明和注解的梯形图（二）

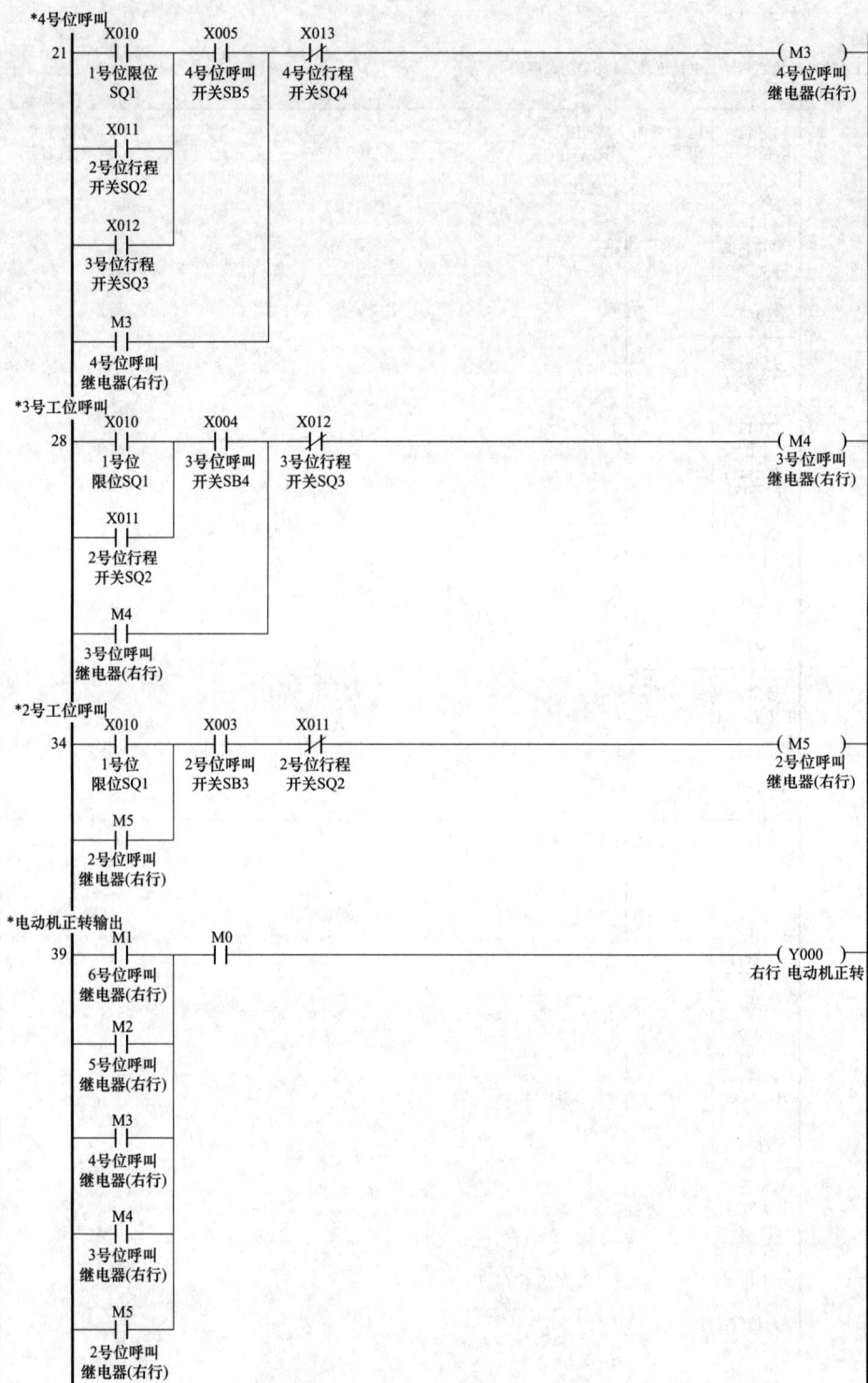

图 5-13 带注释、声明和注解的梯形图（三）

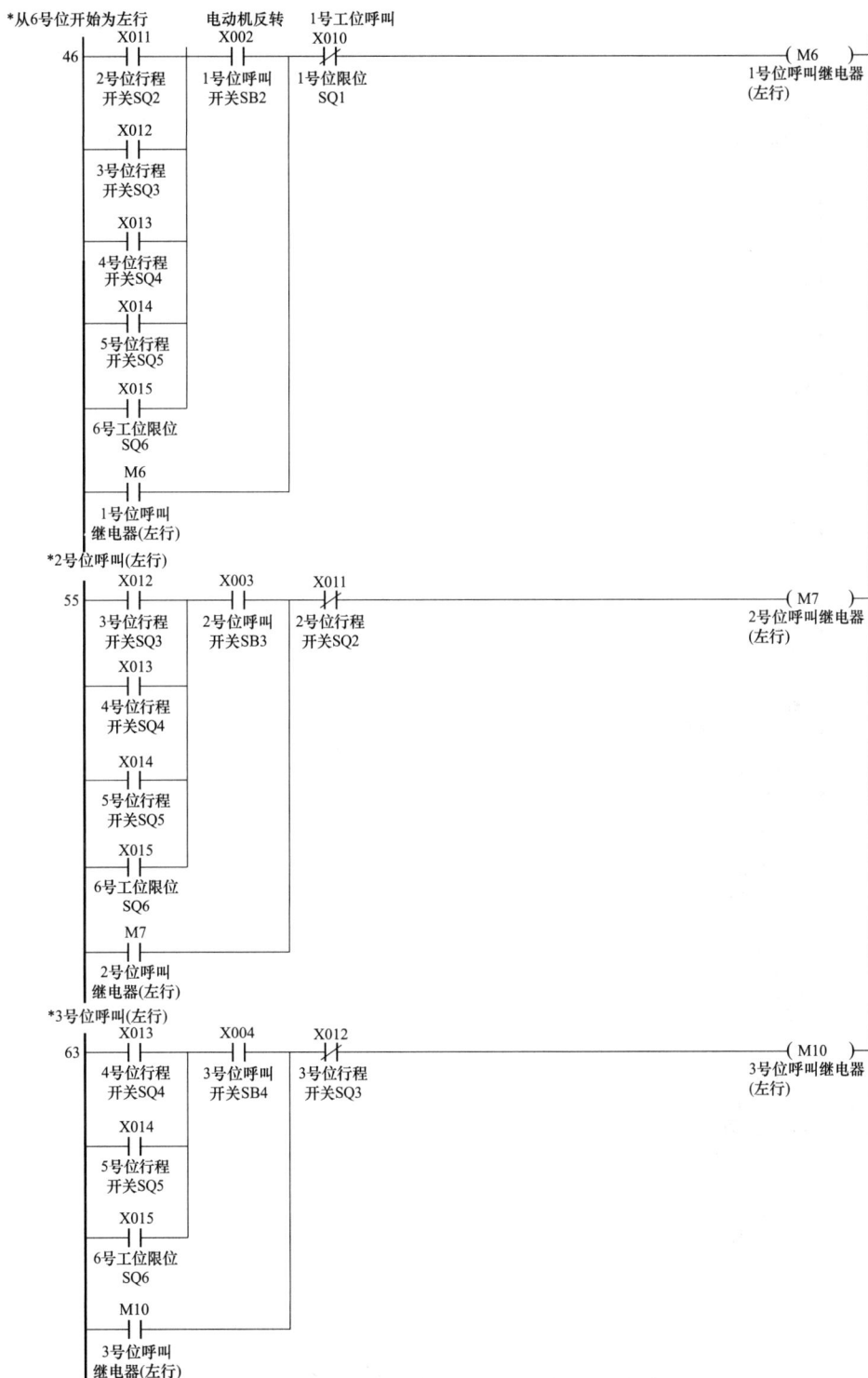

图 5-13　带注释、声明和注解的梯形图（四）

*4号位呼叫(左行)

```
      X014        X005        X013
70 ───┤├─────┬────┤├──────────┤/├────────────────────────────( M11 )
     5号位行程 │  4号位呼叫  4号位行程                          4号位呼叫继电器
     开关SQ5  │  开关SB5    开关SQ4                            (左行)
             │
      X015   │
     ───┤├───┤
     6号工位限位
      SQ6    │
             │
      M11    │
     ───┤├───┘
     4号位呼叫
     继电器(左行)
```

*5号位呼叫(左行)

```
      X015        X006        X014
76 ───┤├─────┬────┤├──────────┤├─────────────────────────────( M12 )
     6号工位限位 │  5号位呼叫  5号位行程                          5号位呼叫继电器
      SQ6      │  开关SB6    开关SQ5                            (左行)
              │
      M12     │
     ───┤├────┘
     5号位呼叫
     继电器(左行)
```

*左行 电动机输出

```
      M6        M0
81 ───┤├───┬────┤├────────────────────────────────────────────( Y001 )
     1号位呼叫 │                                                 左行 电动机反转
     继电器(左行)│
              │
      M7      │
     ───┤├────┤
     2号位呼叫 │
     继电器(左行)│
              │
      M10     │
     ───┤├────┤
     3号位呼叫 │
     继电器(左行)│
              │
      M11     │
     ───┤├────┤
     4号位呼叫 │
     继电器(左行)│
              │
      M12     │
     ───┤├────┘
     5号位呼叫
     继电器(左行)


88 ─────────────────────────────────────────────────────────[ END ]
```

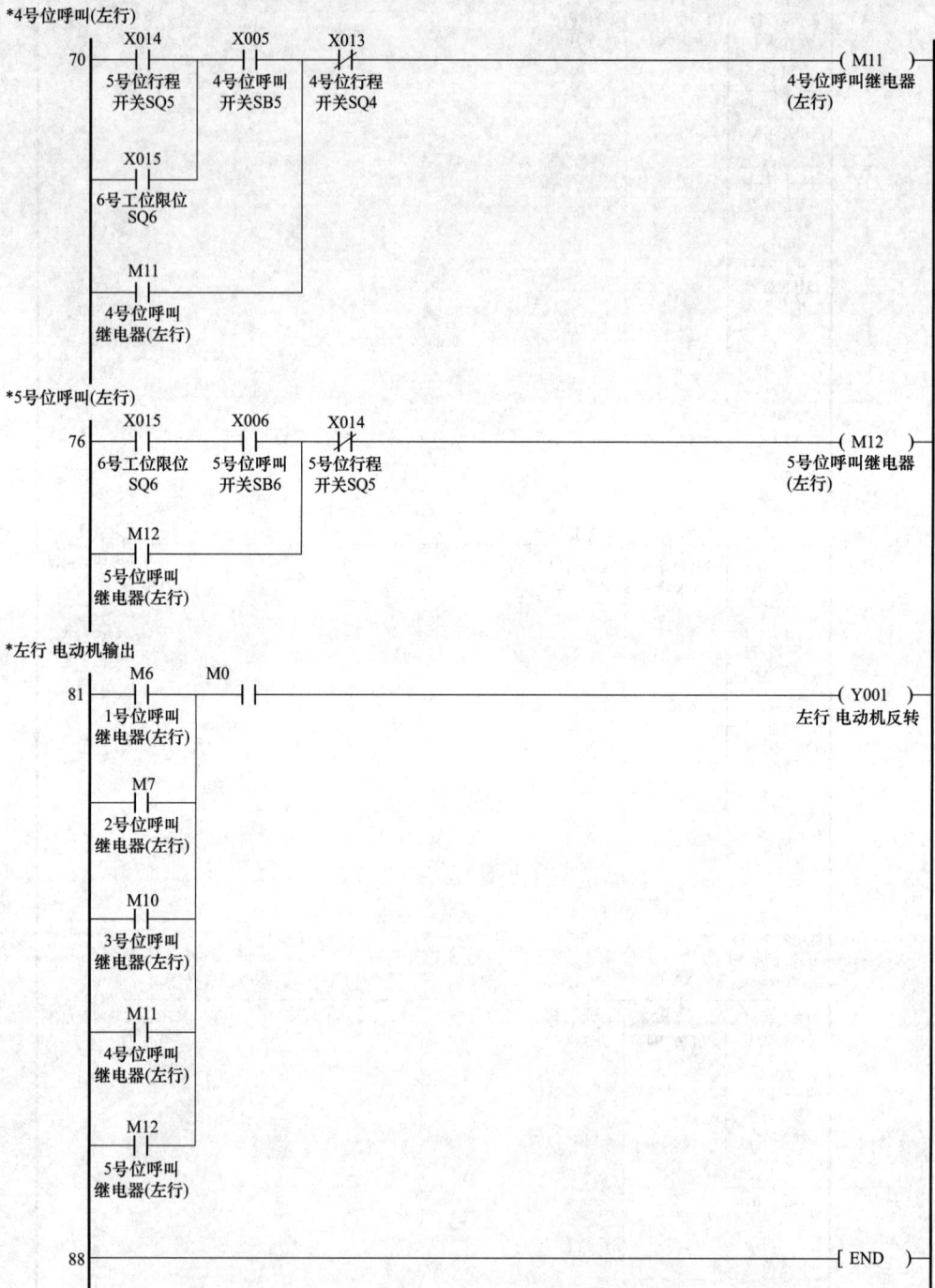

图 5-13 带注释、声明和注解的梯形图（五）

190

5.2 FX 系列 PLC 通信及应用

5.2.1 通信系统的基本组成

近年来，PLC 与计算机通信发展迅速。在 PLC 与计算机连接构成的综合系统中，计算机主要负责数据处理、参数修改、图像显示、报表打印、文字处理、系统管理、PLC 程序编制及工作状态监视等任务。PLC 仍然直接面向现场和设备，进行实时控制。PLC 与计算机的连接，可以更有效地发挥各自的优势，弥补应用上的不足，扩大 PLC 的处理能力。

为了适应 PLC 网络化的要求，扩大联网功能，绝大多数 PLC 厂家都为 PLC 开发了与上位计算机通信的接口或专用的通信模块。一般在小型 PLC 上都设有通信接口，在中大型 PLC 上都设有专用的通信模块。

PLC 通信是指 PLC 与计算机、PLC 与 PLC、PLC 与现场设备或远程 I/O 之间的信息交换。PLC 编程就是计算机输入程序到 PLC 及计算机从 PLC 中读取程序的简单通信过程。无论是计算机还是 PLC，它们都属于数字设备，交换的数据（或称信息）都是以"0"和"1"表示的数字信号，所以通常将具有一定编码要求的数字信号称为数据信息。很显然，PLC 通信属于数据通信。

通信系统的基本组成结构框图如图 5-14 所示，它主要由传送设备、发送器、接收器、传送控制设备（通信软件、通信协议）和通信介质（总线）等部分组成。

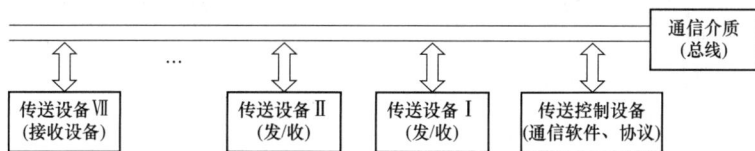

图 5-14 通信系统的基本组成结构框图

传送设备至少有两个，一个是发送设备，一个是接收设备。对于多台设备之间的数据传送，有时还有主、从之分。主设备起控制、发送和处理信息的主导作用，而从设备被动地接收、监视和执行主设备的信息。主从关系在实际通信时由数据传送的结构确定。在 PLC 通信系统中，传送设备可以是 PLC、计算机或各种外围设备。

传送控制设备主要用于控制发送与接收之间的同步协调，以保证信息发送与接收的一致性。这种一致性靠通信协议和通信软件来保证，通信协议是指通信过程中必须严格遵守的数据传送规则，是通信得以进行的法规。

5.2.2 通信方式

数据通信方式有两种基本方式，即并行通信方式和串行通信方式。

（1）并行的通信方式。并行通信方式是指数据的各位同时进行传输，通过多条数据线同时传输多个数据位。如图 5-15 所示，表示 8 位二进制数同时从 A 设备传送到 B 设备。在并行通信中，并行传送的数据有多少位，传输线就有多少根，因此数据的传输速度很快。如果数据的位数较多，传送距离较远，那么必然导致线路复杂，成本高。因此，并行通信不适合距离传送。

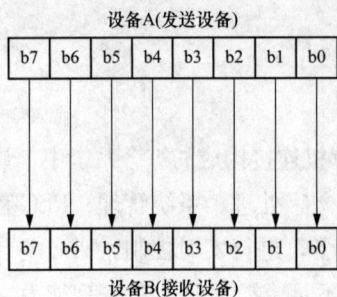

图 5-15　并行通信示意图

（2）串行通信方式。串行通信方式是将数据一位一位按顺序逐位传输，通过一条数据线完成数据传输（见图 5-16）。传送数据时，只需要 1～2 根传输线分时传送即可，与数据位数无关。虽然串行通信速度较慢，但特别适合多位数据的长距离通信。目前，串行通信的传输速率每秒可达兆字节的数量级。PC 与 PLC 的通信、PLC 与现场设备或远程 I/O 的通信及开放式现场总线（CC-Link）的通信均采用的是串行通信方式。

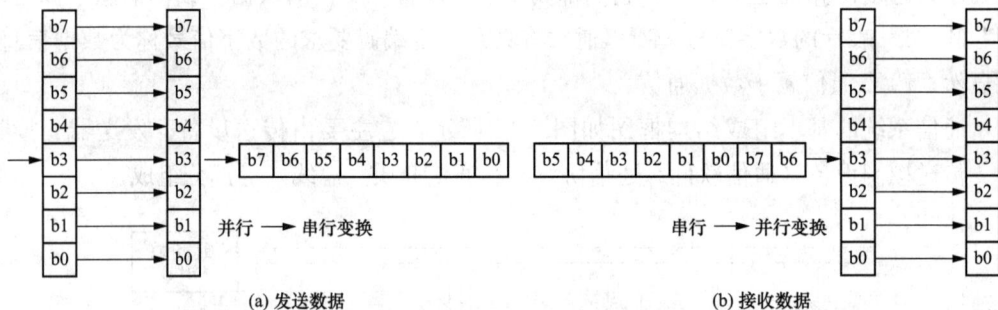

图 5-16　串行通信示意图

串行通信方式，按数据传送的方向又可分为单工通信、半双工通信和全双工通信三种方式，如图 5-17 所示。

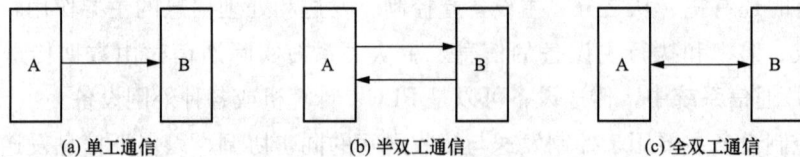

图 5-17　数据通信方式示意图

单工通信是指信息的传递始终保持一个固定的方向，不能进行反方向传送，线路上任一时刻总是一个方向的数据在传送。半双工通信是指在两个通信设备中同一时刻只能有一个设备发送数据，而另一个设备接收数据，没有限制哪个设备处于发送或接收状态，但两个设备不能同时发送或接收信息。全双工通信是指两个通信设备可以同时发送和接收信息，线路上任一时刻可有两个方向的数据在流动。

在串行通信方式中，为了保证发送数据和接收数据的一致性，采用了两种通信技术，即同步通信和异步通信技术。异步通信是指将被传送的数据编码成一串脉冲，按照定位数（通常是按一个字节，即 8 位二进制数）分组，在每组数据的开始位加"0"标记，在末尾处加校验位"1"和停止位"1"标记。以这种特定的方式逐组发送数据，接收设备也将逐组接收数据，在开始位和停止位的控制下，保证数据传送不会出错，如图 5-18 所示。

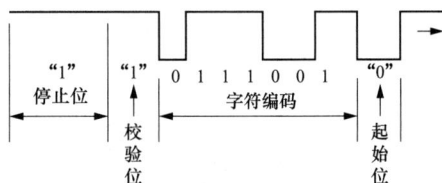

图 5-18　串行异步通信方式示意图

这种通信方式，每传一个字节都要加入开始位、校验位和停止位，传送效率低，主要用于中、低速数据通信。

5.2.3　三菱 PLC 通信种类与通信连接

1. 三菱 PLC 的常见通信功能

三菱 PLC 的常见通信功能见表 5-2。

表 5-2　　　　　　　　　　　　三菱 PLC 的常见通信功能

通信种类		具体描述
$N:N$ 网络	功能	可以在 PLC 之间进行简单的数据连接
	用途	生产线的分散控制和集中管理等
并联连接	功能	可以在 PLC 之间进行简单的数据连接
	用途	生产线的分散控制和集中管理等
变频器通信	功能	可以通过通信控制三菱变频器 FREQROL
	用途	运行监视、控制值的写入、参数的参考及变更等
MODBUS 通信	功能	可以和 RS-232C 以及 RS-485 支持 MODBUS 的设备进行 MODBUS 通信
	用途	生产线的分散控制和集中管理等
以太网通信	功能	可以利用 TCP/IP、UDP/IP 通信协议，经过以太网（100BASE-TX、10BASE-T），将 PLC 与计算机或工作站等上位系统连接
	用途	生产线的分散控制和集中管理，与上位网络之间的信息交换等
无协议通信	功能	可以与具备 RS-232C 或者 RS-485 接口的各种设备，以无协议的方式进行数据交换
	用途	与计算机、条形码阅读器、打印机、各种测量仪表之间的数据交换
CC-Link	功能	对于以 MELSEC Q PLC 作为主站的 CC-Link 系统而言，FX 系列 PLC 可以作为远程设备站、智能设备站进行连接，也可以构筑以 FX 系列 PLC 为主站的 CC-Link 系统
	用途	生产线的分散控制和集中管理，与上位网络之间的信息交换等

2. FX3U 系列 PLC 的通信连接

FX3U 系列 PLC 的通信连接如图 5-19 所示，它共有三种方式用于 RS-232/RS-422/RS-485 通信：A 位置可以安装 FX3U-485ADP（-MB）适配器；B 位置可以安装 FX3U-485-BD、FX3U-422-BD、FX3U-232-BD 等通信板；C 位置可以安装特殊单元、特殊模块。

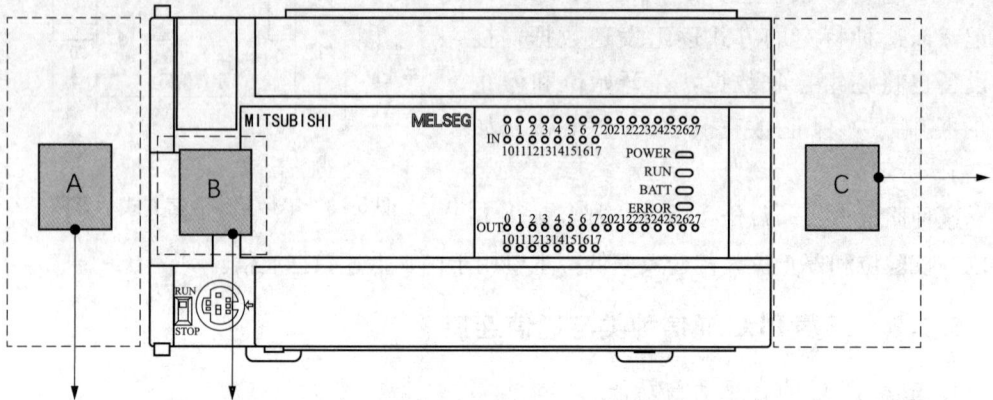

图 5-19　FX3U 系列 PLC 的通信连接

5.2.4　FX 系列 PLC 与 FX 系列 PLC 之间的 $N:N$ 通信

1. $N:N$ 通信基础

在工业控制系统中，对于多控制任务的复杂控制系统，不可能单靠增大 PLC 点数或改进机型来实现复杂的控制功能，而是采用多台 PLC 连接通信来实现，这种 PLC 与 PLC 之间的通信被称为同位通信。三菱 FX 系列 PLC 常用的同位通信为 $N:N$ 网络，即最多 8 台 FX 系列 PLC 之间通过 RS-485 通信连接，然后可以进行软元件相互连接。在全部由 485ADP 构成的情况下，总延长距离最大可达 500m。

以 FX3U 系列 PLC 为例，PLC 与 PLC 之间的系统连接如图 5-20 所示。在各站间，位软元件（0～64 点）和字软元件（4～8 点）被自动数据连接，通过分配到本站上的软元件，可知其他站的 ON/OFF 状态和数据寄存器数值。这种连接适用于生产线的分布控制和集中管理等场合。根据要连接的点数，有三种模式可以选择，见表 5-3。

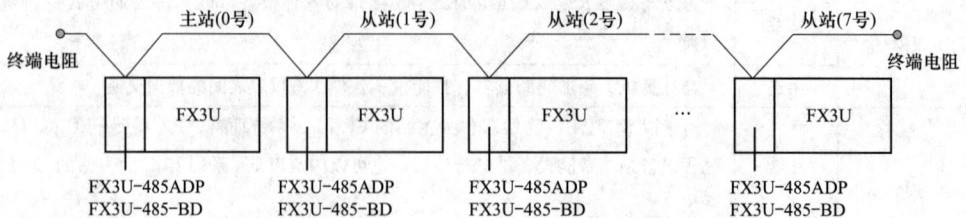

图 5-20　PLC 与 PLC 之间的 $N:N$ 通信

站号		模式 0		模式 1		模式 2	
		位软元件 (M)	字软元件 (D)	位软元件 (M)	字软元件 (D)	位软元件 (M)	字软元件 (D)
		0 点	各站 4 点	各站 32 点	各站 4 点	各站 64 点	各站 8 点
主站	站号 0	—	D0～D3	M1000～M1031	D0～D3	M1000～M1063	D0～D7
从站	站号 1	—	D10～D13	M1064～M1095	D10～D13	M1064～M1127	D10～D17
	站号 2	—	D20～D23	M1128～M1159	D20～D23	M1128～M1191	D20～D27
	站号 3	—	D30～D33	M1192～M1223	D30～D33	M1192～M1255	D30～D37
	站号 4	—	D40～D43	M1256～M1287	D40～D43	M1256～M1319	D40～D47
	站号 5	—	D50～D53	M1320～M1351	D50～D53	M1320～M1383	D50～D57
	站号 6	—	D60～D63	M1384～M1415	D60～D63	M1384～M1447	D60～D67
	站号 7	—	D70～D73	M1448～M1479	D70～D73	M1448～M1511	D70～D77

表 5-3　　　　　　　　　　　　　不同模式下的软元件分配

由表 5-3 可以看出，$N:N$ 数据的连接是在最多 8 台 FX 系列 PLC 之间自动更新。应注意的是，$N:N$ 连接时，其内部的特殊辅助继电器不能作为其他用途。

2. 通信连接硬件选择与连线

$N:N$ 数据连接的通信方式共有两个通道。图 5-21 为通道 1 的配置，它可以选用 FX3U-485-BD，最长通信距离 50m；也可以选择 FX3U-CNV-BD ＋ FX3U-485ADP（-MB），即左侧适配器，最长通信距离 500m。图 5-22 为通道 2 的配置，它可以在 FX3U-□-BD（□为 232、422、485、USB、8AV 中任何一个）为通道 1 的基础上，添加 FX3U-485ADP（-MB）为通道 2；也可以在左侧适配器为通道 1 的基础上，添加 FX3U-485ADP（-MB）为通道 2。在通道 2 的配置中，使用 FX3U-8AV-BD 时，通信通道将占据 1 个通道；使用 FX3U-CF-ADP 时，通信通道将占据 1 个通道。

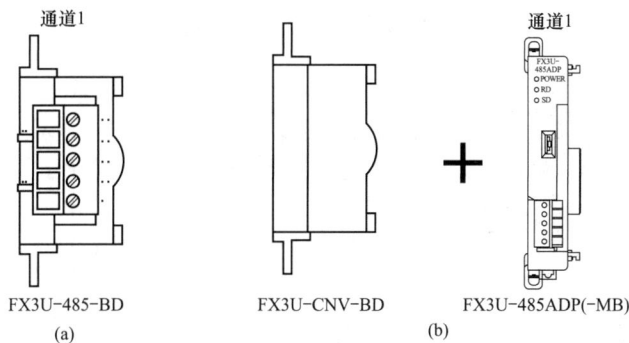

图 5-21　通道 1 配置

在使用 FX3U-485-BD、FX3U-485ADP（-MB）的情况下，还应使用内置终端电阻进行终端电阻切换开关设定，如图 5-23 所示。

通道1　　　　　　　　通道2

FX3U-□-BD　　　　FX3U-485ADP(-MB)

(a)

通道1　　　　　　　　通道2

FX3U-CNV-BD　　　FX3U-232ADP(-MB)　　　FX3U-485ADP(-MB)
　　　　　　　　　FX3U-485ADP(-MB)
　　　　　　　　　FX3U-CF-ADP

(b)

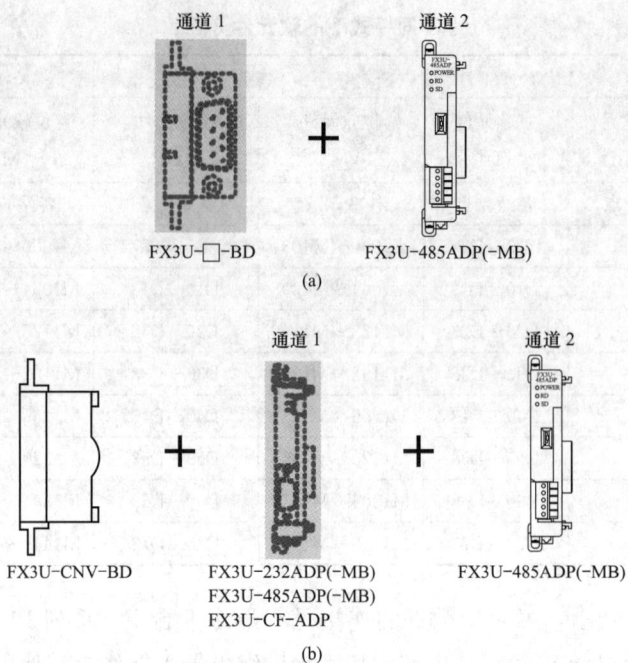

图 5-22　通道 2 配置

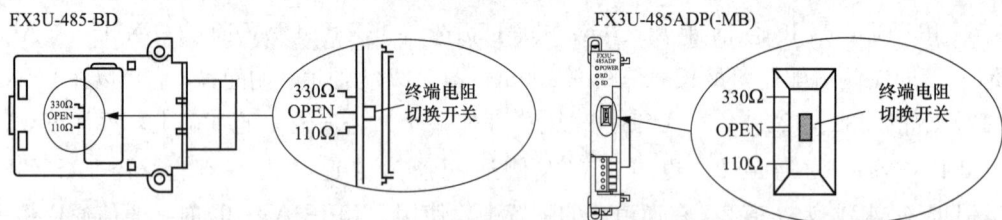

FX3U-485-BD　　　　　　　　　　　　FX3U-485ADP(-MB)

330Ω
OPEN　　终端电阻
110Ω　　切换开关

330Ω
OPEN　　终端电阻
110Ω　　切换开关

图 5-23　终端电阻设定

$N：N$ 通信的接线原理如图 5-24 所示，采用 1 对接线方式。

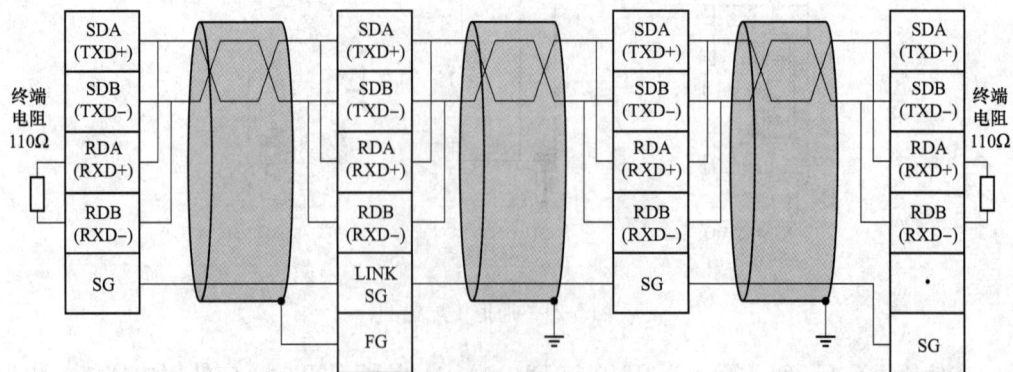

图 5-24　接线原理

3. 通信时的数据寄存器

站点号的设定数据存放在特殊数据寄存器 D8176 中，主站点为 0，从站点为 1～7，站点的总数存放在 D8177 中。$N：N$ 网络通信中相关的软元件名称与功能见表 5-4。

表 5-4　　　　　　　　　　　　　　软元件名称与功能

软元件	名称	功能	设定值
M8038	参数设定	设定通信参数用的标志位，也可以作为确认有无 $N：N$ 网络程序用的标志位，在顺控程序中请勿置 ON	
M8179	通道的设定	设定所使用的通信口的通道（使用 FX3G，FX3GC，FX3U，FX3UC 时），请在顺控程序中设定。无程序：通道 1；有 OUT M8179 的程序：通道 2	
D8176	相应站号的设定	$N：N$ 网络设定使用时的站号，主站设定为 0，从站设定为 1～7。〔初始值：0〕	0～7
D8177	从站总数设定	设定从站的总站数。从站的 PLC 中无需设定。〔初始值：7〕	1～7
D8178	刷新范围的设定	选择要相互进行通信的软元件点数的模式。从站的 PLC 中无需设定。〔初始值：0〕，当混合有 FX0N，FX1S 系列时，仅可以设定模式 0	0～2
D8179	重试次数	即使重复指定次数的通信也没有响应的情况下，可以确认错误，以及其他站的错误。从站的 PLC 中无需设定。〔初始值：3〕	0～10
D8180	监视时间	设定用于判断通信异常的时间（50～2550ms）。以 10ms 为单位进行设定。从站的 PLC 中无需设定。〔初始值：5〕	5～255

5.2.5　三台 FX3U 系列 PLC 之间的通信

【例 5-2】　通过 $N：N$ 方式连接三台 FX3U 系列 PLC。

任务要求： 现在共有三台 FX3U，其中一台 FX3U-64MR、两台 FX3U-32MR，它们之间的通信示意图如图 5-25 所示，具体要求如下：

（1）主站 0 的 PLC 输入 X000～X003，输出到从站 1 和 2；接收从站 1 的信号到 Y004～Y007，接收从站 2 的信号到 Y010～Y013，一一对应并相应地执行 ON/OFF。

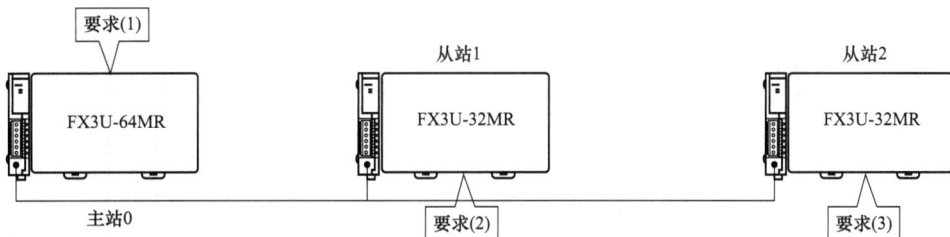

图 5-25　$N：N$ 通信示意图

（2）从站 1 接收主站 0 的信号，并输出到 Y004～Y007，接收从站 2 的信号到 Y010～Y013；将输入信号 X000～X003 输出到主站 0、从站 2。

（3）从站 2 接收主站 0 的信号，并输出到 Y004～Y007，接收从站 1 的信号到 Y010～Y013；将输入信号 X000～X003 输出到主站 0、从站 1。

实施步骤：

步骤 1：通信连接。3 台 FX3U 系列 PLC 均采用 FX3U-485ADP 连接，构成 $N:N$ 网络。按要求将 FX3U-64MR 设置为主站，从站数为 2，数据更新采用模式 0，重试次数为 3，公共暂停时间为 50ms。

步骤 2：分析连接软元件。根据 $N:N$ 通信模式，其连接软元件见表 5-5。

表 5-5　　　　　　　　　　　连 接 软 元 件

站号		输入（X）	连接软元件	输出（Y）
0	主站	X000～X003	D0	Y000～Y003
1	从站 1	X000～X003	D10	Y004～Y007
2	从站 2	X000～X003	D20	Y010～Y013

步骤 3：通信编程。图 5-26 为主站的程序，具体解释如下：

（1）设置通信格式 D8120 为 H23F6。

（2）设置 D8176～D8180 的参数。在 D8176 中设定主站地址 0；在 D8177 中设定从站的台数，设定范围为 K1～K7，这里选为 K2；D8178 中设置数据的刷新模式 0；D8179 通信重复次数为 3；D8180 等待时间为 50ms。

（3）主站信息的写入程序（主站→从站），即将主站 X000～X003 的内容通过连接软元件 D0 传送到从站的输出（Y）中。

（4）从站信息的读出程序（从站→主站），使用连接软元件，读出所使用的从站数据。

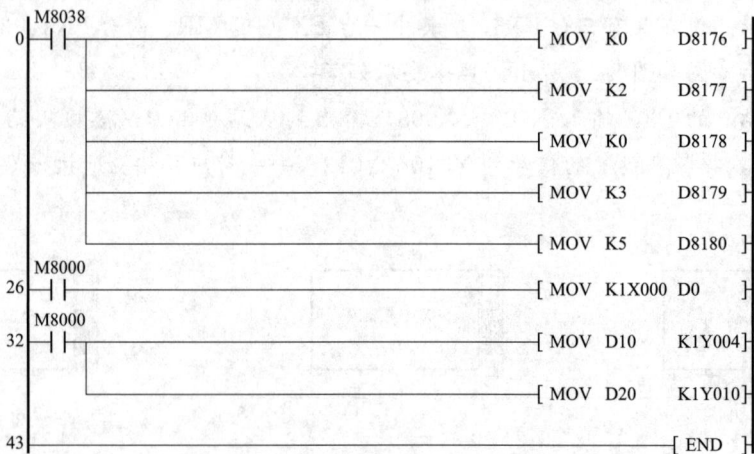

图 5-26　主站的程序

图 5-27 为从站 1 的程序，具体解释如下：

（1）设置通信格式 D8120 为 H23F6。

（2）设置 D8176 的参数。在 D8176 中设定范围为 K1～K7，站号从 1 号站开始依次分配，请勿设定为重复或空号，这里设定从站地址为 1。

（3）从站信息的写入程序（从站→主站），将本站 X000～X003 的内容传送到连接软元件中。根据所设定的站号不同，连接软元件也不同，其中［MOV K1X000 D10］中的 D10 指定本站的软元件编号。

（4）其他从站信息的读出程序，如从站 2 号→本站，使用连接软元件 D20，输出到 Y10～Y13 中。

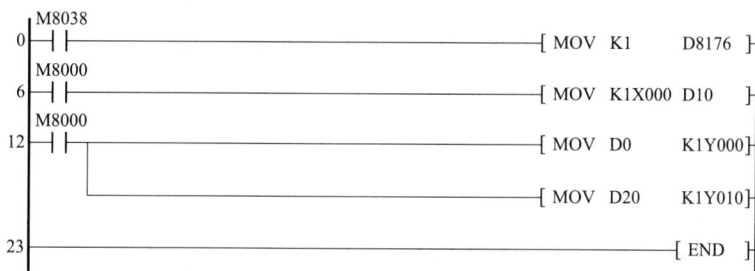

图 5-27　从站 1 的程序

需要注意的是，凡是使用通道 2 的站点，均需要编写输出 M8179，主站为通道 2 时的程序如图 5-28 所示，从站为通道 2 时的程序如图 5-29 所示。

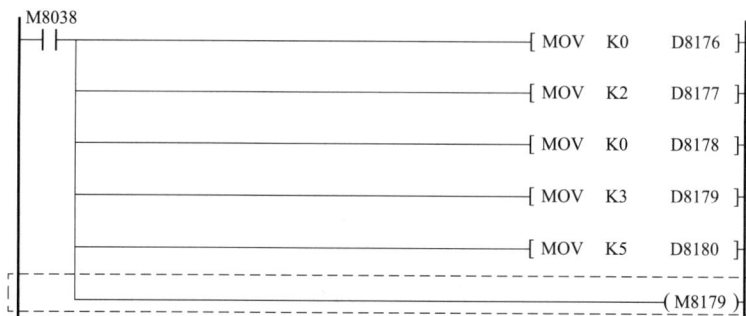

图 5-28　主站为通道 2 时的程序

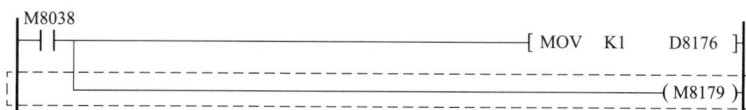

图 5-29　从站为通道 2 时的程序

5.3 三菱 PLC 与触摸屏的应用

5.3.1 触摸屏概述

1. 触摸屏系统的组成

触摸屏是一种可接收手指触控等输入信号的感应式液晶显示装置。当接触屏幕上的图形或文字按钮时，屏幕上的触觉反馈系统可根据预先编程的程序驱动各种连接装置，可用于取代机械式的按钮面板，并借由液晶显示画面制造出生动的多媒体效果。作为一种最新的计算机输入设备，触摸屏是目前最简单、方便和自然的一种人机交互方式，在工业领域，它是显示和控制 PLC 等外围设备的最理想解决方案。

触摸屏系统的基本组成如图 5-30 所示，它包括编程计算机（含编程软件）、触摸屏及现场连接设备（如 PLC、条码阅读器、温控器、打印机等）。

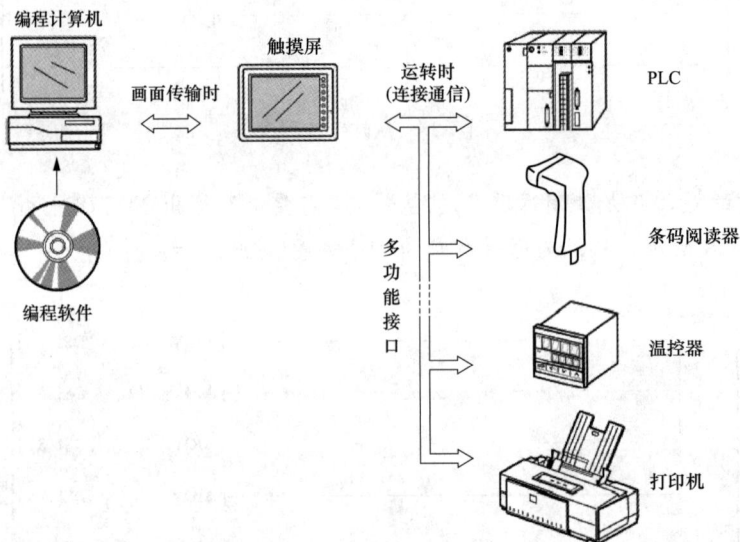

图 5-30 触摸屏系统的组成

触摸屏自出现以来就受到了广泛的关注，它显示直观且操作简单。触摸屏因其强大的功能及优异的稳定性，非常适合应用于工业环境，如自动化控制设备、自动洗车机、天车升降控制、生产线监控等。在日常生活中，各个领域也已经在应用触摸屏，包括智能大厦管理、会议室声光控制、温室温度调整等。

触摸屏是在操作人员和机器设备之间架起双向沟通的桥梁，操作人员可以自由地在触摸屏上组合文字、按钮、指示灯、仪表、图形、表格和测量数字等，以监控管理或显示机器设备的运行状态。

在工业控制中，应用触摸屏前，电气控制设备的操作需要由操作人员根据控制设备上的指示灯信号和数字显示屏上的字母数字来判断设备运行状态，并通过操作按钮来控制设备运行。这种方式显示不直观，故障率高，且很难提高工作效率，易导致误操作。使用了触摸屏后，屏幕能明确指示并告知操作人员机器设备目前的运行状况，使操作变得简单直观，并且可以避免操作上的失误。即使是新手，也可以根据屏幕显示很轻松地操作整个机器设备。使用触摸屏还可以使整个机器设备的配线标准化、简单化，且可减少与之相连的 PLC 等设备的 I/O 接口数量，不仅降低了生产成本，而且大大地减少了故障率。同时，由于整个设备控制面板的小型化及高性能，也相对提高了整套设备的附加价值。

2. 触摸屏的编程软件

从触摸屏编程软件的内涵上讲，它是指操作人员根据工业应用对象及控制任务的要求，配置用户应用软件的过程（包括对象的定义、制作和编辑，以及对象状态特征属性参数的设定等）。

不同品牌的触摸屏或操作面板所开发的编程软件不尽相同，但都会具有一些通用功能，如画面编辑制作、仿真、下载等。

（1）编程基本功能。触摸屏编程的目的在于操作与监控设备/过程。因此，用户应尽可能在人机界面上精确地映射设备/过程。触摸屏与设备/过程之间通过 PLC 等外围连接设备利用变量进行通信，变量值被写入 PLC 上的存储区域或地址，再由人机界面从该区域读取，基本结构如图 5-31 所示。

（2）画面编辑制作。画面是触摸屏工程的重要组成部分，利用它们用户可将设备/过程的状态可视化，并为操作设备/过程创建先决条件。用户可以创建一系列带有显示单元或控件的画面用于画面之间的切换，如图 5-32 所示。

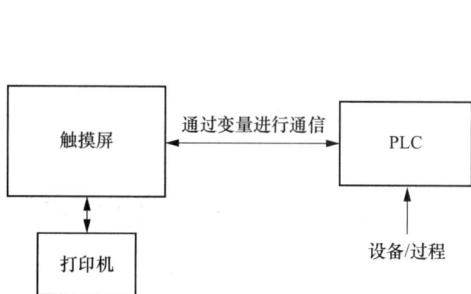

图 5-31　基本结构

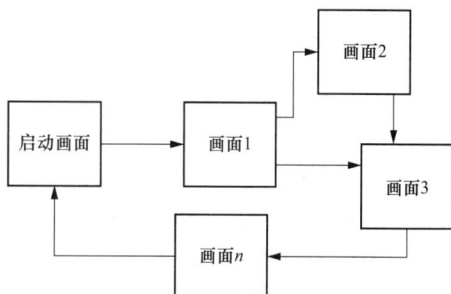

图 5-32　画面创建

对于画面的创建，一定要从工程项目的全局考虑，并在编程之前就进行基本设置和拆分。画面创建的基本模板如图 5-33 所示，它包括固定窗口、事件消息窗口、基本区域、消息指示器和功能键分配。

画面是过程的映像，可以在画面上显示过程并指定过程值。图 5-34 显示了一个用于生产不同果汁的搅拌设备的实例。配料从不同容器注入搅拌器，然后进行搅拌，通过画面显示出容器与搅拌器中的液面。再通过人机界面打开与关闭进口阀门、搅拌电动机等。

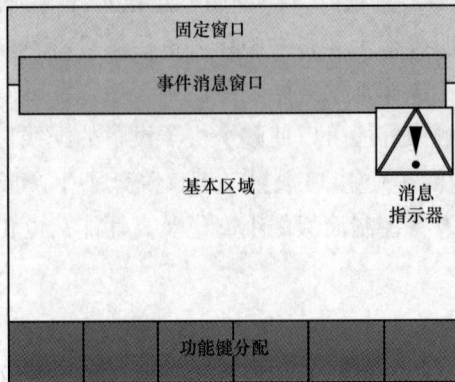

图 5-33　画面创建的基本模板

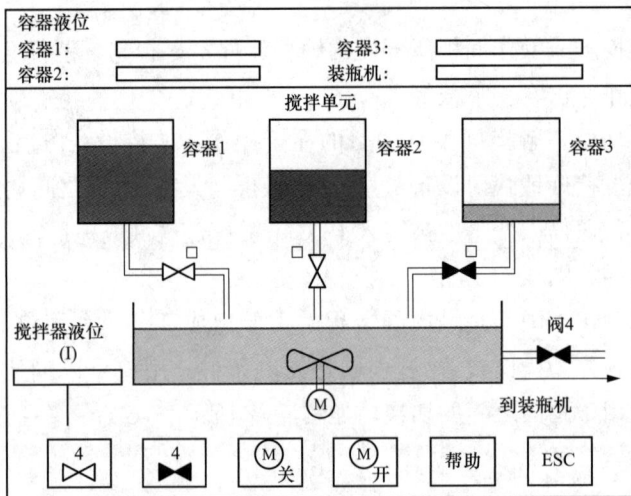

图 5-34　搅拌设备画面实例

（3）仿真。仿真通常是在工程文件尚未正式投入生产使用之前进行的，可以在虚拟环境中模拟触摸屏的操作和界面显示，对工程文件中的相关功能和交互逻辑进行测试和验证。它可以分为离线仿真和在线仿真。离线仿真不会从 PLC 等外部设备获取数据，只从人机界面的本地地址读取数据，因此所有的数据都是静态的。离线仿真方便了用户直观的预览效果，而不必每次都下载程序到触摸屏或操作面板，可以极大地提高编程效果。

在线仿真又称模拟运行，可以直接在编程计算机上模拟触摸屏的操控效果，与下载到人机界面再进行相应的操作是一样的，在线仿真通过人机界面从 PLC 等外围设备获取数据并模拟人机界面的操作。在调试时使用在线仿真，可以节省大量由于重复下载所花费的工程时间。

（4）下载。下载之前，都必须通过画面编程制作"工程文件"，再通过 PC 和触摸屏产品的串行通信口、USB 或以太网口，将编制好的"工程文件"下载到人机界面的处理器中运行。

5.3.2 MCGS 触摸屏的系统组成

1. 产品规格

图 5-35 所示的 MCGS 触摸屏是由深圳昆仑通态科技有限责任公司生产，分 7 英寸屏和 10 英寸屏。以 TPC7062TD 为例，它是一套以先进的 Cortex-A8 CPU 为核心（主频 300MHz）的高性能嵌入式一体化触摸屏，采用了 7 英寸高亮度 TFT 液晶显示屏（分辨率 800×480）、四线电阻式触摸屏（分辨率 4096×4096），同时还预装了 MCGS 嵌入式组态软件（运行版），具备强大的图像显示和数据处理功能。

2. MCGS 组态软件的系统构成

MCGS 组态软件系统包括组态环境和

图 5-35 MCGS 触摸屏外观

运行环境两个部分（见图 5-36）。组态环境相当于一套完整的工具软件，帮助用户设计和构造自己的应用系统；运行环境则按照组态环境中构造的组态工程，以用户指定的方式运行，并进行各种处理，完成用户组态设计的目标和功能。

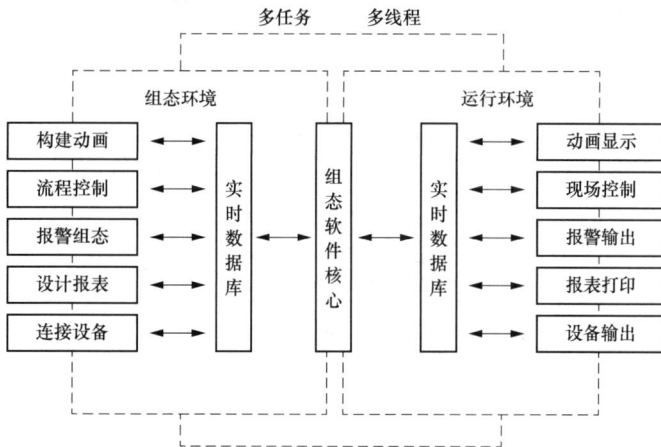

图 5-36 MCGS 组态软件系统

MCGS 组态环境是生成用户应用系统的工作环境，由可执行程序 McgsSet.exe 支持，存放于 MCGS 目录的 Program 子目录中。用户在 MCGS 组态环境中完成动画构建、流程控制、报警组态、设计报表、连接设备等全部组态工作后，生成扩展名为 .mcg 的工程文件，这些工程文件又称为组态结果数据库，它与 MCGS 运行环境一起构成了用户应用系统，统称为工程。

MCGS 运行环境是用户应用系统的运行环境，由可执行程序 McgsRun. exe 支持，存放于 MCGS 目录的 Program 子目录中。在运行环境中完成对工程的控制工作。

3. MCGS 组态软件五大组成部分

如图 5-37 所示，MCGS 组态软件所建立的工程由主控窗口、设备窗口、用户窗口、实时数据库和运行策略五部分构成，每一部分分别进行组态操作，完成不同的工作，具有不同的特性。

（1）主控窗口。它是工程的主窗口或主框架。在主控窗口中可以放置一个设备窗口和多个用户窗口，负责调度和管理这些窗口的打开或关闭。主要的组态操作包括定义工程的名称、编制工程菜单、设计封面图形、确定自动启动的窗口、设定动画刷新周期、指定数据库存盘文件名称及存盘时间等。

（2）设备窗口。它是连接和驱动外部设备的工作环境。在本窗口内配置数据采集与控制输出设备，注册设备驱动程序，定义连接与驱动设备用的数据变量。

（3）用户窗口。本窗口主要用于设置工程中人机交互的界面，如生成各种动画显示画面、报警输出、数据与曲线图表等。

（4）实时数据库。它是工程各个部分的数据交换与处理中心，它将 MCGS 工程的各个部分连接成有机的整体。在本窗口内定义不同类型和名称的变量，作为数据采集、处理、输出控制、动画连接及设备驱动的对象。

（5）运行策略。本窗口主要完成工程运行流程的控制，包括编写控制程序（if…then 脚本程序），选用各种功能构件，如数据提取、定时器、配方操作、多媒体输出等。

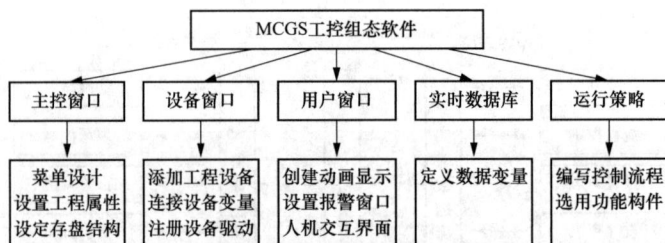

图 5-37 MCGS 组态软件的五个部分

4. MCGS 组态软件的安装

MCGS 组态软件请从 http：//www. mcgs. com. cn 下载安装，目前为嵌入版 7.7，安装向导界面如图 5-38 所示，MCGSPro 版本的使用也可以参考。

5.3.3 在触摸屏上进行按钮操作

【例 5-3】 在触摸屏上显示简单的按钮状态。

任务要求： 某设备控制示意图如图 5-39 所示，FX3U 系列 PLC 的编程口连接了一台 7 英寸 MCGS 触摸屏，现要求在触摸屏上能动态反映该按钮的 ON/OFF 状态。

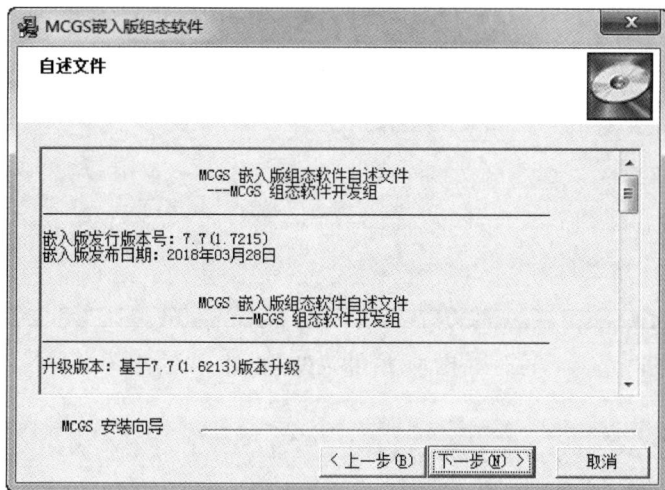

图 5-38 嵌入版 7.7 安装向导界面

实施步骤：

步骤 1：新建工程设置，如图 5-40 所示。

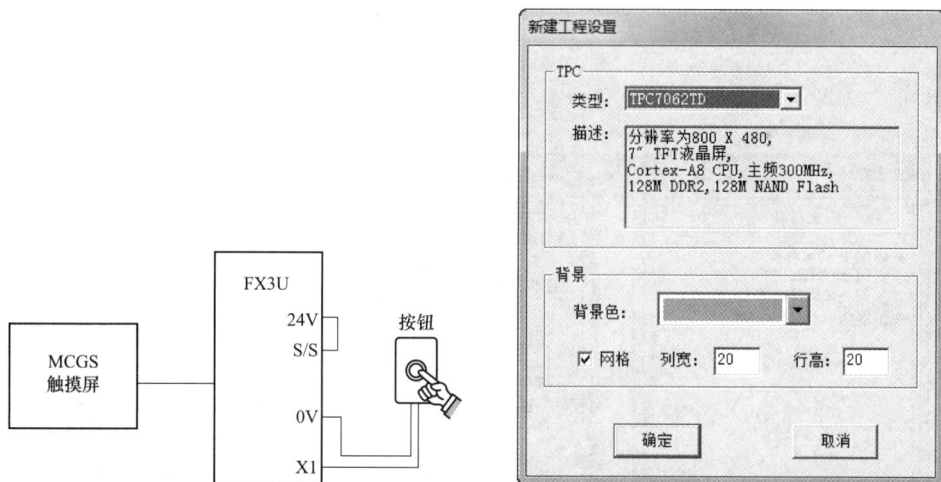

图 5-39 组态示意图

图 5-40 新建工程设置

步骤 2：选择设备窗口。

进入工作台，会看到主控窗口、设备窗口、用户窗口、实时数据库和运行策略五个主要组成部分（见图 5-41）。

步骤 3：设置通信接口。

如图 5-42 所示，进行设备组态，选择"通用串口父设备"→"三菱_FX 系列编程口"。如果要选择其他的通信方式，请进入"设备管理"后选择相应的通信接口。

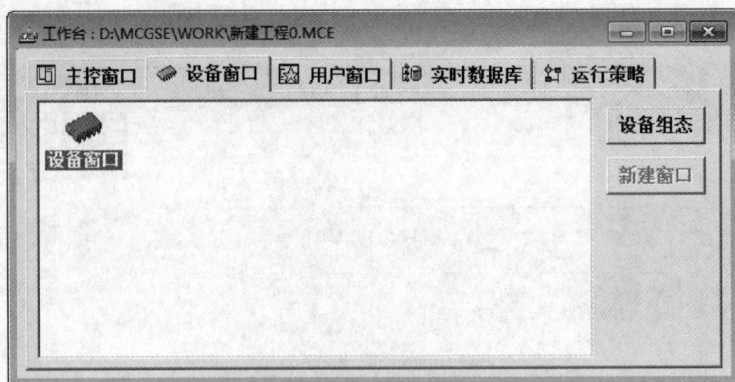

图 5-41　进入设备窗口

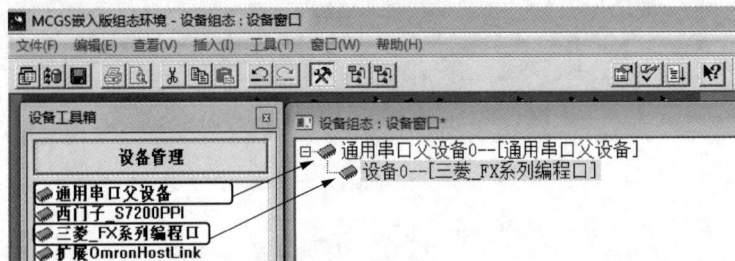

图 5-42　设备组态

双击"通用串口父设备 0"，弹出如图 5-43 所示的"通用串口设备属性编辑"窗口，

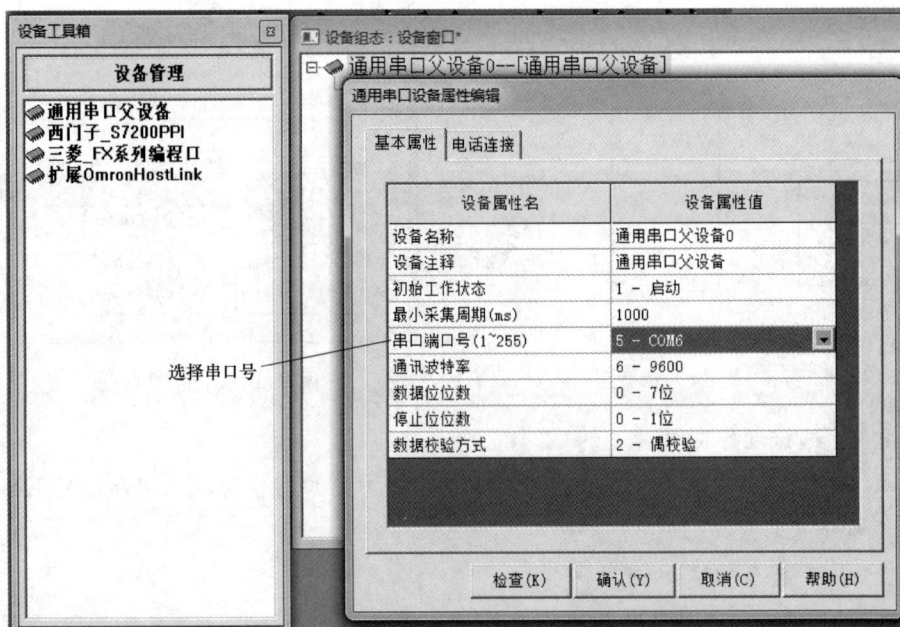

图 5-43　通用串口设备属性编辑

这里可以选择最小采样周期、串口端口号、通信（讯）波特率、数据位位数、停止位位数和数据校验方式，除串口端口号按照实际端口来选择外，其他选择如图 5-43 所示。

双击图 5-42 中的"设备 0"，弹出如图 5-44 所示的"设备编辑窗口"，这里需要选择 CPU 类型为 4-FX3UPLC。

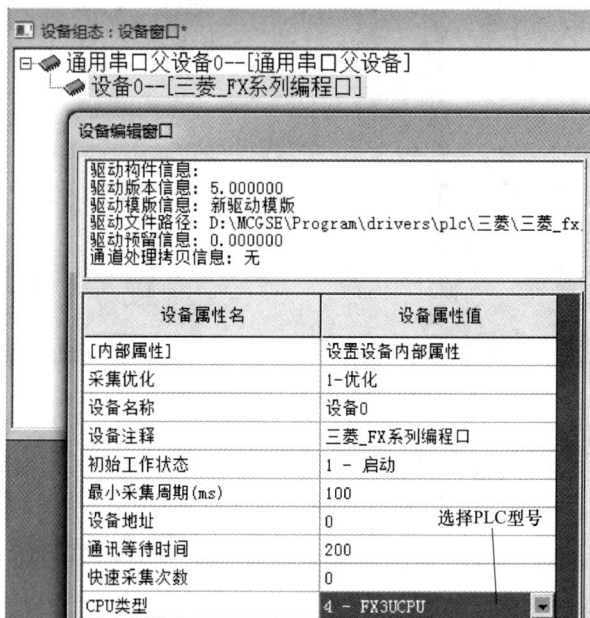

图 5-44　设备编辑窗口

当设备编辑完成后退出时，会出现如图 5-45 所示的存盘设备窗口提醒，单击"是（Y）"后退出。

步骤 4：数据对象设置。

如图 5-46 所示，进入"数据对象的连接"，可以增加本实例要用的变量名称 X1，单击后进入"数据对象属性设置"，并选择"对象类型"为"开关"。

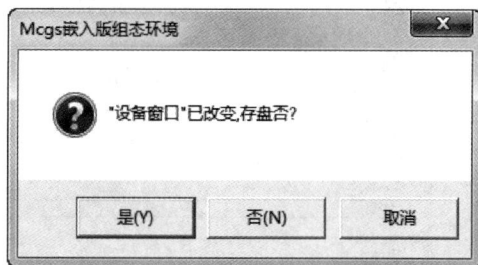

图 5-45　存盘设备窗口提醒

重新进入"设备窗口"→"设备编辑窗口"，在右边的"通道名称"中选择"只读 X0001"（见图 5-47）；双击后进入图 5-48 所示的"变量选择"，选择开关型 X1；完成后的设备编辑窗口如图 5-49 所示。

步骤 5：用户窗口的编辑。

在 MCGS 组态平台上，单击"用户窗口"，在"用户窗口"中单击"新建窗口"按钮，则产生新"窗口 0"（见图 5-50）。

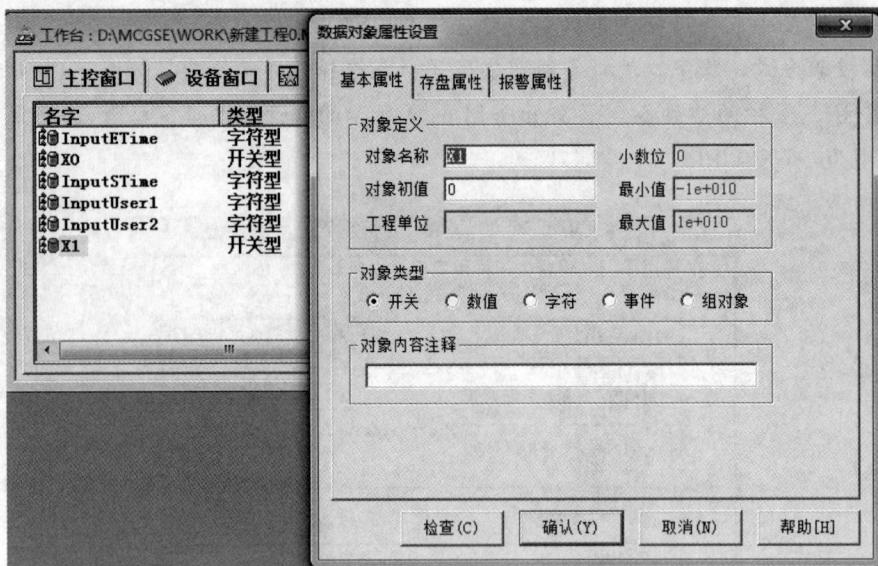

图 5-46　数据对象的连接

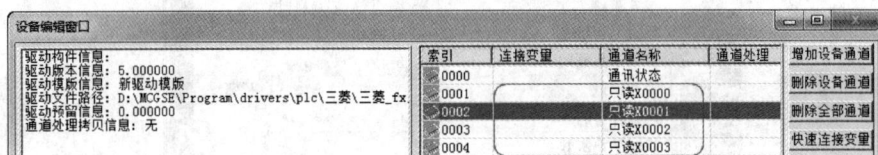

图 5-47　通道名称

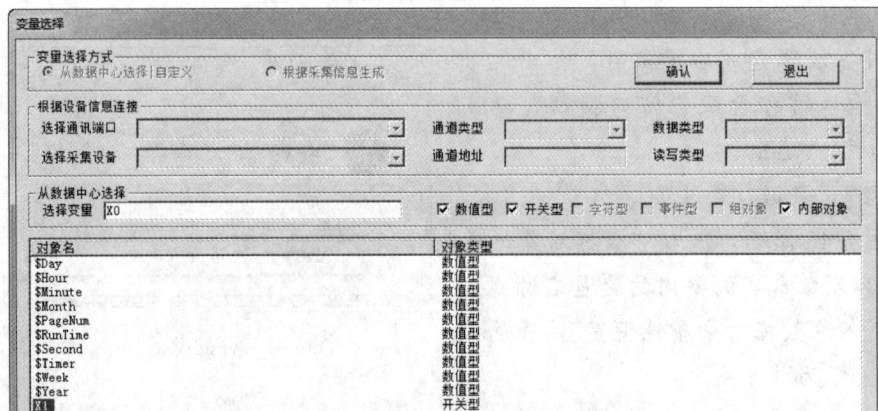

图 5-48　变量选择

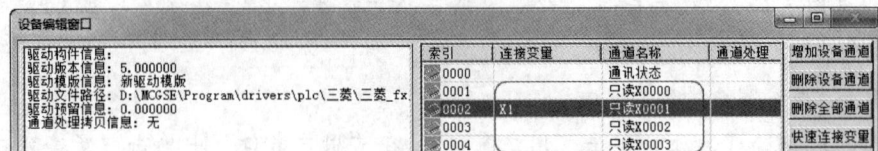

图 5-49　完成设备连接变量编辑

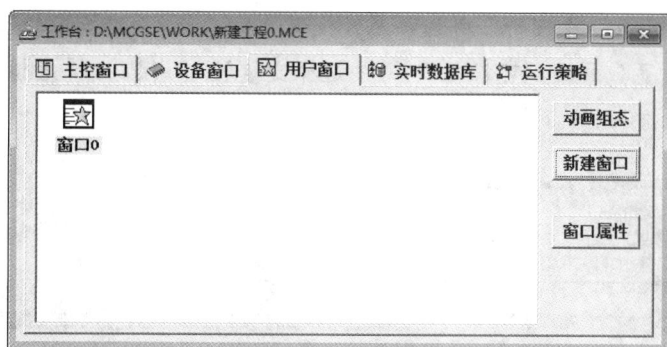

图 5-50　新"窗口 0"

单击工具条中的"工具箱"按钮，则打开动画工具箱。

图标 ![]对应于选择器，用于在编辑图形时选取用户窗口中指定的图形对象。

图标 ![]用于打开和关闭常用图符工具箱，常用图符工具箱包括 27 种常用的图符对象。

图形对象放置在用户窗口中，是构成用户应用系统图形界面的最小单元，MCGS 中的图形对象包括图元对象、图符对象和动画构件三种类型，不同类型的图形对象有不同的属性，所能完成的功能也各不相同。

为了快速构图和组态，MCGS 系统内部提供了常用的图元、图符和动画构件对象，称为系统图形对象。工具箱与常用图符如图 5-51 所示。

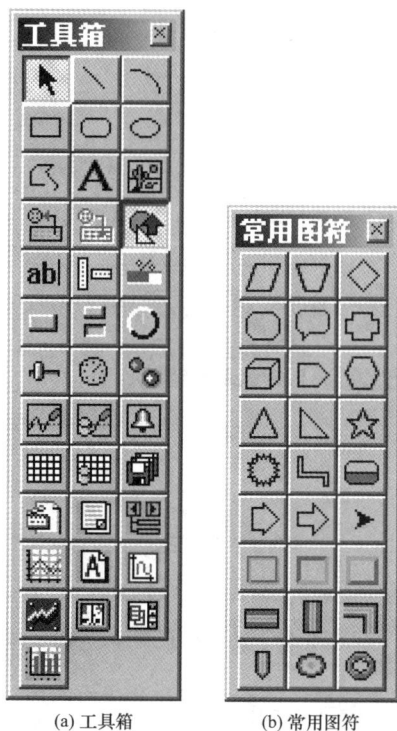

(a) 工具箱　　(b) 常用图符

图 5-51　工具箱与常用图符

如图 5-52 所示画一个圆形，并选择属性设置"填充颜色"，然后转入图 5-53 所示的"动画组态属性设置"画面，可以在"？"处选择变量 X1，并在"填充颜色连接"地方选择"0"或"1"时不同的颜色。

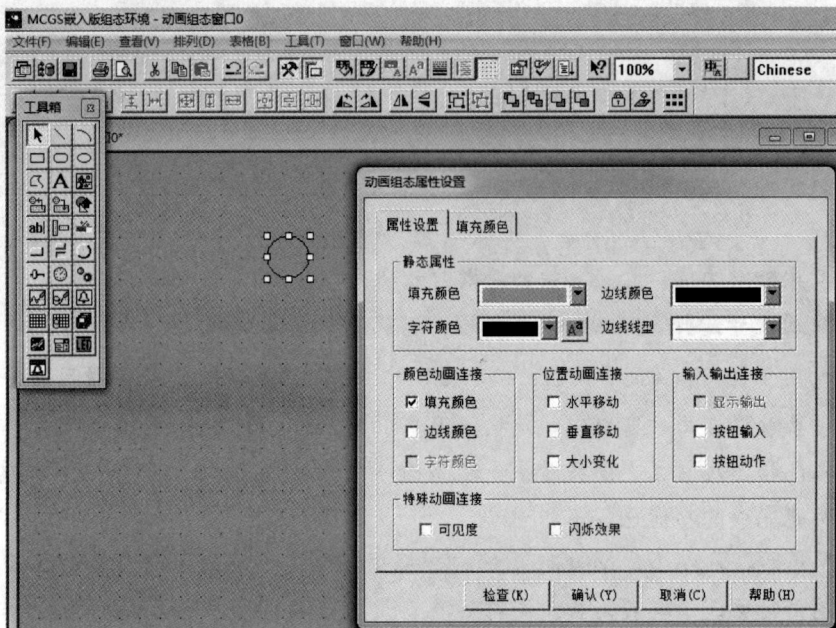

图 5-52　画一个圆形

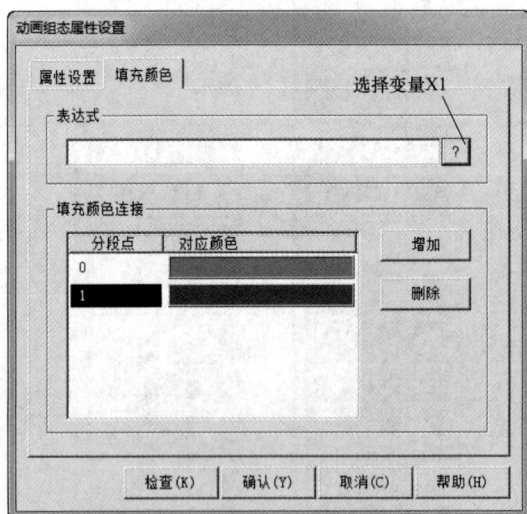

图 5-53　动画组态属性设置

步骤 6：触摸屏模拟运行（在线仿真）。

如图 5-54 所示，选择"工具"→"下载配置"，然后在图 5-55 中选择"模拟运行"

和"工程下载",这样就能实现触摸屏模拟运行(在线仿真)。

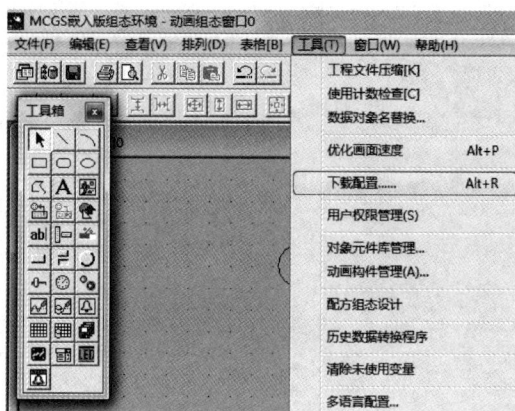

图 5-54　下载配置

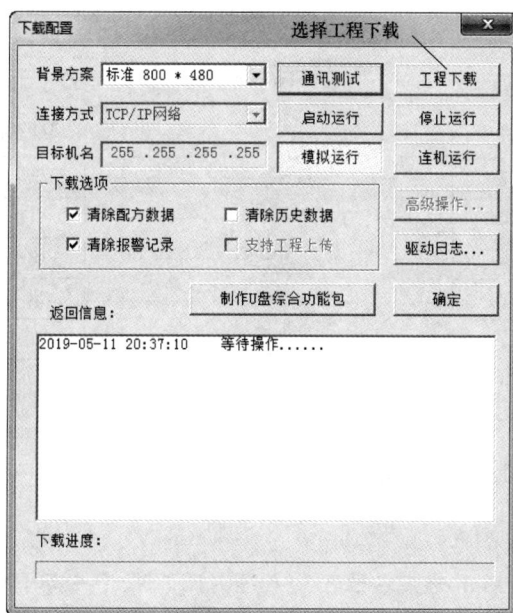

图 5-55　模拟运行时的工程下载

在图 5-56 中单击模拟启动按钮 ▶，即可与建立通信联系的 PLC 进行在线仿真,并能看到 X1 变量 ON 或 OFF 状态时的颜色变化。需要注意的是,如果在仿真时通信不正常,则无法看到真实的数据变化。

步骤 7:MCGS 与 FX 系列 PLC 连线后进行实际运行。

先通过 USB 编程线将 MCGS 的组态画面下载到实际触摸屏中,然后需要按图 5-57 所示通过编程口进行 MCGS 触摸屏与 FX 系列 PLC 连接。

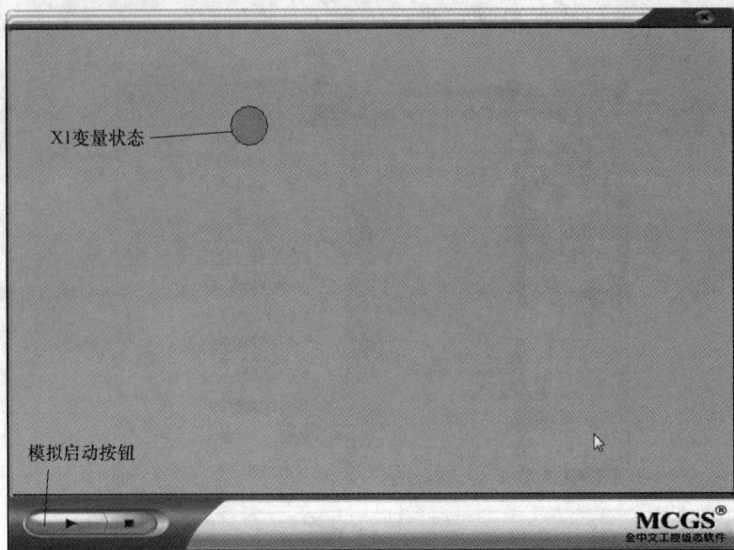

图 5-56　模拟启动

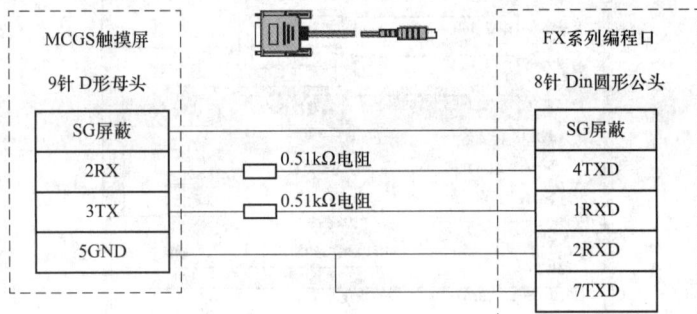

图 5-57　MCGS 触摸屏与 FX 系列 PLC 的连接

5.3.4　水位控制系统的监控

【例 5-4】　水位控制系统的监控。

　　任务要求：图 5-58 所示为某水位控制系统，PLC 采用三菱 FX3U，配置模拟量适配器 FX3U-3A-ADP。其监控要求具体如下：

　　（1）在触摸屏上设置"切换开关"，当切换开关为 ON 状态时，为现场按钮控制；为 OFF 状态时，为触摸屏按钮启动。

　　（2）1 号罐在不高于 80％时，无论是触摸屏按钮还是现场按钮，都可以启动泵 Y0；当达到 90％液位时，则将该泵复位。如果要重新启动该泵，需要重复本步骤。

　　（3）当泵停止工作后，根据 2 号罐液位的情况进行阀 1 动作，即不低于 30％液位时，开启阀 1（Y1）；不低于 90％液位时，关闭阀 1。

　　（4）阀 2 的动作取决于 2 号罐的液位情况，当液位不低于 40％液位时，均开启阀 2。

　　请对 FX3U 系列 PLC 进行编程，并对触摸屏组态后进行监控。

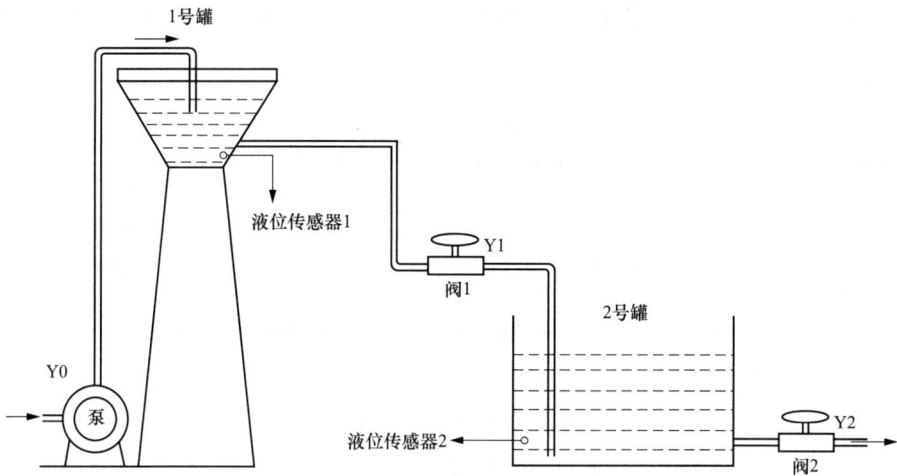

图 5-58 水位控制系统

实施步骤：

步骤 1：电气接线与输入输出 I/O 定义。

图 5-59 所示为水位控制系统的电气接线图，包括输入按钮、输出线圈（泵启动接触器、电磁阀线圈）以及模拟量适配器 FX3U-3A-ADP（用于连接两个液位传感器）。

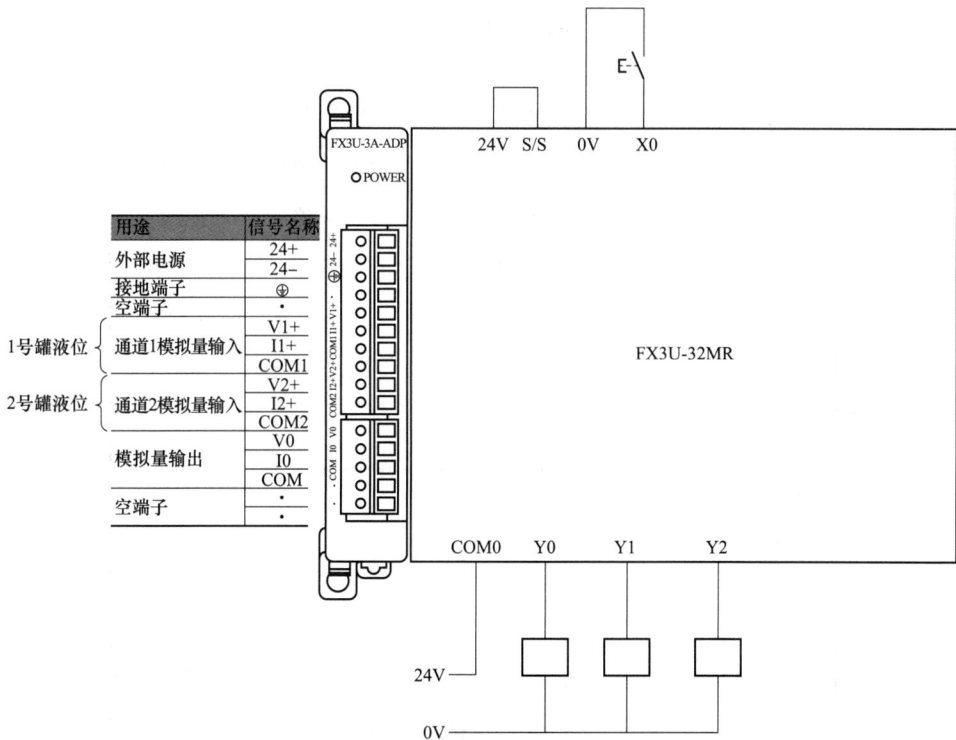

用途		信号名称
外部电源		24+
		24−
接地端子		⊕
空端子		·
1号罐液位	通道1模拟量输入	V1+
		I1+
		COM1
2号罐液位	通道2模拟量输入	V2+
		I2+
		COM2
模拟量输出		V0
		I0
		COM
空端子		·
		·

图 5-59 水位控制系统电气接线图

建立输入输出 I/O 表，见表5-6，其中1号罐液位和2号罐液位的 D8260、D8261 为特殊数据寄存器。

表 5-6　　　　　　　　　　　　例 5-4 I/O 表

输入	功能	输出	功能
X0	现场按钮控制	Y0	泵启动
D8260	1号罐液位	Y1	阀1
D8261	2号罐液位	Y2	阀2

步骤2：PLC梯形图编程。

图5-60为水位控制系统梯形图，具体解释如下：

（1）根据 FX3U-3A-ADP 适配器的初始化方法，进行特殊辅助继电器的设定，即 [ZRST M8260 M8262] 和 [ZRST M8267 M8269]，然后即可读取1号罐液位值 [MOV D8260 D11]，读取2号罐液位值 [MOV D8261 D101]，因此，D11、D101 就可以在触摸屏中调用变量了，取值在 0～4000 之间。

（2）在触摸屏上设置"切换开关"M11，当 M11 为 ON 时为现场按钮控制，为 OFF 时为触摸屏按钮启动。1号罐在低于 80% 时，即 D11 的值小于 4000×80%＝3200 时，无论是触摸屏按钮还是现场按钮，都可以启动泵 Y0；当达到 90% 液位时，即 D11 的值小于 4000×90%＝3600 时，则将该泵 Y0 复位。

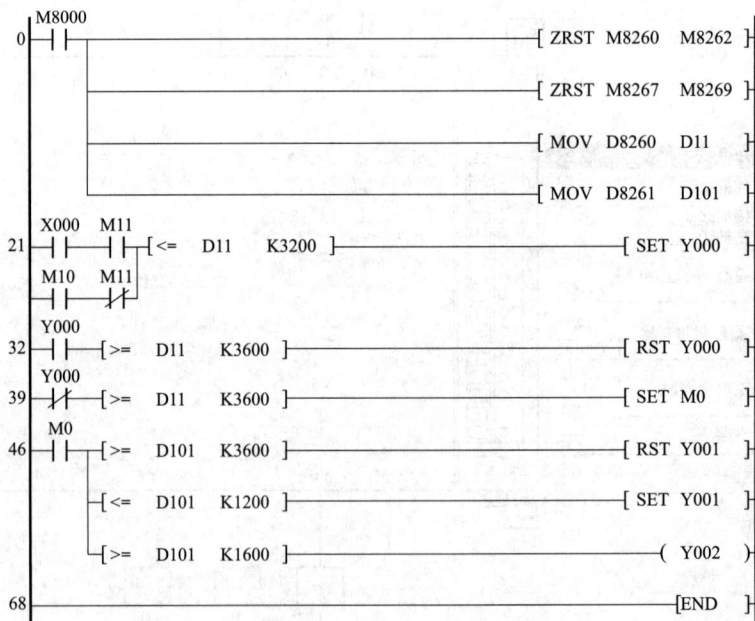

图 5-60　水位控制系统梯形图

（3）当泵停止工作后，即符合原先 Y0 运行且 D11 的值不小于 4000×90%＝3600 时，则置位 M0，表示可以对阀 1 进行动作。在 M1 为 ON 的情况下，根据 2 号罐液位的情况进行阀 1 动作，即不高于 30% 液位时，即 D101 的值不小于 $4000 \times 30\% = 1200$ 时开启阀 1（Y1）；高于 90% 液位时，即 D101 的值不小于 $4000 \times 40\% = 3600$ 时关闭阀 1。

（4）阀 2（Y2）的动作取决于 2 号罐的液位情况，当液位不低于 40% 液位时，即 D101 的值不小于 $4000 \times 40\% = 1600$ 时均开启阀 2（Y2）。

步骤 3：MCGS 组态。

（1）用户窗口属性设置。首先新建工程，在"用户窗口"中选中"窗口 0"，单击"窗口属性"，进入"用户窗口属性设置"（见图 5-61），将"窗口名称"改为"水位控制"；将"窗口标题"改为"水位控制"；其他不变，单击"确认"。

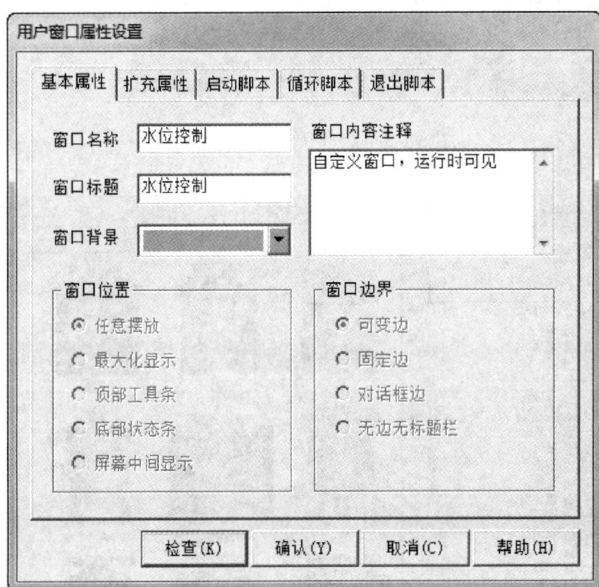

图 5-61　用户窗口属性设置

（2）对象元件库管理。如图 5-62 所示，单击"工具"菜单，选中"对象元件库管理"或单击工具条中的"工具箱"按钮，则打开动画工具箱，工具箱中的图标 用于从对象元件库中读取存盘的图形对象；图标 用于把当前用户窗口中选中的图形对象存入对象元件库中（见图 5-63）。

从"对象元件库管理"中的"储藏罐"中选取中意的罐，按"确定"，则所选中的罐在桌面的左上角，可以改变其大小及位置，如罐 17、罐 53。

从"对象元件库管理"中的"阀"和"泵"中分别选取 2 个阀（阀 58、阀 41）和 1 个泵（泵 27）。

流动的水是由 MCGS 动画工具箱中的"流动块"构件制作的。选中工具箱内的"流动块"动画构件（ ）。移动光标至窗口的预定位置，当光标变为十字形状时单击，移

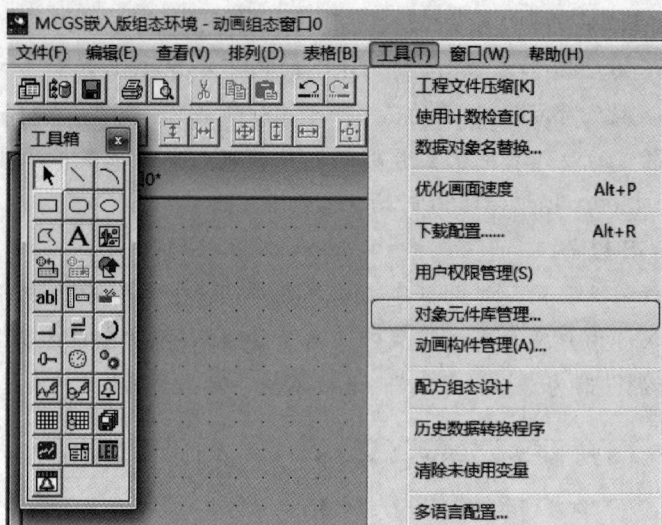

图 5-62　对象元件库管理菜单

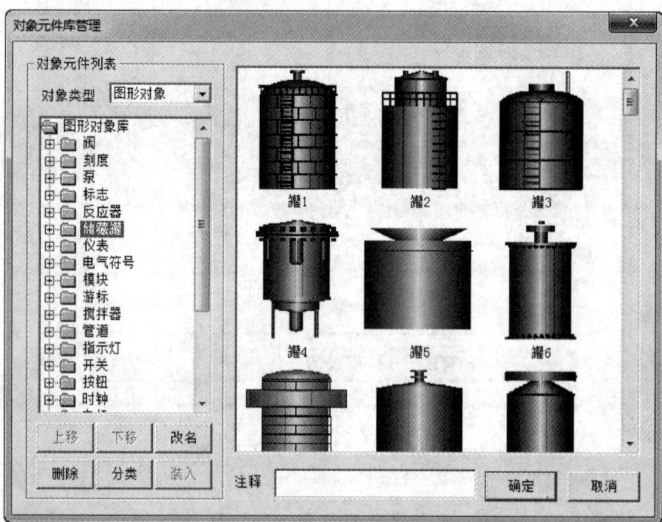

图 5-63　对象元件库管理

动鼠标，在光标后形成一道虚线，拖动一定距离后再单击，生成一段流动块。再拖动鼠标，可沿原来方向，也可垂直原来方向，生成下一段流动块。当用户想结束绘制时，双击即可。当用户想修改流动块时，先选中流动块（流动块周围出现选中标志：白色小方块），鼠标指针指向小方块，按住左键不放，拖动鼠标，就可调整流动块的形状。

用工具箱中的 **A** 图标，分别对阀、罐进行文字注释。

（3）整体画面。最后生成的整体画面如图 5-64 所示。其中，液位指示没有数据，因此只出现外方框；阀 2 由于位置没有确定，因此出现两个阀手柄位置。

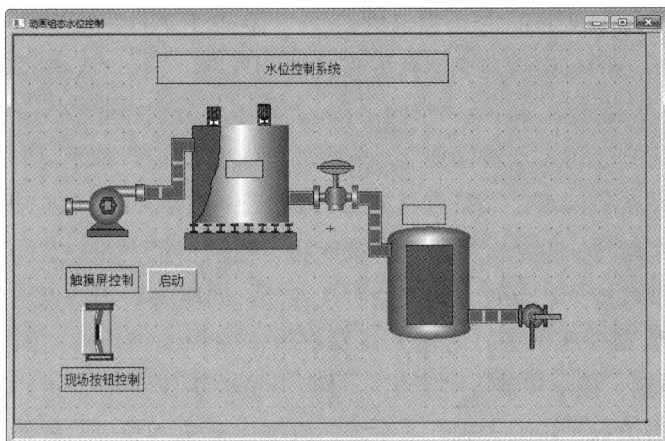

图 5-64　整体画面

选择菜单项"文件"中的"保存窗口"，可对所完成的画面进行保存。

步骤 4：触摸屏模拟运行（在线仿真）。

在 PLC 正常运行后，触摸屏即可进行模拟运行，如图 5-65 所示。

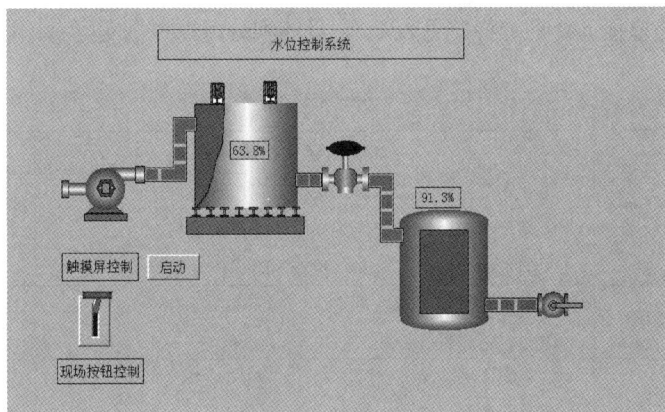

图 5-65　模拟运行图

拓展阅读

在"天链"中继卫星投入使用前，我国一直依托一系列陆基测控站和远望系列远洋测量船支撑卫星、飞船和探测器的发射测控与在轨通信任务。然而，由于受地球曲率的影响，地面和海上测控对中低轨道航天器的轨道覆盖范围非常有限，载人飞船约 90min 绕地球一圈，多数时间无法和地面测控系统实时联系。如要实现对 300km 高度的低轨航天器 100％ 覆盖，理论上需要在地表均匀布设 100 多个站点。我国首颗数据中继卫星"天链一号 01 星"于 2008 年 4 月 25 日在西昌卫星发射中心成功发射，意味着我国中低轨航天器拥有了天上的数据"中转站"。在同年实施的"神舟七号"任务中，"神舟七号"飞船的测控覆盖率从此前 18％提高到 50％。2011 年 7 月，"天链一号 02 星"成功发射，对用户航天器的轨道覆盖率达到了 85％。2012 年 7 月，"天链一号 03 星"成功发射，"天链一号"实现三星在轨成功组网工作，3 颗卫星分别在非洲、印度洋和太平洋上空，对低轨用户实现了近 100％的覆盖。至此，我国成为继美国之后第二个拥有全球覆盖能力中继卫星系统的国家。2021 年 7 月 6 日，"天链一号 05 星"成功发射，我国第一代中继系列卫星系统研制圆满收官。该系统成功为我国神舟飞船、空间实验室和空间站提供数据中继与测控服务，支持空间交会对接任务，同时为我国中低轨资源系列、高分系列等卫星提供数据中继服务，为航天器发射提供测控支持。与此同时，我国启动了"天链二号"的研制，该卫星兼容"天链一号"卫星的工作频率，并扩展了工作频率的带宽和转发器的通道数量，大大提升了系统的数据传输速率和传输效能。卫星服务覆盖的范围也有了极大提升，可以兼顾部分 36000km 地球同步轨道用户的服务需求。截至目前，我国第二代中继卫星完成了三星组网的建设，有力推动了我国天基测控与传输网络建设的步伐。

任务评价

按要求完成考核任务，评分标准见表 5-7，具体配分可以根据实际考评情况进行调整。

表 5-7　　　　　　　　　　　　　　评　分　标　准

序号	考核项目	考核内容及要求	配分	得分
1	职业道德与课程思政	遵守安全操作规程，设置安全措施； 认真负责、团结合作，对实操任务充满热情； 深刻把握"两弹一星"精神新的时代内涵	15％	
2	系统方案制定	PLC 通信控制方案合理； PLC 控制电路图正确	15％	
3	编程能力	独立完成 PLC 通信设置； 独立完成触摸屏组态编程	20％	
4	操作能力	根据电气图正确接线，美观且可靠； 正确输入程序并进行程序调试； 根据系统功能进行正确操作演示	20％	
5	实践效果	系统工作可靠，满足工作要求； 通信设置合理，命名规范； 按规定的时间完成任务	20％	
6	创新实践	在本任务中有另辟蹊径、独树一帜的实践内容	10％	
合计			100％	

思考与练习

5.1　如图 5-66 所示为皮带运输机系统，请设计梯形图程序，并进行注释、注解和声明。控制要求如下：

（1）初始状态。料斗、皮带 PD1 和皮带 PD2 全部处于关闭状态。

（2）启动操作。启动时为了避免在前段运输皮带上造成物料堆积，要求逆送料方向按一定的时间间隔顺序启动。其操作步骤为：皮带 PD2→延时 5s→皮带 PD1→延时 5s→料斗电动机 M0。

图 5-66　题 5.1 图

（3）停止操作。停止时为了使运输机皮带上不留剩余的物料，要求顺物料流动的方向按一定的时间间隔顺序停止。其停止的顺序为：料斗→延时 10s→皮带 PD1→延时 10s→皮带 PD2。

（4）故障停车。在皮带运输机的运行中，若皮带 PD1 过载，应将料斗和皮带 PD1 同时关闭，皮带 PD2 应在皮带 PD1 停止 10s 后停止。若皮带 PD2 过载，应将皮带 PD1、皮带 PD2 和料斗 M0 都关闭。

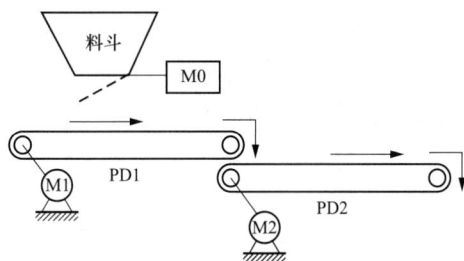

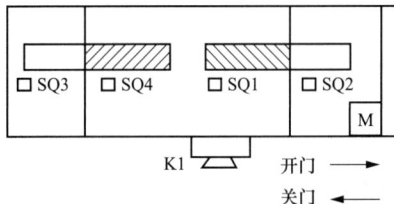

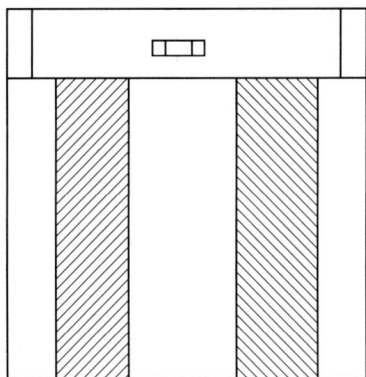

图 5-67　题 5.2 图

5.2　自动门的示意图如图 5-67 所示，请设计自动门的 PLC 控制程序，并进行注释、注解和声明。K1 是微波人体检测开关，SQ3、SQ4 是开门限位开关，SQ1、SQ2 是关门限位开关。开、关门的主电动机，电动机高速控制接触器 KM2、KM4 和低速控制接触器 KM1、KM3，电动机和门运动系统之间有安全离合器。自动门的控制要求及过程如下：微波人体检测开关检测到有人，高速开门，高速开门减速开关动作，转为低速开门，开门到位停止开门并延时；延时到，高速关门，高速关门减速开关动作，转为低速关门，关门到位，停止关门；在关门期间，微波人体检测开关检测到有人，停止关门，延时 1s，自动转换为高速开门。

5.3　请实现两台 FX3U 系列 PLC 之间的 $N : N$ 通信连接，并以其中一个为主站，对从站进行如下通信控制：主站对与从站相连的电动机进行启动控制，如果在 5s 之内未接收到从站发来的电动机接触器已经闭合的信号，将该启动命令取消。

5.4　在题 5.2 的基础上，增加远端的 PLC 主站，可以读取现场 PLC 的所有信号，请进行通信编程。

5.5　请回答如下问题：

（1）组态软件与 PLC 是如何实现数据交换的？

（2）MCGS 的数据类型有哪些？

（3）MCGS 的各个画面如何进行切换？

（4）触摸屏与 PLC 如何连接？

（5）触摸屏要实现自动弹出报警画面，该如何设计？

5.6　请用 MCGS 触摸屏与 FX3U 系列的 PLC 相连，实现交通控制灯的动画显示。

5.7　现有 4 台电动机，按图 5-68 所示进行循环启停，请设计相应的 PLC 和触摸屏控制电路，并进行编程和组态实现在触摸屏上的动画显示。

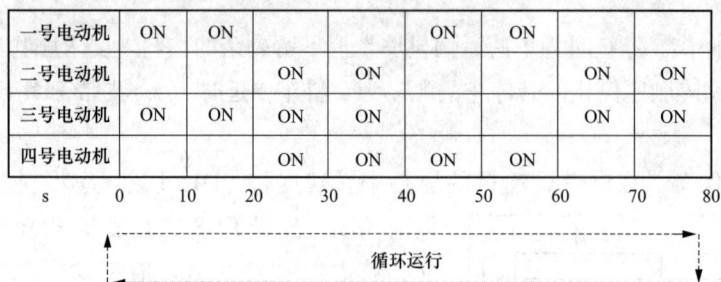

一号电动机	ON	ON			ON	ON		
二号电动机			ON	ON			ON	ON
三号电动机	ON	ON		ON			ON	ON
四号电动机			ON	ON	ON	ON		

s　0　　10　　20　　30　　40　　50　　60　　70　　80

循环运行

图 5-68　题 5.7 图

5.8　请用 PLC 和触摸屏来完成三层电梯控制系统的电气设计和软件编程，要求实现如下功能：

（1）当轿厢停在一楼或二楼，如果三楼有呼叫，则轿厢上升到三楼。

（2）当轿厢停在二楼或三楼，如果一楼有呼叫，则轿厢下降到一楼。

（3）当轿厢停在一楼，二楼、三楼均有人呼叫，则先到二楼，停 8s 后继续上升，每层均停 8s，直到三楼。

（4）当轿厢停在三楼，一楼、二楼均有人呼叫，则先到二楼，停 8s 后继续下降，每层均停 8s，直到一楼。

（5）在轿厢运行途中，如果有多个呼叫，则优先相应与当前运行方向相同的就近楼层，对反方向的呼叫进行记忆，待轿厢返回时就近停车。

（6）在各个楼层之间的运行时间应少于 10s，否则认为发生故障，应发出报警信号。

（7）电梯的运行方向指示。

（8）在轿厢运行期间不能开门，轿厢不关门不允许运行。

参 考 文 献

[1] 李方园. 智能工厂设备配置研究 ［M］. 北京：电子工业出版社，2018.

[2] 李方园. PLC 工程应用案例 ［M］. 北京：中国电力出版社，2013.

[3] 李金城. 三菱 FX 系列 PLC 定位控制应用技术 ［M］. 北京：电子工业出版社，2015.

[4] 杨帆. 三菱 PLC 应用简明教程 ［M］. 北京：机械工业出版社，2013.